제 2 판

공유압제어

신흥열 저

Pneumatics
Hydraulics

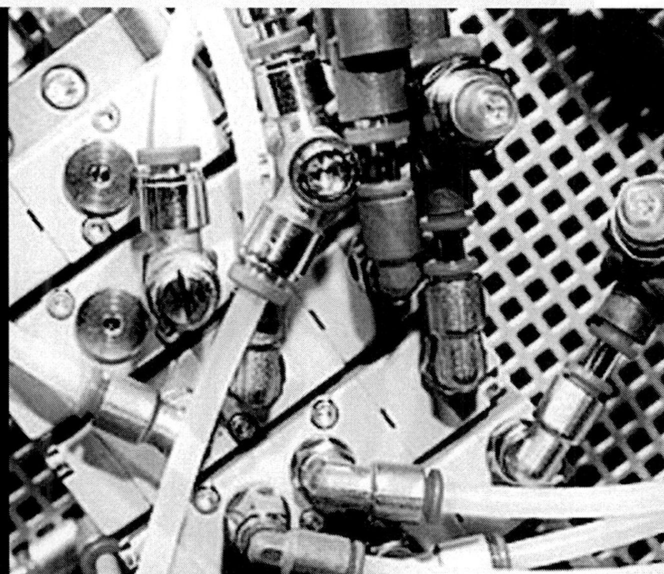

B.C.Info

| PREFACE |

본 교재는 자동화 관련 학과 학생들이 생산 자동화에 근간이 되는 공유압 제어에 쉽게 접근하도록 하고 공유압 요소와 공유압 제어회로를 이해하는 데 그 목적을 두고 있다. 공유압 제어는 자동화 관련 산업 현장에서 보편적으로 사용되는 자동화 요소 기술로서 제어 시스템 제작에 필수적인 요소가 되어 있다. 공유압 요소의 종류와 특징, 구조 그리고 기호 작성에 관한 사항을 숙지하여야 공유압 제어회로도를 작성할 수 있게 된다. 이를 위하여 공유압에 관한 기본적인 회로도를 예시하였다. 또한 실제 현장에서는 단순한 수동제어보다는 전기 릴레이나 PLC를 활용한 제어가 사용되므로 책 말미에 전기 공유압 제어회로를 설명하였다. 고차원적인 자동화와 제어를 구현하기 위해서는 기초가 되는 전기 시퀀스 제어를 완전히 숙지하여야 한다. 전기 시퀀스 제어에 관심이 있는 분들은 전기 시퀀스 제어(복두출판사 : 신흥열 저)를 참고하기 바란다. 전기 시퀀스 제어에 대한 개념과 다양한 자동화 회로 구성을 이해한 후에는 PLC를 활용한 제어를 공부하면 자동화 구현에 확고한 기초가 마련될 수 있다. 본 교재의 구성은 다음과 같은 사항을 고려하여 집필하였음을 밝혀 둔다.

첫째, 대학과 전문대학의 공학도뿐만 아니라 산업체에서 종사하는 기술자들에게도 실제적인 도움을 줄 수 있도록 공유압 요소와 이들의 작동 원리를 알기 쉽게 이해하도록 노력하였다.

둘째, 복잡한 이론은 가능한 한 배제하고 공유압 제어에 사용되는 기본적인 이론과 회로 작성 시 필요한 최소한의 공식만을 이용하여 문제를 해결할 수 있도록 배려하였다.

셋째, 일반 전기 시퀀스 제어와 관련된 항을 마련하여 전기 공유압 제어에 관한 기본적인 지식을 습득할 수 있도록 하였다.

아무쪼록 본 교재가 공유압을 이용하여 자동화를 구현하는데 밑거름으로 활용되기를 기대하며 많은 이에게 도움이 되었으면 한다.

저자 씀

| CONTENTS |

01 | 공유압의 개요

공유압 시스템은 산업현장의 자동화가 이루어지면서 그 활용도가 급격히 높아지게 되었다. 공압(Pneumatics)의 경우 자동화의 발달과 더불어 공압의 중요성이 날로 증대되고 있다. 1950년대 이전에는 저장된 에너지를 이용한 작동 매체로서 공압이 사용되어 왔으나 1950년대에 이르러서는 작업용 매체로서 뿐만 아니라 감지 작업과 신호 처리 작업을 수행할 수 있도록 개발되었다. 이러한 발달은 공압 요소가 기계 상태나 조건을 측정하기 위한 센서로서 사용되어 작업을 제어할 수 있다는 것을 뜻하게 되며, 센서, 프로세서, 액추에이터의 개발은 공압 시스템의 출현을 가능하게 하였다. 오늘날 근대화된 산업현장에서 압축공기가 없다는 것은 상상도 할 수 없는 일이며 대부분의 산업체에서 압축공기 장치가 설치되어 있다. 산업체에서의 공압은 운동과 힘을 얻기 위한 기계적 요소로서 많이 사용된다.

유압(Hydraulics)은 유압유를 이용하여 힘이나 운동을 발생시키는 것을 의미하며, 유압유는 동력을 전달하는 매체를 뜻한다. 이미 17세기에 압력을 받은 유체는 동력을 전달할 수 있다는 사실이 발견되었으며, 이는 Blaise Pascal(1623-1662)이 1653년 정지된 유체 내의 압력은 모든 방향으로 똑같이 전달된다는 파스칼의 법칙에 기인한다. 그로부터 약 100년 후에는 Bernoulli에 의하여 유동하는 유체의 에너지 보존 법칙이 발견되었고 이러한 법칙들이 공업에 응용되기까지에는 많은 시간이 흘러야 했으며 제2차 세계대전의 발발과 더불어 자동화기계에 채택될 수 있었다.

1980년대 이후에는 산업현장의 자동화 설비 바람을 타고 공유압 시스템의 활용도가 어느 때보다도 높아졌으며 메카트로닉스 기술과의 접목을 통하여 그 중요성이 더욱 증대되고 있다.

1.1 공유압의 단위계

어떤 양을 수치로 표시하기 위하여 비교의 기준으로서 사용하는 같은 종류의 양을 단위(unit)라고 한다. 물리량의 종류는 아주 많으므로 그들 각각에 대하여 단위를 정하는 것은 실제로 쉬운 일이 아니며 사용상 혼란을 초래하기도 한다. 아직 모르는 물리량의 단위는 이미 알고 있는 다른 종류의 물리량의 단위에서 유도할 수 있다. 다른 종류의 물리량과는 관계없이 독립해서 단위가 주어지는 물리량을 기본량이라고 하고, 이 기본량의 단위를 기본단위(basic unit)라 한다. 그리고 기본량을 조합하여 얻어지는 양을 조립량 또는 유도량이라고 하고, 이 조립량의 단위를 조립단위 또는 유도단위(derived unit)라 한다.

기본량으로 길이, 질량, 시간을 잡고 이들의 단위를 기본으로 하여 다른 양의 단위를 유도한 것을 절대단위계라 한다. 지금까지 기계공학을 비롯한 공업 전반에 있어서는 질량 대신에 힘을 기본량으로 잡고, 일정 질량에 미치는 중량을 기본단위로 하는 중력단위계 또는 공학단위계가 주로 사용되어 왔다.

현재 각국에서 사용하고 있는 단위계는 국제단위계(SI), MKS단위계, CGS단위계, 중력단위계, 척관법 단위계 등의 여러 가지 단위계가 있으나, 1973년 ISO(국제표준화기구) 1000이 제정되면서 SI 단위계가 국제적으로 널리 사용되고 있다. 우리나라에서도 1977년 KSA0105에 정식으로 국제단위계(SI) 및 그 사용법이 제정되고 1985년 개정되어 사용하고 있다.

1.1.1 미터법 절대단위계

길이를 미터(meter), 질량을 킬로그램(kilogram), 시간을 초(second)로 사용하고, 이들을 기본단위로 하여 각종 양의 단위를 유도하는 단위를 말하며 MKS 단위계라고 한다. 이 단위계는 공학 분야에서 많이 사용하고 있다. MKS 단위계에서 힘의 단위는 질량 1 kg의 물체에 $1\,m/s^2$의 가속도를 주는 힘이고, 이것을 1Newton(뉴턴; N)이라 한다. 한편 길이에 센티미터(centimeter), 질량에 그램(gram), 시간에 초(second)를 기본단위로 하는 절대단위를 CGS단위계라 한다. 이 단위계는 과학 분야에서 많이 사용되고 있다.

1.1.2 미터법 중력단위계

길이의 단위로 미터, 힘의 단위로 중량 킬로그램, 시간은 초를 기본단위로 하는 단위계를 말한다. 일반적으로 중력가속도 g(=9.80665 m/s^2)의 국제협정 표준치에 따라 중량 킬로그램을 규정하고 있으므로, 힘의 절대 단위와 중력 단위와의 관계는 다음과 같다.

$$1\,\text{kgf} = 1\text{kg} \cdot 9.80665\,\text{m/s}^2 = 9.80665\,\text{N}$$

$$1\,\text{N} = 0.101972\,\text{kgf}$$

물체의 무게는 장소에 따라 다르므로, 장소를 지정하지 않고 단지 무게라고 하는 경우에는 표준치 g에 대한 무게를 의미한다. 질량 1 kg인 물체의 표준무게는 1 kgf이다.

표 1.21 미터법 단위계의 비교

단위계			길이(L)	질량(M)	시간(T)	힘(F)
미터법	절대 단위계	SI	m	kg	s	N
		MKS	m	kg	s	N, kg·m/s^2
		CGS	cm	g	s	dyn, g·m/s^2
	중력단위계		m	kgf·s^2/m	s	kgf

1.1.3 국제단위계

국제단위계(SI)란 지금까지 각국에서 사용하던 여러 종류의 계량단위를 통일시키기 위하여 국제도량형총회(CGPM) 결의에 의하여 미터 조약에 바탕을 두고 결정한 미터법 절대단위계의 하나이다. SI란 국제단위계의 약칭으로 영어로는 The International System of Units이다. SI는 7개의 기본단위와 2개의 보조단위, 그리고 19개의 고유 명칭을 포함한 많은 조립단위 및 16개의 접두어로 구성되며 SI단위는 10의 정수승배로서 사용되고 있는 일관성 있는 단위계라고 할 수 있다.

표 1.22 SI 기본단위

양	명칭	기호
길이	미터	m
질량	킬로그램	kg
시간	초	s
전류	암페어	A
열역학 온도	켈빈	K
물질량	몰	mol
광도	칸델라	cd

표 1.23 SI 보조단위

양	명칭	기호
평면각	라디안	rad
입체각	스테라디안	sr

표 1.24 SI 유도 단위

양	명칭	기호	정의
주파수	헤르츠	Hz	s^{-1}
힘	뉴턴	N	$m \cdot kg \cdot s^{-2}$
압력, 응력	파스칼	Pa	N/m^2
에너지, 일량, 열량	줄	J	$N \cdot m$
일률, 공률, 동력, 전력	와트	W	J/s
전기량, 전하	쿨롱	C	$A \cdot s$
전위, 전위차, 전압, 기전력	볼트	V	J/C
정전용량, 커패시턴스	패럿	F	C/V
전기저항	옴	Ω	V/A
콘덕턴스	지멘스	S	Ω^{-1}
자력선속	웨버	Wb	$V \cdot s$
자력선속 밀도	테슬러	T	Wb/m^2
인덕턴스	헨리	H	Wb/A
셀시우스 온도	셀시우스도	℃	t℃=(t+273.15)K
광속	루멘	lm	$cd \cdot sr$
조명도	럭스	lx	lm/m^2
방사능	베크렐	Bq	s^{-1}
흡수선량	그레이	Gy	J/kg
선량당량	시버트	Sv	J/kg

표 1.25 접두어

단위에 곱해지는 배수	접두어		단위에 곱해지는 배수	접두어	
	명칭	기호		명칭	기호
10^{18}	엑사(exa)	E	10^{-1}	데시(deci)	d
10^{15}	페타(peta)	P	10^{-2}	센티(centi)	c
10^{12}	테라(tera)	T	10^{-3}	밀리(milli)	m
10^{9}	기가(giga)	G	10^{-6}	마이크로(micro)	μ
10^{6}	메가(mega)	M	10^{-9}	나노(nano)	n
10^{3}	킬로(kilo)	k	10^{-12}	피코(pico)	p
10^{2}	헥토(hecto)	h	10^{-15}	펨토(femto)	f
10^{1}	데카(deca)	da	10^{-18}	아토(atto)	a

표 1.26 SI단위와 병용하는 단위

양	단위의 명칭	단위기호	정의
시간	분 시 일	min h d	1 min = 60 s 1 h = 60 min 1 d = 24 h
평면각	도 분 초	$^\circ$ $'$ $''$	$1^\circ = (\pi/180)$ rad $1' = (1/60)^\circ$ $1'' = (1/60)'$
체적	리터	ℓ	$1\ell = 1\ dm^3$
질량	톤	t	$1\ t = 10^3\ kg$

국제화 추세로 비추어 볼 때 장차 단위계는 SI 단위계로 통일될 것이 분명하지만 우리나라에서는 산업현장에서 대부분이 미터법 중력단위계를 사용하고 있음을 감안하여 본 교재에서는 SI단위계와 중력단위계를 함께 사용하기로 한다.

1.2 공유압 에너지의 비교

예로부터 구동장치를 작동시키는 유체로서 물과 공기가 사용되어 왔다. 물은 구입이 용이하고 약간의 누설이 생기더라도 화재나 공해가 발생할 염려가 없으나 얼거나 끓기 쉽고 배관과 기기에 부식을 야기하며, 윤활성이 없기 때문에 접촉면에서 큰 마찰이 생기는 결점이 있다. 공기는 압축성이 크므로 고압이 되면 폭발의 위험과 함께 체적이 증가하므로 보통 10 kg/㎠ 이하에서 사용한다. 공압은 취급이 간편하고 누설되더라도 해가 없으며, 복귀관이 필요 없는 등의 장점이 있어서 자동화의 수단으로 많이 사용한다.

유압유는 부식을 방지하고 윤활성도 양호하지만 누설되면 주변을 오염시키고 화재를 일으킬 위험이 있다. 따라서 수압시험과 같이 정적인 힘을 가하거나 유량을 많이 사용하여야 하는 경우에는 물이나 물과 기름의 혼합유체를 사용한다.

공유압과 관련하여 전기 에너지도 독자적으로 사용되거나 공유압 장치와 공유되어 사용된다. 전기, 유압, 공압 에너지의 장단점을 정리하면 표 1.7과 같다.

표 1.7 에너지의 특징 비교

	전기	유압	공압
누설	• 누전	• 주변 환경의 오염	• 에너지 손실 외에는 악 영향 없음
주변 환경에 대한 영향	• 지역에 따라 폭발의 위험이 있을 수 있으나 온도 변화와는 무관	• 온도 변화에 민감하고 누유가 발생되면 화재의 위험이 있음	• 주변 환경의 영향을 받지 않고 온도변화에 둔감함
에너지의 저장	• 곤란함. 배터리를 이용하여 소량은 저장 가능	• 축압기를 이용하여 소량의 에너지 저장 가능	• 아주 쉬움
에너지의 전달	• 제한 없음	• 최대 100m까지 유체의 속도: 2-6m/s 신호전달속도: 1000m/s	• 최대 1000m 까지 유체의 속도: 20-40m/s 신호전달속도: 40-200m/s
작업속도		• 최대 0.5m/s	• 최대 1.5m/s
동력전달 비용	• 낮음	• 높음	• 아주 높음
직선운동	• 곤란함. 속도제어에 많은 비용이 요구됨	• 실린더를 이용하여 큰 힘을 쉽게 발생시킬 수 있음. 속도제어가 아주 뛰어남	• 실린더를 이용하여쉽게 얻을 수 있으나 큰 힘은 곤란함. 속도는 부하에 따라 변하게 됨
회전운동	• 간단하고 가장 경제적	• 큰 토크를 쉽게 얻을 수 있으나 고속은 곤란	• 고속을 쉽게 얻을 수 있으나 비효율적임
위치정밀도	• ±1㎛는 쉽게 얻을 수 있음	• ±1㎛까지 얻을 수 있으나 비용 상승	• 부하변동이 없는 경우 0.1mm까지 가능
속도의 안정성	• 기구학적인 방법으로 높은 안정성 확보 가능	• 유압유는 비압축성 유체에 가깝고 높은 압력을 이용하기 때문에 높은 안정성 있음	• 압축성 유체를 이용하기 때문에 낮음
힘	• 과부하의 문제가있고 기구학적인 링크 계통에서 많은 손실을 유발할 수 있음	• 과부하의 문제가 없고 높은 압력(600bar)을 사용할 수 있어 큰 힘을 얻을 수 있음	• 과부하의 문제는 없으나 큰 힘을 얻을 수 없음

02 | 공압의 개요

2.1 공압의 발달

압축공기는 인간에게 알려진 가장 오래된 에너지의 일종이며 인간의 육체적 능력을 보강하는데 사용되어 왔다.

작업매체로서의 공기 이용 및 이 매체를 이용한 작업은 기원 1000년 전까지 그 유래를 찾을 수 있다. 우리가 확실히 알 수 있는 공기력에 종사한 최초의 인간, 즉 매체로서 압축공기를 사용했던 최초의 사람은 그리스 사람인 Ktesibios이다. 2000년도 더 이전에 그는 압축공기 추진식 석궁을 만들었다. 압축공기를 에너지로서 이용하는데 관련된 최초의 책 중의 하나가 A.D. 1세기에 만들어졌으며, 이는 더운 공기에 의하여 움직이는 장치에 대하여 기술되어 있다. "Pneuma"라는 말은 고대 그리스어에서 유래되었으며 호흡, 바람을 의미하며 철학에서는 정신을 의미한다. Pneumatics-공기의 운동이나 현상에 관한 학문-는 "Pneuma"라는 말에서 유래되었다.

비록 공기학의 원리가 오랜 인간의 지식에서 나온 것이지만 가동이나 원리에 대한 조직적인 연구가 시작된 것은 19세기부터이다. 20세기 중엽에 이르러 공압의 사용은 선진국을 중심으로 퍼져 나갔지만 전 세계적으로 산업에 소개된 것은 공정의 자동화와 합리화의 문제가 증가하기 시작하면서부터이다.

공기학에 대한 무지와 교육의 부족 때문에 초기에는 이의 이용에 대한 거부 반응도 컸으나 현재에는 자동화의 발달과 더불어 공압의 중요성이 날로 증대되고 있다. 1950년대 이전에는 저장된 에너지를 이용한 작동 매체로서 공압이 사용되어 왔으나 1950년대에 이르러서는 작업용 매체로서 뿐만 아니라 감지 작업과 신호 처리 작업을 수행할 수 있도록 개발되었다. 이러한 발달은 공압 요소가 기계

상태나 조건을 측정하기 위한 센서로서 사용되어 작업을 제어할 수 있다는 것을 뜻하게 되며, 센서, 프로세서, 액추에이터의 개발은 공압 시스템의 출현을 가능하게 하였다. 오늘날 근대화된 산업현장에서 압축공기가 없다는 것은 상상도 할 수 없는 일이며 대부분의 산업체에서 압축공기 장치가 설치되어 있다. 산업체에서의 공압은 운동과 힘을 얻기 위한 기계적 요소로서 많이 사용된다.

공압의 주요 기능은 다음 기능들 중의 하나 또는 여러 기능의 조합으로 나타난다.

- 감지를 담당하는 센서 기능
- 정보 처리를 담당하는 프로세서 기능
- 최종 제어요소로서 사용되어 액추에이터를 스위칭 시키는 기능
- 부하를 이동, 회전시키는 기능

공압 요소를 이용하는 운동은 크게 다음의 두 가지로 구분한다.

- 선형 운동
- 회전 운동

공압을 산업에 응용하는 분야를 정리하면 다음과 같다.

■ 작업물 취급 분야

- 클램핑 작업
- 이동 작업
- 정위치 작업
- 회전 작업

■ 일반 응용 분야

- 포장 작업
- 공급 작업
- 계량 작업
- 문과 슈트의 제어
- 물체의 이송 작업
- 부품의 적재 작업
- 부품의 반전 및 회전 작업
- 부품의 분류 작업
- 부품 스탬핑 및 엠보싱 작업

■ 가공 및 기타 분야

- 드릴 작업
- 선삭 작업
- 밀링 작업
- 톱질 작업
- 다듬질 작업
- 주형 작업
- 품질 관리

2.2 공압의 특징

비교적 짧은 기간에 공압 장치가 이토록 강력하고 빠르게 전파될 수 있었던 이유는 공압이 경제적으로 자동화에 사용될 수 있다는 사실에 있다. 공압이 주로 사용되는 분야는 제어가 매우 복잡하지 않은 곳이나, 제어가 온도, 습기, 먼지, 폭발 위험성 등과 같은 극한 환경 조건에서 이루어지는 곳에서도 많이 사용된다.

공압이 기계, 유압, 전기, 전자와 같은 에너지 시스템에 비하여 우선적으로 선택될 수 있느냐 하는 것은 여러 가지 요인을 검토해 보아야 한다. 에너지를 선택하는데 있어서 고려해야 할 것은 가능한 많은 관련 상황을 전개하는 것인데 예를 들어 환경 조건, 자격, 개인의 지식 수준, 시스템의 크기, 에너지원 등이 그것이다. 이러한 것을 모두 고려할 때 가장 마음에 드는 해답을 얻을 수 있고 확실하고 분명한 답을 얻기 위해서는 각 에너지 시스템의 장점과 단점을 서로 비교 분석하는 것이 좋은 방법이다.

다음은 공압 에너지의 장점을 열거한 것이다.

- **이용 가능성** : 압축공기는 어느 곳에서나 제한 받지 않고 쉽게 얻을 수 있다.
- **이동성** : 압축공기는 배관을 통하여 먼 거리를 쉽게 이동시킬 수 있다.
- **저장성** : 저장탱크를 이용하여 압축공기 에너지를 쉽게 저장할 수 있다. 이 때문에 압축기는 연속적으로 운전할 필요가 없게 된다.
- **온도에 둔감** : 압축공기는 상대적으로 온도 변화에 둔감하다. 따라서 극한 상황에서도 신뢰성 있는 작업을 가능하게 한다.
- **폭발에 대한 안정성** : 압축공기는 화기에 의해서 폭발하지 않을뿐더러 현장에서 사용하고 있는 압력인 5~7 bar 정도에서는 매우 안전하다.
- **청결성** : 압축공기가 시스템에서 사용된 후 대기 중으로 방출되어도 주변을 더럽히지 않는다,
- **견고성** : 공압 부품은 구조적으로 간결하고 튼튼하게 만들어져 있으므로 신뢰성 있는 작업을 수행할 수 있다.
- **빠른 속도** : 압축공기는 매우 빠른 작업 매체이므로 공압 실린더의 작업 속도를 빠르게 할 수 있다.
- **조절성** : 공압 시스템의 힘과 속도를 무단으로 쉽게 조절할 수 있다.

- **과부하에 대한 안정성** : 과부하가 걸릴 경우 공압 장치나 작동 부품이 그 상태에서 정지되므로 과부하에 대해서 안전하다.

반면에 공압 에너지는 다음과 같은 단점도 가지고 있다.

- **준비성** : 압축공기를 만드는 데에는 많은 주의가 필요하며 먼지나 습기를 가능한 많이 제거해 주어야 한다. 이 때문에 많은 주변 장치가 필요하게 된다.
- **압축성** : 압축성이 장점으로 작용할 때에는 공압 에너지의 저장이라는 긍정적 효과로 나타나지만 균일한 피스톤의 속도를 얻는 데에는 방해가 된다. 특히 저속에서 속도의 불안정을 유발한다.
- **역학적 사용 한계** : 압축 공기는 어떤 기준 이상의 힘이 요구될 때에는 비경제적이다. 보통의 작업 압력은 5 ~ 7 bar 정도이고 힘은 이송 길이와 속도에 달려 있지만 일반적으로 2000 ~ 3000 kgf이 한계이다.
- **배기시의 소음** : 배기시 소음이 크다. 이 문제는 현재 소음 흡수 재료의 개발로 크게 개선되었다.
- **운전 비용** : 압축공기는 힘을 전달하는 것으로는 비교적 비싼 편이다. 높은 에너지 비용은 현재 값싼 요소와 높은 성능으로 많이 상쇄되었다.

2.3 압축공기의 응용

공압에서 이용 가능한 분야는 어디일까? 이 질문에 대한 명쾌한 대답은 사실상 불가능하다. 공압은 실로 넓은 범위에 걸쳐서 응용되고 있고 그 범위는 점점 넓어지고 있기 때문이다.

- **직선 운동(Linear motion)**

  • **실린더** : 사용 압력과 실린더의 직경에 따라 추진력은 10 N ~ 50,000 N까지 다양한 구조를 가진 실린더가 사용된다. 공압 실린더는 주로 10 mm/s ~ 1000 mm/s 정도의 속도 범위에서 사용되고, 유압 보조 실린더를 이용하면 0.5 mm/s ~ 100 mm/s의 안정된 속도를 얻을 수 있다.

• **연속 왕복운동 기구** : 일반적인 실린더를 이용하여 왕복운동을 할 경우의 최대 행정거리는 2m 이내이다. 로드리스(rodless) 실린더를 사용하는 경우에는 4m 정도의 행정거리도 가능하며 특수한 것은 이를 초과하는 것도 있다. 유공압 이송 기수는 650mm가 최대 행정거리이다.

• **미끄럼 운동 기구** : 설계에 따라 다르나 대체로 100mm가 최대 행정거리이다. 미끄럼 운동은 유압이나 공압 모두 가능하다.

■ 간헐 직선운동(Intermittent linear motion)

• **이송기구** : 두 개의 단동 실린더와 한 개의 복동 실린더가 조합된 이송기구가 상품화되어 얇은 재료나 가는 선을 간헐 직선운동 시켜 준다. 이 장치는 주로 일정한 시간 간격으로 일정한 양 만큼씩 이송해 주는 비연속식 이송기구로 프레스 등에 많이 사용된다.

• **실린더** : 일반적인 실린더를 조합해서도 원하는 물체를 이송시키기 위한 장치를 만들 수 있다. 일반 실린더를 이용하여 제작할 경우에는 최대 작업 회수를 100회/분 정도로 할 수 있으며 행정거리와 부하가 커지면 커질수록 분당 작업 회수는 감소하게 된다.

■ 요동운동(Angular motion)

• **베인형** : 구조가 간단하고 주로 소형으로 만들어지며 최대 회전각도 90°, 180°, 270°가 생산되고 있으며 회전각도는 조절 가능하도록 되어있다.

• **실린더형** : 실린더의 직선운동을 랙(rack)과 피니온(pinion)을 이용하여 회전운동으로 변환시키는 기구로서 큰 토크가 필요한 경우에 많이 사용된다. 최대 회전각도는 360°가 넘는 것도 있다.

■ 간헐 회전운동(Intermittent rotary motion)

• **회전 인덱싱 테이블** : 상품화된 가장 대표적인 간헐 회전운동 기구로 회전 분할 수는 4, 6, 8, 12, 24등분이 가능하며 회전각의 조절도 쉽게 이루어진다. 최대 위치 제어 정밀도는 ±0.02 mm 정도이다.

• **실린더형** : 실린더와 라체트 기구를 이용하여 분할 회전기구를 만들 수 있다. 상품화된 적당한 간헐 회전운동 기구를 구입할 수 없는 경우에 사용된다.

■ **연속 회전운동(Continuous rotary motion)**

- **공압 모터** : 여러 가지 구조의 공압 모터가 이용되고 있다. 일반적으로 출력은 100 W ~ 20 kW, 평균 부하에서의 회전수는 500 ~ 30,000 rpm 정도가 된다. 그러나 공압 모터는 에너지 소비량이 많기 때문에 높은 운전비용이 들게 된다.

이상에서 살펴본 것은 많이 이용되고 있는 액추에이터에 관한 것이다. 시장에는 다양한 구조와 기능을 갖고 있는 공압기기가 상품화되어 있고, 서로 다른 에너지를 이용하는 다양한 기기들도 있다. 어떠한 종류의 액추에이터를 선정하든지 이를 제어하는 회로도는 다양한 기법과 제어 요소를 이용하여 최적의 시스템을 꾸밀 수 있게 해준다.

2.4 압축공기의 등급

압축공기를 실제로 사용할 때에는 압축공기의 질을 등급화 시켜 놓으면 편리하다. 이는 사용자가 공압 요소에 손상을 주지 않기 위함이다. ISO와 PNEUROP에서는 국제적인 표준으로 지침을 만들어 놓았다. 현재까지는 고체 이물질, 수분 함유, 기름 함유에 대해서만 등급을 만들어 놓았는데 각각에 대한 분류 체계는 다음과 같다.

표 2.1 고체 이물질에 대한 등급

등급	최대 허용 입자 크기(㎛)	최대 허용 입자 농도(mg/m^3)
1	0.1	0.1
2	1	1
3	5	5
4	50	규정되지 않았음

표 2.2 기름 함유에 대한 등급

등급	최대 허용 농도(mg/m^3)
1	윤활되지 않은 공기
2	0.01
3	0.1
4	1.0
5	5
6	10

표 2.3 수분 함유에 대한 등급

등급	이슬점 온도(℃)
1	-20
2	2
3	10

표 2.4 대표적인 사용 장소에서의 필요한 공기 등급

사용처	고체 이물질	수분 함유	기름 함유
학술용 장비	2	1	4
광산 장비	3	2	6
도장	2	1	5
식품 산업	3	3	3
공장사용공기	4	3	6
공압 공구	3	3	6

2.5 공압의 물리량과 단위 체계

공압이나 자연 법칙의 이해를 위해서는 그와 관련된 물리량이나 단위 체계에 대한 지식이 필요하다. 공학에서 물리량이란 물체의 특성, 즉 측정 가능한 상태나 과정을 말한다. 따라서 속도, 압력, 시간, 온도는 물리량이지만, 색은 물리량이 될 수 없다. 이러한 물리량을 표현하는 데에는 여러 가지 방법이 있지만 명확한 의사 소통을 위하여 대부분의 과학자들은 동일한 단위 체계를 사용하게 되었으며 이를 SI 단위(International system of unit)라 한다.

SI 단위는 국제적으로 통용되는 물리량의 측정 단위로서 SI 단위계의 기본 단위는 다음과 같다.

- 길이 : 미터(m)
- 질량 : 킬로그램(kg)
- 시간 : 초(s)
- 전류 : 암페어(A)
- 온도 : 켈빈(K)
- 광도 : 칸델라(Cd)
- 물질의 양 : 몰(mol)

기본 단위로부터 유도되는 단위를 유도단위라고 하며 공압에서는 힘, 압력에 관계된 단위들이 많이 사용된다.

2.5.1 힘

힘의 기본 SI 단위는 뉴턴(N)이다. 1 N은 1 kg의 질량을 가진 물체에 $1\ m/s^2$의 가속도를 주기 위한 힘이다. 따라서 1 N은 다음과 같이 정의된다.

$$1\ N = 1\ kg \cdot 1\ m/s^2$$

우리가 실제로 많이 사용하고 있는 kgf의 단위는 주로 공학 단위계에서 많이 사용하고 있는데 뉴턴과는 다음의 관계가 있다.

$$\begin{aligned} 1\ kgf &= 1\ kg \cdot 1\ G = 1\ kg \cdot (9.81\ m/s^2) \\ &= 9.81\ kg \cdot m/s^2 = 9.81\ N \end{aligned}$$

따라서 kgf(킬로그램 중)를 N로, N을 kgf로 변환시키는 데에는 다음과 같은 관계가 사용된다.

- 1 N = 0.102 kgf
- 1 kgf = 9.81 N

2.5.2 압력

압력의 기본 SI 단위는 파스칼(Pa)이다. 1 Pa은 1 m^2의 면적에 1 N의 힘이 작용할 때의 압력이다. 따라서 1 Pa은 다음과 같이 정의된다.

$$1\,\text{Pa} = 1\,\text{N}/1\,\text{m}^2$$

우리가 실제로 많이 사용하고 있는 kgf/cm^2의 단위는 주로 공학 단위계에서 많이 사용하고 있는데 Pa과는 다음의 관계가 있다.

$$1\,\text{kgf/cm}^2 = 9.81\,\text{N}/(0.01\,\text{m})^2 = 98100\,\text{N/m}^2$$
$$= 98100\,\text{Pa} = 98.1\,\text{kPa}$$

또한 Pa 단위는 무척 작은 단위이기 때문에 실제로 사용되는 압력을 표현하면 너무 큰 숫자로 표현된다. 그래서 좀더 큰 단위인 bar가 사용된다.

$$1\,\text{bar} = 100{,}000\,\text{Pa} = 100\,\text{kPa}$$

kgf/cm^2을 bar로 또는 bar를 kgf/cm^2로 변환시키는 데에는 다음과 같은 관계가 사용된다.

$$1\,\text{kgf/cm}^2 = 0.981\,\text{bar}, \qquad 1\,\text{bar} = 1.02\,\text{kgf/cm}^2$$

실제로 1 kgf/cm^2라는 압력과 1 bar라는 압력은 서로 다르지만 실제 현장에서는 같은 단위로 취급해도 무방하다. 6 bar의 압력은 정확하게 6.11832 kgf/cm^2이지만 이를 6 kgf/cm^2라고 간주해도 그 오차는 2 %에 불과하다. 따라서 실제 현장에서는 1 bar = 1 kgf/cm^{2}라고 생각해도 무방하다.

압력에 사용되는 단위를 정리하면 표 2.5와 같다.

표 2.5 압력 단위의 환산표

Pa (파스칼)	bar (바)	kgf/cm^2	atm (표준대기압)	mmH$_2$O (수주)	mmHg (수은주)	Psi
1	1×10^{-5}	1.01972×10^{-5}	9.86923×10^{-5}	1.01972×10^{-1}	7.50062×10^{-3}	1.45038×10^{-4}
1×10^{5}	1	1.01972	9.86923	1.01972×10^{4}	7.50062×10^{2}	1.45038×10
9.80665×10^{4}	9.80665×10^{-1}	1	9.67841×10^{-1}	1×10^{4}	7.35559×10^{2}	1.42234×10
1.01325×10^{5}	1.01325	1.03323	1	1.03323×10^{4}	7.60×10^{2}	1.46960×10
9.80665	9.80665×10^{-5}	1×10^{-4}	9.67841×10^{-5}	1	7.35559×10^{-2}	1.42234×10^{-3}
1.33322×10^{2}	1.33322×10^{-3}	1.35951×10^{-3}	1.31579×10^{-3}	1.35951×10	1	1.93368×10^{-2}
6.89473×10^{3}	6.89473×10^{-2}	7.03065×10^{-2}	6.80457×10^{-2}	7.03065×10^{2}	5.17147×10	1

압력을 호칭하는 방법에는 절대 압력과 게이지 압력(상대 압력)이 있다. 게이지 압력이란 압력 게이지 상에 표시되는 압력으로서 대기압과의 차이를 의미한다. 절대 압력은 게이지 압력에 대기압을 더한 값으로 표현된다. 공압에서의 압력이란 항상 대기압과의 차이를 의미하기 때문에 상대 압력만을 나타내며, 압력계 또한 대기압과의 차이만을 표시하도록 되어 있다. 그림 2.1에 게이지 압력과 절대 압력과의 관계를 표현하였다.

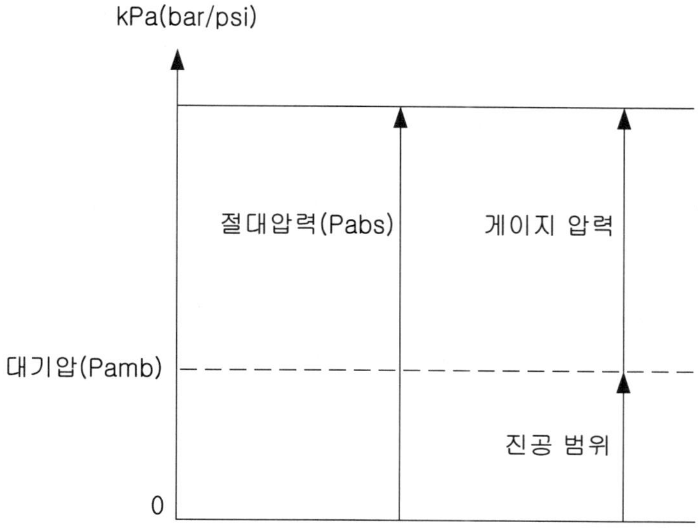

그림 2.1 게이지 압력과 절대 압력

03 | 압축공기의 생성과 분배

공압 시스템이 제 기능을 충분히 발휘하기 위해서는 정해진 압력으로 깨끗하고 건조된 공기가 공급되어야 한다. 이러한 조건을 충족시키지 못하면 공압 시스템의 기능 악화가 가속화된다. 제대로 준비되지 못한 압축공기는 실린더와 밸브 내에 있는 밀봉 요소와 습동부의 빠른 마모를 야기 시키며 소음기를 오염시키게 된다. 따라서 양질의 압축공기를 생산, 저장, 건조, 분배하기 위해서는 다음과 같은 장치들이 필요하다.

- 압축기
- 저장 탱크
- 공기 필터
- 건조기
- 윤활기
- 압력 조절기
- 배수 장치
- 유문 분리기

3.1 압축기

3.1.1 압축기의 종류

압축공기를 생산하기 위해서는 공기를 압축하여 필요한 작업 압력까지 압축해주는 압축기(compressor)가 필요하다. 압축기에는 여러 가지 종류가 있는데 가장 많이 사용하고 있는 압축기를 간략히 소개하면 다음과 같다. 첫째는 체적 변화의 원리에 의하여 운전되는 것인데 용기에 공기를 가득 채우고 이 용기의 체적을 감소시키는 것이다. 이러한 형식의 압축기를 피스톤 압축기라고 한다. 둘째는 공기의 유통 원리(air-flow principle)에 의하여 운전되는 것이다. 한쪽으로는 공기를 집어넣고 질량 가속도(mass acceleration)에 의하여 압축되는 것이다.

■ **왕복 피스톤 압축기**

피스톤 압축기는 오래 전부터 사용되어 왔기 때문에 구조가 친숙하고 보수 유지를 하는 데에도 큰 어려움이 없다. 피스톤 압축기는 작업상 별로 문제가 일어나지는 않지만 간헐적으로 사용할 때에는 상대적으로 고장율이 낮고, 계속적으로 사용할 때에는 고장율이 높다. 이 압축기는 낮은 압력에서 높은 압력까지를 생산하는데 사용될 수 있으며 사용할 수 있는 압력 범위는 대략 1bar에서 수십 bar까지이다. 고압으로 압축하기 위해서는 다단식 압축기가 필요하다. 흡입 공기는 첫 번째 피스톤에 의하여 압축되고 냉각된 후 다음 피스톤에 의하여 더욱 압축된다. 두 번째 압축기의 압축실은 압축비 때문에 작아지게 되며 압축되는 동안에 온도가 상승하므로 냉각 시스템으로 이를 냉각시켜 주어야 한다.

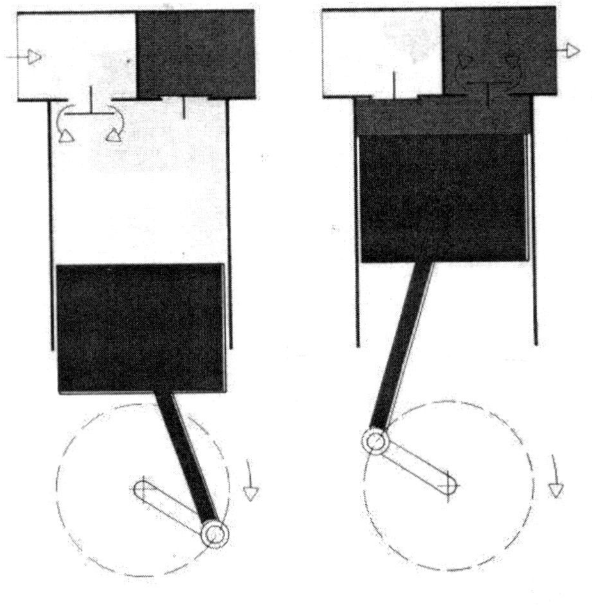

그림 3.1 왕복 피스톤 압축기

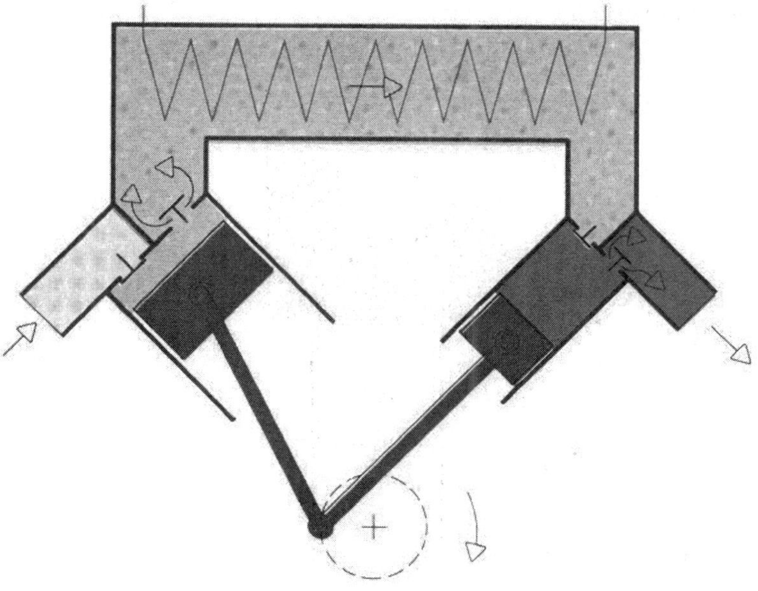

그림 3.2 냉각기가 내장된 2단 왕복 피스톤 압축기

왕복 피스톤 압축기는 공랭식과 수냉식이 있으며 왕복 피스톤 압축기의 최적 영역은 다음과 같다.

400 kPa(4 bar/58 psi)까지 1단
1500 kPa(15 bar/217.5 psi)까지 2단
1500 kPa(15 bar/217.5 psi)이상 3단

다음의 것은 기술적으로는 가능하지만 경제적이지 못하다.

1200 kPa(12 bar/217.5 psi)까지 1단
3000 kPa(30 bar/435 psi)까지 2단
22000 kPa(220 bar/3190 psi)까지 3단

■ 격판(Diaphragm) 압축기

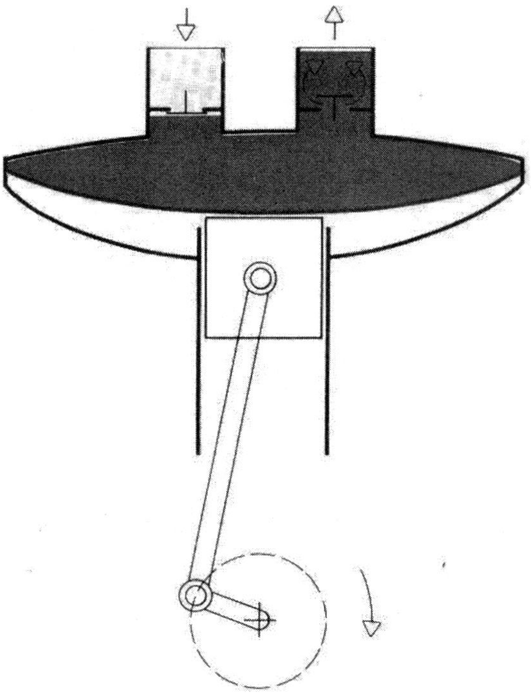

그림 3.3 격판 압축기

이런 형태의 압축기도 피스톤 압축기의 일종이다. 이 압축기는 피스톤이 격판에 의해 흡입실(suction chamber)로부터 분리되어 있다. 즉, 공기가 왕복운동을 하는 부분과 직접 접촉하지 않기 때문에 공기에 기름(oil)이 섞이지 않게 된다. 그러므로 이 압축기는 식료품, 제약, 화학 산업에 많이 이용된다.

■ **미끄럼 날개 회전 압축기(Sliding vane rotary compressor)**

편심 로터(rotor)가 흡입과 배출 구멍이 있는 실린더 형태의 하우징(housing) 내에서 회전하는 형태이다. 이 압축기의 장점은 정밀한 치수를 갖고 있어서 조용한 운전과 공기를 안정되고 일정하게 공급할 수 있다. 로터의 작은 홈(slot)에 있는 미끄럼 날개와 실린더의 벽은 공간을 형성하게 되며, 회전하게 되면 원심력으로 날개가 벽 쪽에 달라붙게 되며 하우징의 형태에 따라 체적을 증가시키거나 감소시키게 된다.

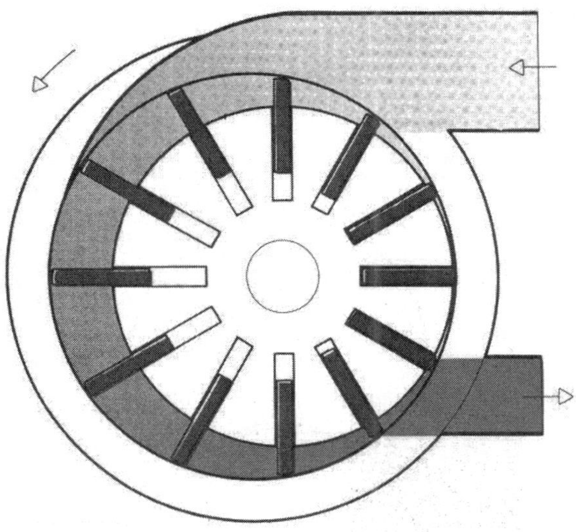

그림 3.4 미끄럼 날개 회전 압축기

■ **2축 스크류 압축기**

2축 스크류 압축기는 오목한 측면과 볼록한 측면을 가진 두 개의 로터가 한 쌍이 되어 축 방향으로 들어온 공기를 두 개의 로터가 맞물려 회전하면서 공기를 압축하는 형태이다. 스크류 압축기는 부하가 항상 일정한 연속적인 작업에 특히 적합하며 피스톤 압축기보다 정상 운전 상태에서 3~4 dB 정도 소음이 적다.

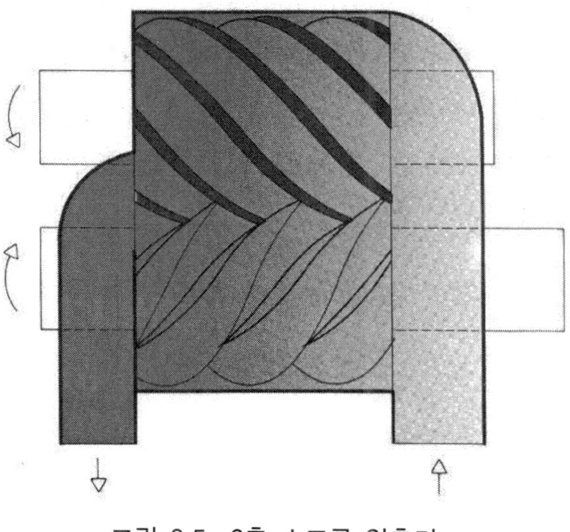

그림 3.5 2축 스크류 압축기

■ **루트 블로어(Roots blower)**

이러한 압축기에서는 공기가 체적의 변화 없이 한 쪽에서 다른 쪽으로 옮겨간다. 피스톤의 끝이 압축 측을 밀폐시키게 된다.

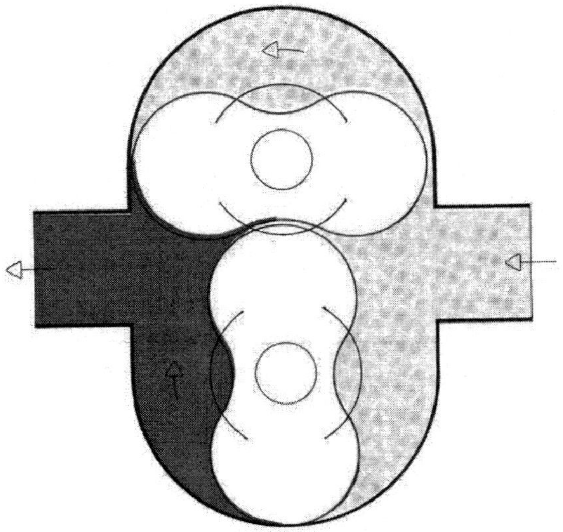

그림 3.6 루트 블로어

■ **유동식 압축기**

이 압축기는 공기의 유동 원리를 이용한 것이며 대용량에 적합하다. 유동식 압축기는 축방향(axial) 및 반경 방향(radial)형의 두 가지가 있다. 공기는 한 개 또는 여러 개의 터빈에 의하여 속도를 얻게 되며 이러한 운동 에너지를 압력 에너지로 바꾸어서 압축하는 형태이다. 그림 3.7은 축류 압축기인데 공기는 날개에 의해서 가속된다. 1개의 날개만으로는 높은 압력을 얻을 수 없으므로 여러 장의 날개를 직렬로 배치하여 다단 압축 형식을 취한다.

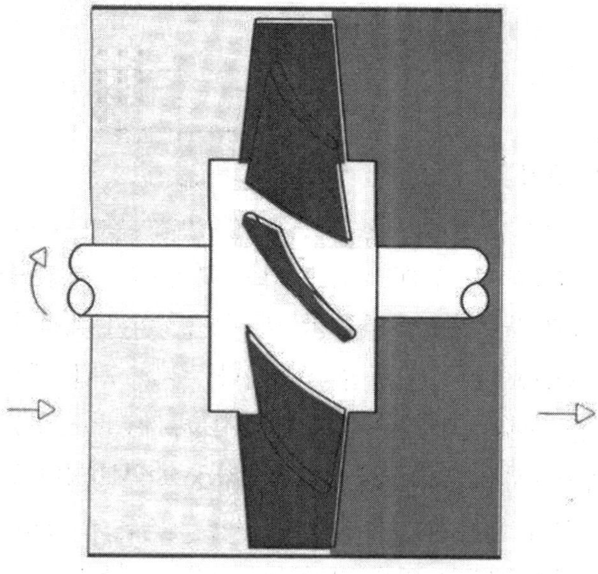

그림 3.7 축류 압축기

그림 3.8은 반경류 압축기인데 공기는 날개에 의하여 반경 방향으로 가속되며 이것이 다시 다음 공간의 축 쪽으로 흡입되어 가속되는 동작을 반복하여 공기를 압축시킨다.

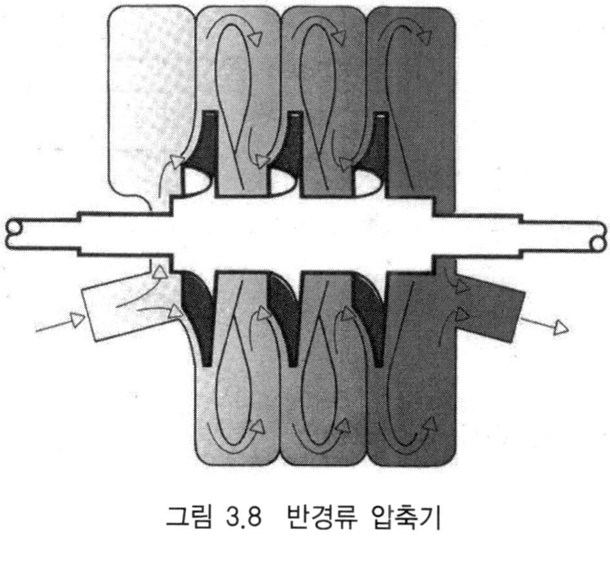

그림 3.8 반경류 압축기

3.1.2 압축기 선정 시 필요한 기술적 용어

다음은 압축기를 올바로 선정하기 위해서 필요한 여러 가지 기술적인 용어에 대한 설명을 기술한 것이다.

■ **압축기의 공급 체적**

공급 체적은 압축기가 공급해 주는 공기의 양이며 이를 나타내는 데에는 두 가지가 있는데 이론 공급 체적과 유효 공급 체적이 그것이다. 이론 공급 체적이란 왕복 피스톤 압축기를 예로 들면 한 행정에 피스톤이 움직이는 체적과 회전수를 곱한 것이 된다. 즉, 이론적으로 계산된 공급 체적이다. 유효 공급 체적은 압축기의 형태와 압력, 주위 환경 등에 따라 다르게 되며 체적 계수(volumetric efficiency)에 영향을 받는다. 압축기에서는 유효 공급 체적만이 중요하게 되며 공압 기구의 제어나 운전에는 이 유효 공급 체적만이 유효하다. 공급 체적은 m^3/min이나 m^3/h로 표시되며 많은 압축기 제조 회사는 이론 공급 체적만을 표시하므로 압축기를 선정할 때 주의하여야 한다.

■ **작업 압력과 작동 압력**

압력에는 작업 압력(working pressure)과 작동 압력(operating pressure)이 있다. 작업 압력은 압축기의 출구 측 압력 또는 탱크나 파이프 라인의 압력을 의미한다. 작동 압력은 직접 공압 요소를 작동시키는 곳에서 요구되는 압력으로 대부분이 5 ~ 7 bar이다. 그러므로 각 요소의 작업 데이터는 작동 압력에 의하여 주어진다.

공압 시스템의 확실하고 정확한 동작을 위하여 압력을 일정하게 유지시켜 주는 것이 필요하다. 다음 사항들이 압력 유지에 관계가 있다.

- 속도
- 힘
- 작업요소의 작동 순서

■ **압축기의 구동**

작업 조건에 따라서 압축기는 전동기나 내연 기관을 구동 장치로 사용한다. 생산 현장에서는 대부분 전동기가 일반적으로 사용된다. 그러나 압축기 플랜트가 고정이 되지 않은 이동식의 경우에는 휘발유나 디젤 엔진과 같은 내연 기관에 의하여 압축기가 구동된다.

3.1.3 압축기의 조절

변동하는 수요에 공급량을 맞추기 위해서는 압축기의 조절이 필요하다. 조절 방법에는 여러 가지가 있으며 공급 체적은 조절 가능한 최대 압력과 최저 압력 사이에서 조절된다. 압력 조절 방식 중에서 많이 사용되고 있는 조절 방식에 대해서 소개하면 다음과 같다.

■ **무부하 조절**

① 배기 조절

가장 간단한 조절 방법으로 탱크 내의 압력이 설정된 압력에 도달하면 안전 밸브가 열려서 압축공기를 대기 중으로 방출시켜 설정 압력으로 조절하는 방법이다. 체크 밸브는 탱크가 완전히 비는 것을 방지해 준다.

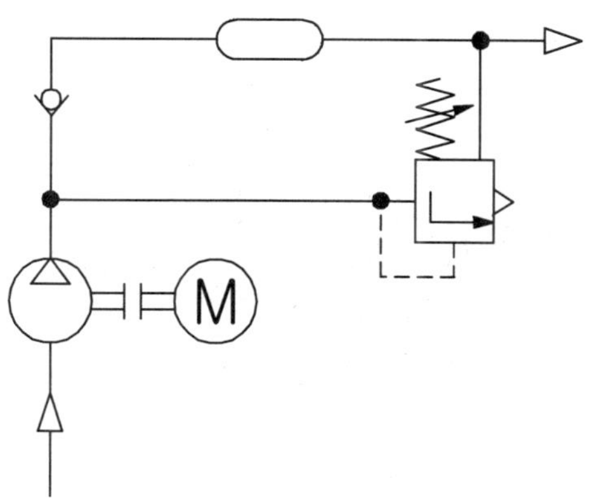

그림 3.9 배기 조절

② 차단 조절

이 조절 방식은 압축기의 흡입구를 차단하여 압력을 낮추는 방법으로서 흡입구가 닫히게 되면 대기압 보다 낮은 상태에서 계속적으로 운전하게 된다. 이 형태의 조절은 회전 피스톤 압축기와 왕복식 피스톤 압축기에서 사용된다.

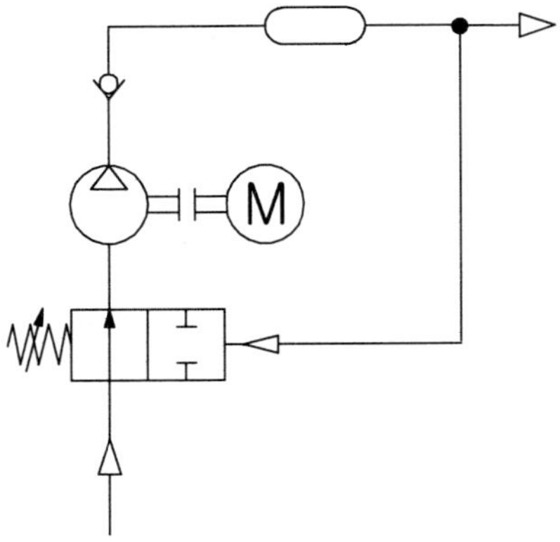

그림 3.10 차단 조절

③ 그립-암 조절 방식

그립-암(grip-arm) 조절 방식은 피스톤 압축기에 사용된다. 저장 탱크 내의 압력이 일정 압력 이상으로 상승하면 그 압력을 감지하여 흡입 밸브가 그립-암에 의하여 열려 있도록 만들어 압축 공기를 생산할 수 없게 하는 간단한 조절 방법이다.

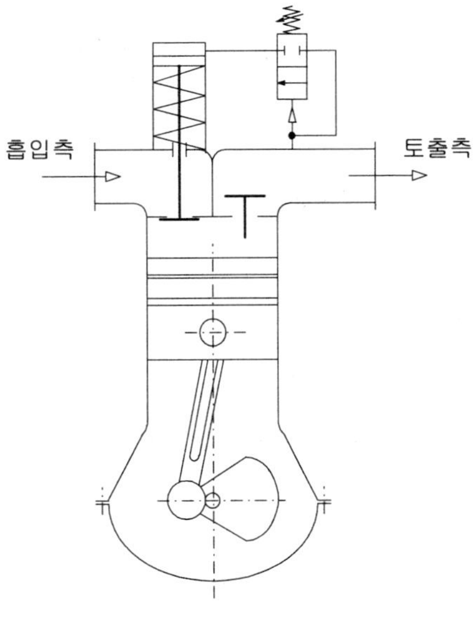

그림 3.11 그립-암 조절

■ **ON-OFF 조절 방식**

ON-OFF 조절 방식에서는 압축기가 작동과 정지의 두 가지 조건만을 갖는다. 압축기의 구동 모터는 저장된 공압의 압력이 최대 압력이 되면 정지하게 되고 최소 압력이 되면 다시 작동하게 된다. 스위칭 횟수를 줄이기 위하여 비교적 대용량의 저장 탱크가 필요하게 된다. ON-OFF 조절 방식은 구동 모터의 마력이 적은 경우에 많이 사용된다.

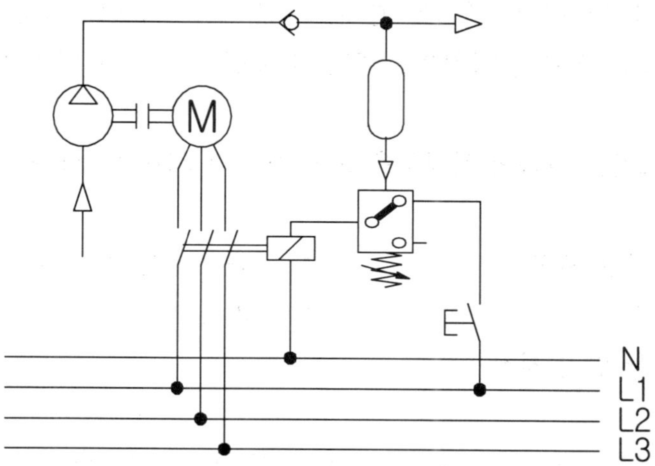

그림 3.12 ON-OFF 조절

■ **압축기의 냉각과 설치 장소**

공기를 압축할 때에는 열이 발생하므로 이를 제거해 주어야 한다. 압축기에서의 최적의 냉각 방식은 발생되는 열량에 따라서 좌우된다. 작은 규모의 압축기에서는 냉각 핀(cooling fin)을 통한 방열로 해결할 수 있으나 용량이 큰 압축기에서는 열을 제거하기 위하여 냉각 팬(cooling fan)을 장치할 필요가 있다. 일반적으로 30kW 이상의 구동력을 갖는 압축기에서는 공냉식으로는 충분하지 못하므로 수냉식을 채택하여야 한다.

압축기는 외부로 소음이 새어 나가지 않도록 방음 장치가 된 압축기만을 위하여 마련된 방에 설치하여야 한다. 그리고 그 방은 환기 장치가 있어야 하고, 가급적 공기는 차고 먼지가 없어야 한다.

3.2 저장 탱크

저장 탱크는 압축공기의 공급을 안정되게 하고 공기가 소비될 때에는 발생되는 압력 변화를 평탄하게 한다. 이와 같은 기능은 전 공압 배관의 안정성을 증가시키고 압축기로부터 전달되는 맥동 현상을 감소시키며 저장 탱크의 큰 표면적이 압축기로부터 공급된 뜨거운 공기를 냉각시키기 때문에 공기에 포함된 수증기가 저장 탱크 내에서 물로 응축되도록 한다. 따라서 주기적으로 저장 탱크 내에 모여 있는 응축수를 제거시켜 주어야 한다. 또한 저장 탱크는 갑작스러운 정전에 대비하게 하여 주고 압축기 동작의 스위칭 횟수를 감소시켜 압축기가 쉴 여유를 준다.

저장 탱크의 크기는 다음의 사항들을 고려하여 결정하여야 한다.

- 압축기의 공급 체적
- 공기 소비량
- 허용 가능한 압력 강하
- 압축기의 압력 조절 방식
- 공기 분배망

저장 탱크는 압축기가 off 되어 있는 공전 시간에도 충분한 압력과 유량을 배관을 통해서 공급해 줄 수 있는 크기가 되어야 한다. 저장 탱크의 크기는 크면 클수록 좋으나 경제적인 면을 고려하여 적절한 크기가 선정되어야 한다. 저장 탱크 크기의 하한치는 압축기의 공급 체적을 참고로 결정할 수 있다. 즉 압축기의 공급 체적이 $20\,m^3/min$라면 저장 탱크의 크기는 최소 $20\,m^3$ 이상으로 하면 큰 무리가 없게 된다.

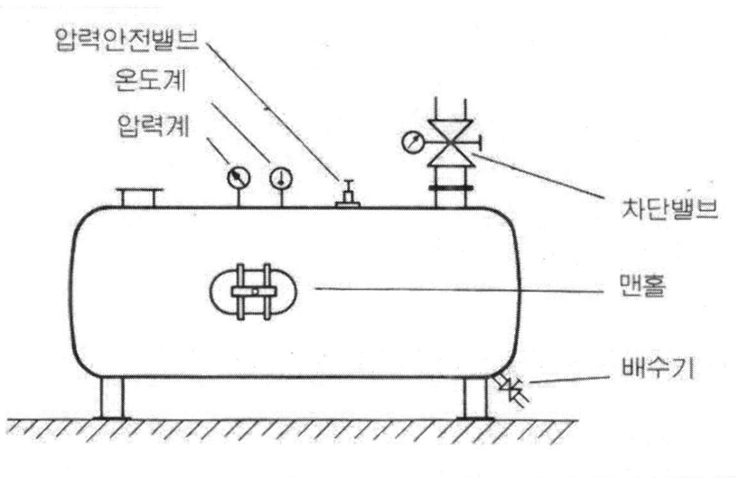

그림 3.13 저장 탱크

3.3 건조기

압축공기 내의 수분은 공압 시스템에 많은 악영향을 끼친다. 수분이 공압 시스템에 들어갔을 때 야기되는 문제들을 요약하면 다음과 같다.

- 파이프, 실린더, 일반 공압 요소들이 부식되고 이는 마모를 증가시키며 보수·유지 비용을 상승시킨다.
- 실린더 내에서 윤활막의 형성을 방해한다.
- 밸브에서의 스위칭 기능이 손상되어 작업 중 오동작을 일으킬 수 있다.
- 도장 공장, 식품 공장 등에서 민감한 물질과 접촉되어 압축공기가 사용될 때 오염 및 손상이 우려된다.

따라서 모든 경우에 수분은 반드시 제거, 즉 건조되어야 하는데 압축공기 건조에는 여러 가지 방법이 사용된다.

3.3.1 압축공기와 수분

압축공기 중의 수분은 흡입 공기와 더불어 시스템 내로 들어오게 되는데 수분의 양은 습도에 비례하고 그 날의 공기의 온도와 날씨 상태에 따라 다르다. 절대

습도는 1 m³의 공기 내에 포함된 현존하는 물의 양이다. 포화량은 그 온도에서 1 m³의 공기가 포함할 수 있는 물의 양으로 이때의 상대 습도는 최대량, 즉 100 % 이다(이슬점 온도). 따라서 상대습도는 다음의 식에 의하여 구할 수 있다.

$$상대습도 = \frac{절대습도}{포화량} \cdot 100\%$$

온도에 따른 공기의 포화량은 그림 3.14의 도표와 같다.

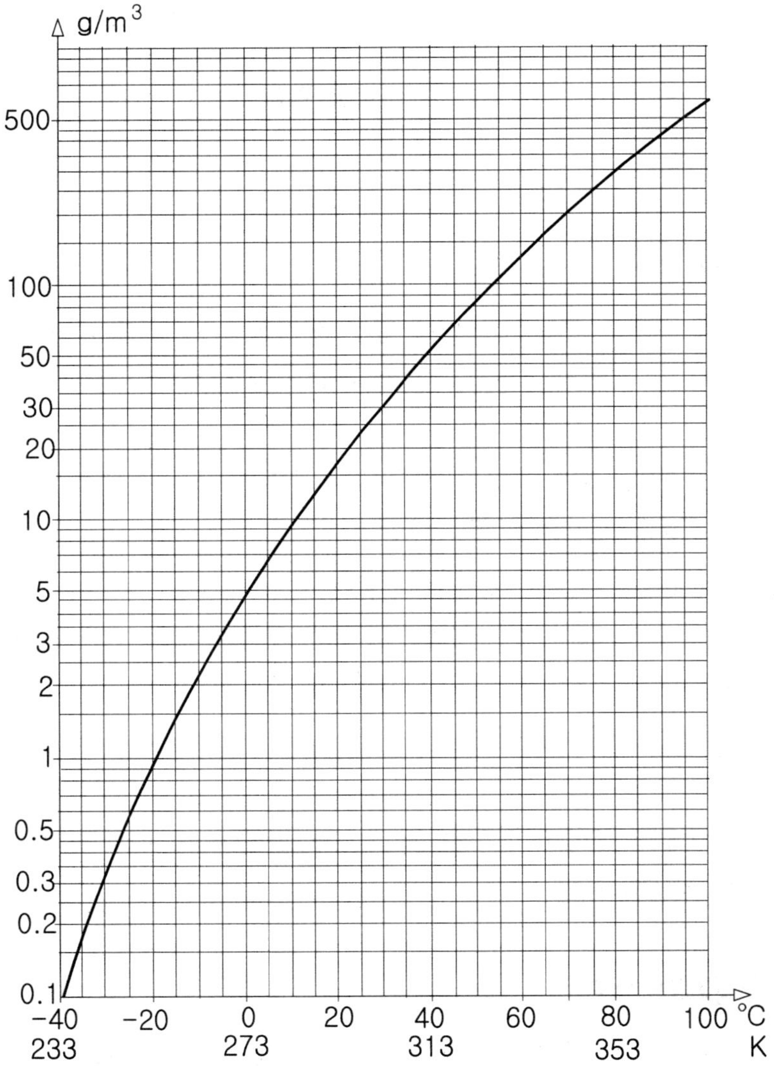

그림 3.14 이슬점 온도 곡선

3.3.2 후부 냉각기(after cooler)

공기에 포함된 수분을 감소시키는 첫 번째 가능한 방법이 후부 냉각기이다. 이것은 냉각수나 찬 공기를 이용하여 공기를 냉각시키는 방법이다. 압축기에 의하여 가열된 공기는 물이나 공기를 이용한 냉각 핀에 의해서 식혀진다. 공기의 온도가 이슬점 온도 이하로 내려가면 수분이 응축된다. 열교환 장치를 통한 애프터쿨링은 상온의 물을 통과시키면 이슬점 온도가 10 ℃ ~ 15 ℃ 정도가 되고 냉각수를 통과시키면 10 ℃ 정도가 얻어진다. 후부 냉각기는 압축기 다음에 설치되는데 그림 3.15에서 후부 냉각기의 구조를 보여주고 있다.

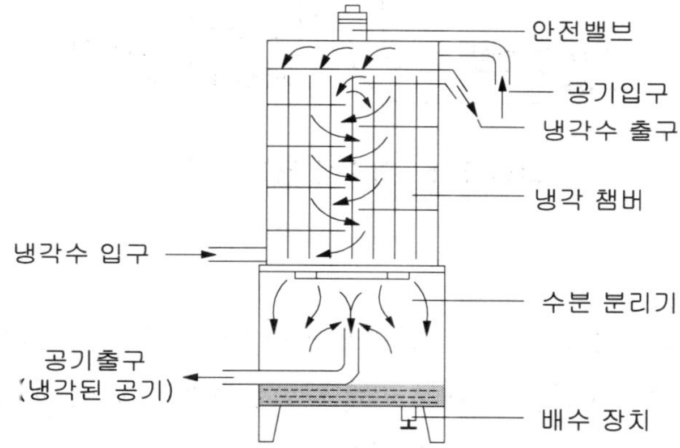

그림 3.15 후부 냉각기

3.3.3 건조 방식의 종류

■ **흡수식 건조**

흡수식 건조(absorption drying)는 화학적인 방법이다. 이 방법에서는 압축 공기가 건조제를 통과하며 이 과정에서 물이나 증기가 건조제에 닿으면 화합물이 형성되어 건조제와 물의 혼합물로 용해되며 따라서 공기는 건조된다. 이 혼합 물질은 주기적으로 제거되어야 하며 수동이나 자동으로 제거될 수 있다. 이때 새로운 건조제가 다시 채워져야 한다. 흡수식 건조기에서는 물과 함께 증기 상태의 기름 입자들도 분리된다. 기름의 양이 많아지면 건조기의 효율이 떨어지므로 우수한 필터를 설치하는 것이 좋다. 이 건조기의 특징은 장비의 설치가 간단하고 건조기에 움직이는 부분이 없으므로 기계적 마모가 적으며 외부 에너지 공급이 필요 없다.

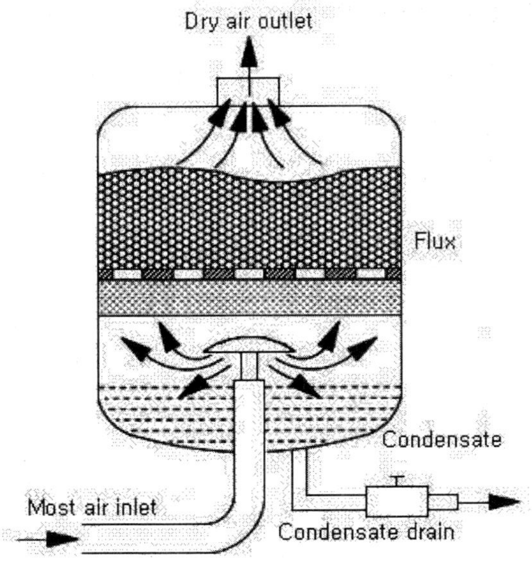

그림 3.16 흡수식 건조의 원리

■ **흡착식 건조**

흡착식 건조(absorption dryng) 과정은 물리적 과정이다. 흡착이라 함은 물질이 고체 표면에 붙어 버리는 상태를 말한다. 건조제는 끝이 뾰족하거나 구슬 모양의 과립 물질이다. 이 건조제는 대부분 실리콘 디옥사이드(SiO_2)로 되어 있다. 이것을 보통 겔(gel)이라 칭하는데 이 겔은 물이나 증기를 흡착한다. 습기있는 압축공기가 이 건조제를 지나가면 건조제가 압축공기 중의 습기와 결합하여 혼합물을 형성하고 따라서 공기는 습기를 잃게 된다. 그러나 이러한 건조제의 건조 능력은 한계가 있어 포화상태에 다다르면 기능을 잃지만 단순한 방법에 의하여 재생될 수 있다. 즉 더운 공기가 포화상태의 건조제를 통과하면 더운 공기는 건조제 속의 습기를 흡수, 이송해 버려 건조제는 다시 제 본래의 성질을 되찾는다. 재생에 필요한 열에너지는 히터나 더운 압축공기로부터 얻을 수 있다. 두 개의 흡착기를 평행으로 연결하면 한 흡착기는 건조 과정에 연결해 사용되고 동시에 다른 흡착기는 더운 공기를 보내어 겔을 재생시키게 된다. 이 방법은 −90 ℃까지 효과를 볼 수 있다. 일반적으로 겔의 사용은 제한이 없지만 2～3년마다 한 번씩 교환해 주도록 한다.

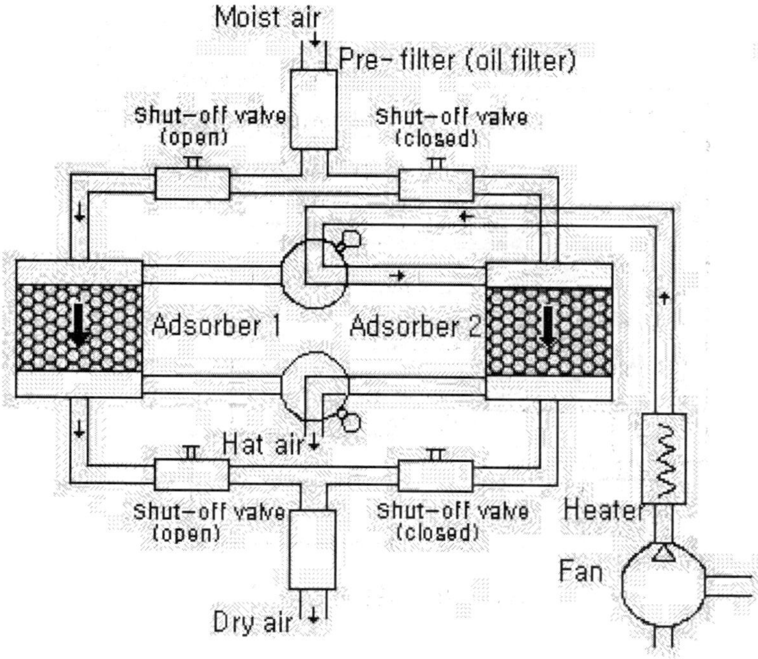

그림 3.17 흡착식 건조의 원리

■ 저온 건조

저온 건조(low temperature drying)는 이슬점 온도를 낮추는 원리를 이용한 것이다. 이슬점 온도는 공기 또는 가스에 포함된 수증기가 응축되기 시작하는 온도이다. 건조될 압축공기가 건조기로 들어가는데 먼저 공기/공기 열 교환기로 들어간다. 더운 공기는 열 교환기에서 공급되는 차고 건조한 공기에 의해서 냉각된다. 이때 열 교환기 내에서 응축되는 물은 그곳에서 제거된다. 일단 냉각된 이 압축공기는 다시 냉각기에 들어가 약 -1.7 ℃까지 냉각된다. 이 과정에서 물과 기름은 두 번째로 응축되어 공기로부터 제거되고 이렇게 냉각 건조된 압축공기는 또한 남아 있는 먼지를 제거하기 위하여 필터를 통과함으로서 건조되고 깨끗한 공기를 얻게 된다. 냉각된 공기의 온도는 2 ℃ ~ 5 ℃ 정도가 되고 출구 측의 온도가 겨울에는 10 ℃ 내외, 여름에는 30 ℃ 정도가 된다. 저온 건조 방식에 의한 수분 제거는 오늘날 가장 보편적으로 사용된다. 이 장치는 경제적으로 운용되며 신뢰성이 좋고 보수 유지비용도 적게 든다.

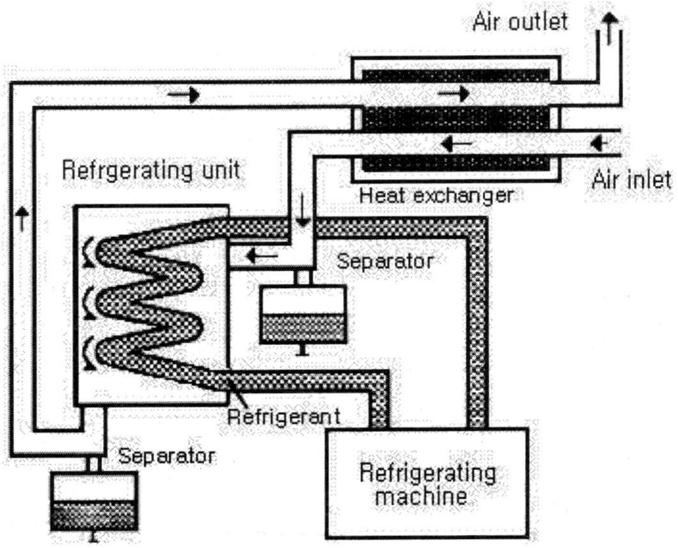

그림 3.18 저온 건조의 원리

■ 윤활유의 제거

압축기에 사용되는 윤활유는 압축기의 피스톤과 실린더의 마찰과 분자 운동론에 기초한 열 때문에 탄화된다. 이 탄화 물질이 실린더나 밸브에 유입되면 마모를 일으켜 내구 수명을 상당히 감소시킬 수 있다. 더구나 윤활유는 파이프의 내벽에 침착되어 파이프를 오염시키고 파이프를 분해하지 않으면 더 이상 제거할 방법이 없게 된다. 더 큰 문제는 gumming 현상이다. 이는 윤활 된 부품들이 일정 시간(주말이나 공휴일) 정지 후에 윤활유 및 기타 이물질이 고착되어 제 기능을 발휘하지 못하는 것이다. 따라서 압축기에 의해서 유입되는 윤활유는 반드시 제거되어야 한다. 또는, 압축공기가 윤활유로부터 자유로운 상태로 생성되어야 한다. 두 경우 모두 비싼 비용이 드는데 윤활유를 모두 제거해야 하는 경우 특히 비용이 많이 든다. 따라서 가장 경제적인 해답을 찾아야 할 것이다. 사용자에게 있어서는 ISO가 제안한 윤활유에 대한 압축공기 등급을 참고하도록 한다.

우선은 다음 사항을 매일 점검하도록 한다.

- 윤활유 분리 장치를 사용하여 가능한 한 압축기의 윤활유가 압축공기의 배관으로 들어가지 못하도록 한다.

- 가능한 한 윤활이 필요 없는 무급유 공압 부품을 사용한다.
- 일단 무급유 공압 제품에 윤활이 되면 계속 윤활을 해 주어야 한다. 이는 무급유 공압 제품에 있던 원래의 구리스가 윤활유에 의해서 씻겨 버리기 때문이다. 무급유 제품에 대한 급유는 언제든지 가능하다.

3.4 배관

제작 설비의 합리화와 자동화의 증가에 따라 생산 현장의 압축공기 사용량은 증가되고 있다. 각각의 기계와 설비들은 일정량의 공기를 필요로 하며 이는 압축기로부터 배관 시스템을 통하여 공급되고 있다. 배관의 직경은 저장 탱크와 사용기계 사이의 압력 강하가 0.1 bar를 넘지 않는 범위 내에서 채택되어야 한다. 높은 압력 강하는 경제성이 없고 작업 능률을 현저히 떨어뜨린다. 새로운 설비를 계획할 때에는 압축기 플랜트를 차후에 확장할 것을 고려하여 여유를 주어야 한다. 즉, 공기 수요의 증대에 대비하여 배관의 크기를 넉넉히 잡을 필요가 있다. 크기 차이가 많은 배관을 다시 설치하는 것은 비용이 매우 많이 들기 때문이다.

■ 배관의 크기 선정

배관 직경의 선정은 전례나 주먹구구식으로 선택하면 곤란하며 다음 사항에 의하여 결정하여야 한다.

- 유량
- 허용 가능한 압력 강하
- 배관 길이
- 작업 압력
- 배관 라인 내의 교축 효과를 주는 부속 요소의 합

일반적으로 유속이 빠를수록 압력 강하가 커지며 주배관에서의 유속은 6 ~ 10 m/s 사이이다. 유속이 10 m/s 이상이 되면 난류가 발생할 가능성이 크다. 압력 강하도 0.1 bar를 넘지 않도록 하는데 불가피한 경우 작업 압력의 5 %까지를 허용한다. 즉, 6 bar 사용 시 0.3 bar까지 압력 강하를 허용할 수 있다.

■ **배관의 설치**

배관의 크기를 정확히 구하는 것은 물론 배관의 설치도 매우 중요하다. 배관 라인은 규칙적인 보수 유지와 점검이 필요하며 가능한 한 벽 속이나 좁은 공간 속에는 설치하지 않는 것이 좋다. 왜냐하면 배관에서의 공기 유출을 검사하기가 힘들기 때문이다. 공기의 누설이 작아도 큰 압력 손실을 가져오게 된다.

환상의 배관(ring circuit)은 주선(main line)에 주로 설치한다. 지선(branch line)은 주선으로부터 설치되며 이 방식은 공기의 소요량이 많은 경우에도 균일한 공급을 할 수 있다. 즉 압축공기는 두 방향으로 흐를 수 있다. 지선은 유동 방향으로 1 ~ 2 %의 경사가 주어지도록 설계하여야 한다. 배관을 수평으로 설치할 경우에는 응축에 의하여 생긴 물이 공기 속으로 스며들지 못하도록 배관의 상부에서 공기를 뽑아서 사용하여야 한다. 그리고 응축된 물을 뽑아주기 위한 트랩(water trap)을 배관의 밑 부분에 설치하여야 한다.

차단 밸브는 배관에 설치되어 공기의 흐름을 허용하거나 제한하는 밸브이다. 간단히 표현하면 정지-콕(stop-cock)이라고 할 수 있다.

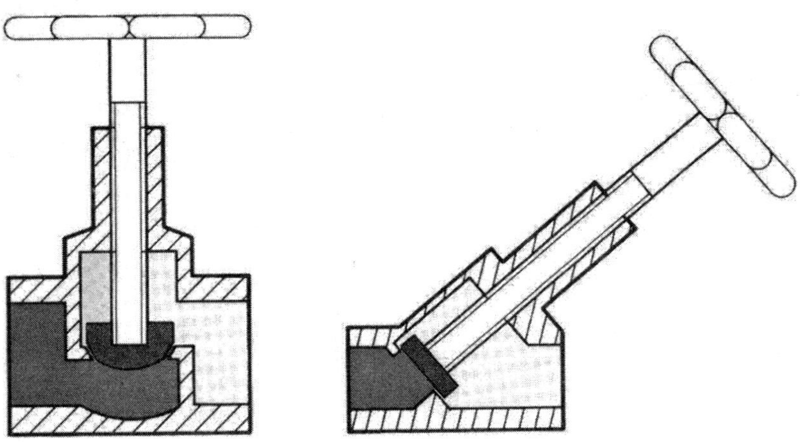

그림 3.19 차단 밸브

3.5 서비스 유닛

압축공기에는 많은 이물질이 포함되어 있는데 이러한 이물질들이 공압 시스템에 들어가면 문제를 일으킬 수 있다. 일차적으로 건조기에서 수분 및 기타의 이물질들이 제거되고 나머지 잔유 물질들은 필터에서 제거되어야 한다. 필터는 개별적으로 사용되지만 압력 조절기, 윤활기와 조합을 이루어 많이 사용되는데 이때의 조합을 서비스 유닛(service unit) 또는 공기 조정 유닛이라고 한다.

3.5.1 필터(filter)

압축공기 필터는 압축공기가 필터를 통과할 때에 이미 응축된 물과 모든 오물을 제거하는 역할을 한다. 압축공기는 나선형의 안내 통로를 통하여 필터통으로 들어가며 이때 압축공기는 소용돌이치게 된다. 그러면 비중이 큰 액상 물질과 큰 이물질은 원심 분리되며 이들은 필터통의 밑에 모이게 된다. 이렇게 모인 응축물은 적당한 시기에 제거해 주어야 한다. 그렇지 않으면 다시 공기 중에 흡수된다. 압축공기는 필터(보통 40 ㎛의 메쉬 사용)를 통과하면서 더욱 깨끗해진다. 오래 사용하면 고체 물질이 필터를 막히게 하므로 주기적으로 청소를 하거나 바꾸어 주어야 한다. 밑에 쌓인 응축물을 제거하는 방법에는 수동식과 자동식이 있다.

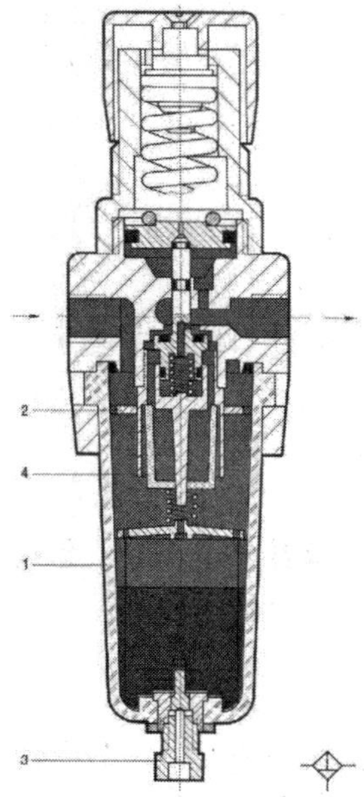

그림 3.20 필터

보통 필터로는 제거할 수 없는 미량의 물이나 미세한 오물을 제거하기 위해서는 미세 필터가 사용된다. 이 미세 필터는 식품공업, 제약회사, 정밀화학 산업 또는 저압용 기구를 사용하는 장치 등에서 많이 사용된다. 이때 거의 모든 물방울이나 이물질들을 제거할 수 있다. 일반 필터와의 차이점은 압축공기가 필터의 안쪽에서부터 바깥쪽으로 통과된다는 것이다. 압축공기가 입구를 통하여 유입되면 미세 필터(보론 규소물, 플라스틱 섬유, 유리 섬유 등으로 만들어짐)를 통하여 밖으로 통과하게 되며 이렇게 걸러진 공기는 출구를 통하여 공압 시스템 쪽으로 공급된다. 필터 구멍의 미세도가 대단히 높아서 제거할 수 있는 오물의 최소 크기는 0.01㎛까지 이른다. 중요한 것은 설치할 때 반드시 수직으로 놓아야 하며 입구와 출구의 방향을 혼동해서는 안된다. 특히 이같은 미세 필터는 보통의 일반 필터로 걸러낸 다음에 사용함을 원칙으로 한다.

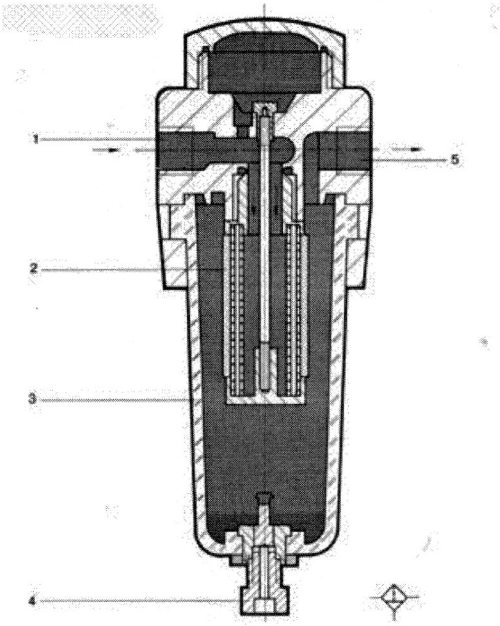

그림 3.21 미세 필터

■ **자동 배수 장치**

필터에 쌓인 응축물은 때때로 제거시켜 주어야 한다. 그렇지 않으면 응축수가 공압 시스템 쪽으로 들어가게 된다. 응축물을 수동으로 제거하기 위해서는 필터

하부에 설치되어 있는 배수 나사를 열어 주면 된다. 그러나 응축물을 자동으로 제거하기 위해서는 자동 배수 장치를 필터의 하단부에 설치하면 된다. 응축수는 자동 배수 장치 내로 들어가게 되며 수위가 높아지게 되면 부구가 위로 올라가게 된다. 부구가 일정한 높이 이상으로 올라오게 되면 노즐이 열리게 되어 압축공기가 라인을 따라서 밸브의 격판을 밀게 된다. 밸브가 열리게 되면 응축수는 배수 통로를 통하여 배수되며 부구는 다시 밑으로 내려오게 되어 노즐이 닫히게 된다. 누름 핀을 수동으로 작동시키면 수동으로도 배수가 가능하다.

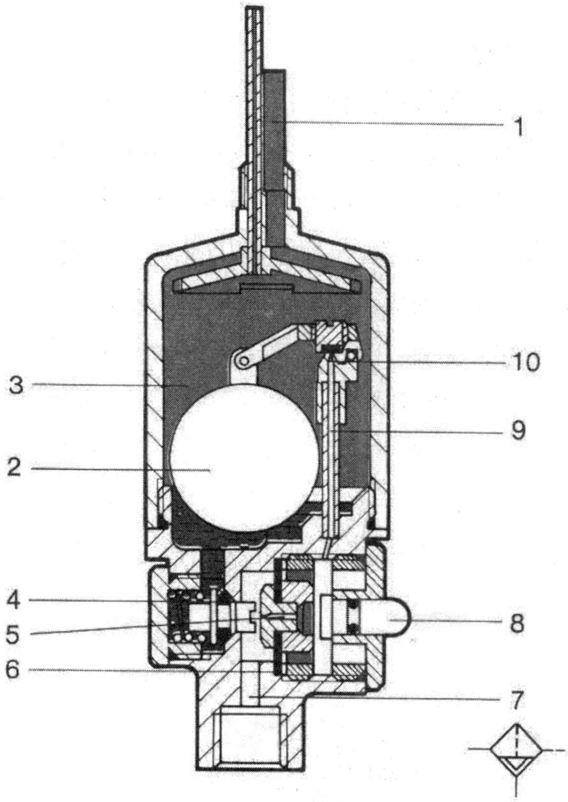

그림 3.22 자동 배수 장치

3.5.2 압력 조절기(pressure regulator)

압축기로부터 생성된 압축공기는 대부분의 경우 어느 정도 맥동을 갖고 있다. 압력 조절기는 이러한 일차 측압력을 이차 측압력으로 바꾸어 공압 시스템에 공급한다. 배관 시스템에서의 압력의 변화는 밸브의 스위칭 특성과 실린더의 동작

시간, 유량제어와 메모리 밸브의 시간 특성에 영향을 미친다. 따라서 일정한 압력의 공급은 공압 제어 시 고장을 배제하기 위한 필수적 요소이다. 일정한 압력을 공압 시스템에 공급하기 위해서는 공압 필터 다음에 압력 조절기를 달아서 압력의 맥동을 잡아 줄 필요가 있다. 압력 조절기는 대부분 공기 필터 다음에 부착되므로 고장은 크게 염려할 것이 없지만 연속 작업 시 이차 측압력을 나타내는 압력 게이지의 눈금이 압력 게이지의 최대치보다 2/3 이하에 있도록 한다. 또 윤활유가 함유된 압축공기는 실링과 격판을 부풀어 오르게 할 수 있으므로 주의해야 한다.

• 배기공이 있는 압력 조절기

압력 조절기의 목적은 공급 압력(일차 압력)이나 공기 소비의 과다에 관계없이 작동 압력(이차 압력)을 일정하게 유지시키는 것이다. 이때 압력은 출력 압력보다 항상 커야 한다. 공기의 압력은 격판에 의해서 조절된다. 출구 측의 압력이 격판에 작용하고 다른 쪽에는 스프링이 작용한다. 스프링 힘은 조절나사로 조절될 수 있다. 출구 측 압력이 높아지면 격판이 스프링을 눌러 밸브 시트의 바깥 단면적을 감소시키거나 완전히 닫아 버린다. 따라서 유동 체적에 의하여 압력이 조절된다. 공기량이 줄어들면 이차 압력이 떨어지고 스프링 힘에 의하여 밸브가 열리게 된다. 진동을 방지하기 위하여 밸브 디스크 위에 스프링이 장치되어 있으며 이차 압력은 압력계에 나타나게 된다. 이차 측의 압력이 현저히 증가되면 격판의 중간 부분이 열려 압축공기는 배기공을 통하여 공기 중으로 방출된다.

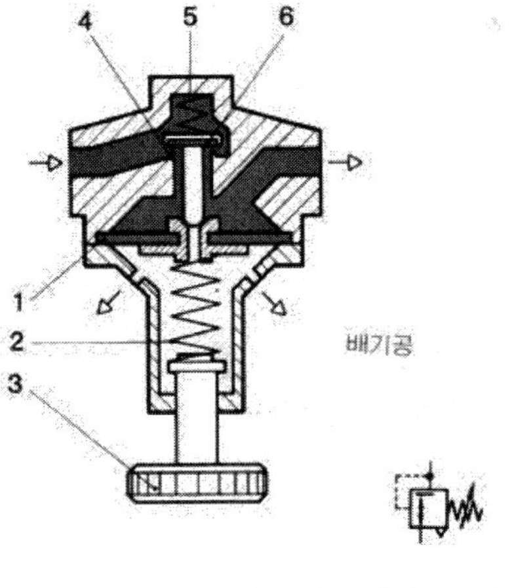

그림 3.23 배기공이 있는 압력 조절기

• 배기공이 없는 압력 조절기

가장 많이 사용되는 형태이며 압축공기는 밖으로 배기되는 것이 불가능하다. 조절나사에 의하여 스프링은 응력을 받게 되고 격판도 응력을 받게 된다. 스프링을 조절함에 따라 일차 측에서 이차 측으로의 흐름이 커지거나 작아지게 된다. 동시에 플런저도 격판과 함께 움직이게 된다. 만약 공기가 이차 측에서 빠지지 않으면 압력이 올라가서 격판을 압축 스프링 쪽으로 밀게 된다. 그러면 스프링이 플런저를 아래쪽으로 움직이게 하고 공기의 흐름이 끊어지게 된다. 압축공기는 공기가 이차 측에서 빠질 때에만 계속해서 흐른다.

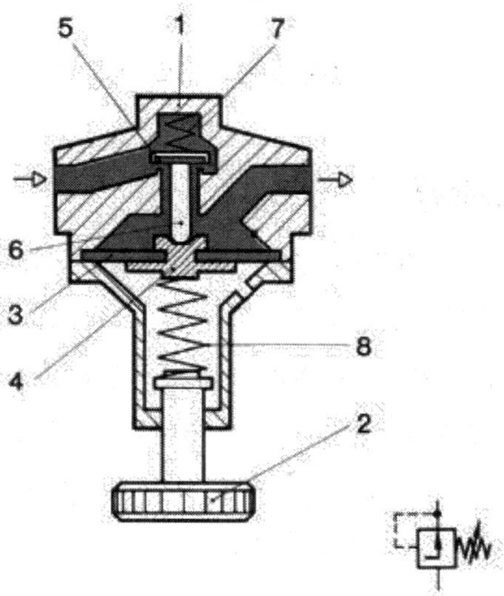

그림 3.24 배기공이 없는 압력 조절기

■ 압력 게이지

대체로 압력 조절기에는 압력 게이지가 부착되어 있어 압력 조절기를 거친 이차 측 압력의 크기를 나타내고 있다. 공압이 압력 게이지의 입구로 들어가면 버돈 관(Bourdon tube)이 팽창한다. 압력이 높아질수록 굽힘 반경은 커진다. 이러한 움직임이 링크, 기어, 피니온을 거쳐 포인터를 이송시켜 스케일을 가리키도록 한다.

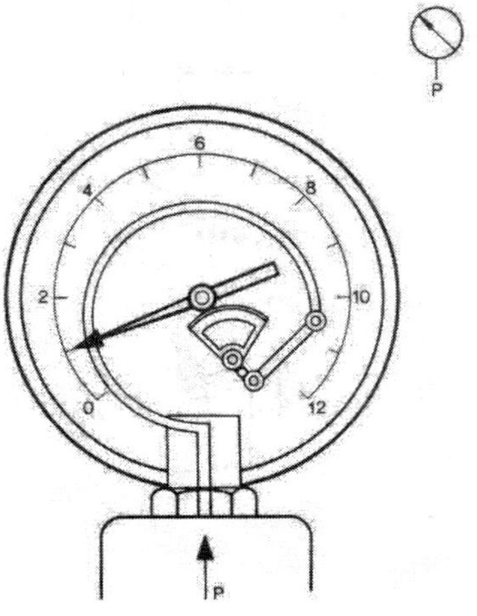

그림 3.25 압력 게이지

3.5.3 윤활기(lubricator)

윤활기의 목적은 공압 기기에 충분한 윤활제를 공급하는 것이다. 이 윤활제는 움직이는 부분의 마모를 적게 하고 마찰력을 감소시키며 장치의 부식을 방지한다. 모든 압축공기 윤활기는 벤추리(venturi)원리를 이용한다. 압축공기는 입구 측에서 들어와 출구 측으로 나가게 되는데 이 도중에 통로의 교축 부분이 있다. 공기가 교축 부분을 통과할 때에는 통과 속도가 증가되므로 이 부분에 압력 강하가 발생하게 된다. 이 압력 강하는 통로와 유적실에 진공 상태를 형성하며 따라서 통로를 통해서 용기 내의 윤활유를 흡입시키게 된다. 이렇게 해서 올라온 윤활유는 유적실과 통로를 통하여 분무된 형상으로 압축공기 속으로 빨려 들어가 출구로 나가게 되어 압축공기 사용 요소에까지 이르게 된다. 윤활 유량의 조절은 우선 압축공기 유량에 따라 압력 강하가 변화되어 일차로 자동 조절되며 또한 기름방울의 양을 수동으로 조절할 수 있게 되어 있다.

최근에는 윤활기의 사용에 대하여 비판적인 견해들이 증가하고 있는데, 과거의 경험에서 얻어진 지식과 현장에서 발생되는 문제점을 정리하면 다음과 같다.

- 과도하게 윤활이 된 부품들이 오동작할 경우가 있다.
- 윤활 공기가 작업실의 공기를 오염시킨다.
- 윤활기를 적절하게 조절하는데 있어서 경험상 어려움이 있다.

이러한 문제점들이 있음에도 불구하고 윤활기에 의한 압축공기 윤활은 다음과 같은 경우에 필요하다.

- 공압 실린더의 극히 빠른 왕복 운동의 경우
- 직경이 125 mm 이상인 실린더를 사용하는 경우

가능한 한 윤활기는 실린더에 가까운 위치에 설치하도록 한다. 윤활기의 크기의 올바른 선택은 실린더에서의 공기 소모량에 의하여 결정된다. 또한 윤활유를 흡입해 올릴 수 있는 최소 유량 이상이 되어야 한다. 즉, 윤활기가 너무 크면 어떤 상황에서는 비효과적일 수 있고, 너무 작은 윤활기를 사용하면 윤활기로부터 윤활유가 너무 빨리 소진될 수 있다.

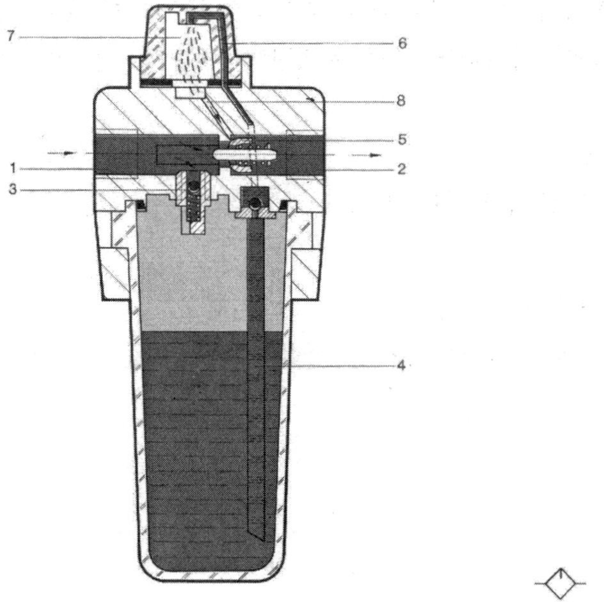

그림 3.26 윤활기

3.5.4 서비스 유닛의 점검

서비스 유닛은 필터, 압력 조절기, 윤활기로 구성된다. 서비스 유닛의 크기는 공압 시스템에서 사용하는 공기의 양에 의하여 결정된다. 공기 통과량이 너무 많으면 서비스 유닛에서 압력 강하가 커진다. 따라서 사용 규격을 반드시 검토할 필요가 있다. 작업 압력은 사용 규격 상의 허용치를 넘어서는 안 되며 주위 온도도 50 ℃(플라스틱 용기에 대한 최대 값)를 넘지 않도록 한다.

■ 서비스 유닛의 보수 유지

서비스 유닛은 다음과 같이 정기적으로 점검할 필요가 있다.

• 압축공기 필터

정기적으로 응축 정도, 즉 측정 유리관의 수위가 규정치 보다 높지 않은지를 점검한다. 그렇지 않으면 응축수가 압축공기 파이프로 흘러 들어가는 수가 있다. 응축수를 뽑아 버리려면 측정 유리관의 배수 나사를 열어주어야 한다.

• 압축공기 조절기

이것은 공기 필터를 점검하면 따로 점검할 필요가 없다.

• 압축공기 윤활기

측정 유리판에서의 기름의 양을 측정한다. 필요하면 기름의 공급 수위를 높여 주어야 한다.

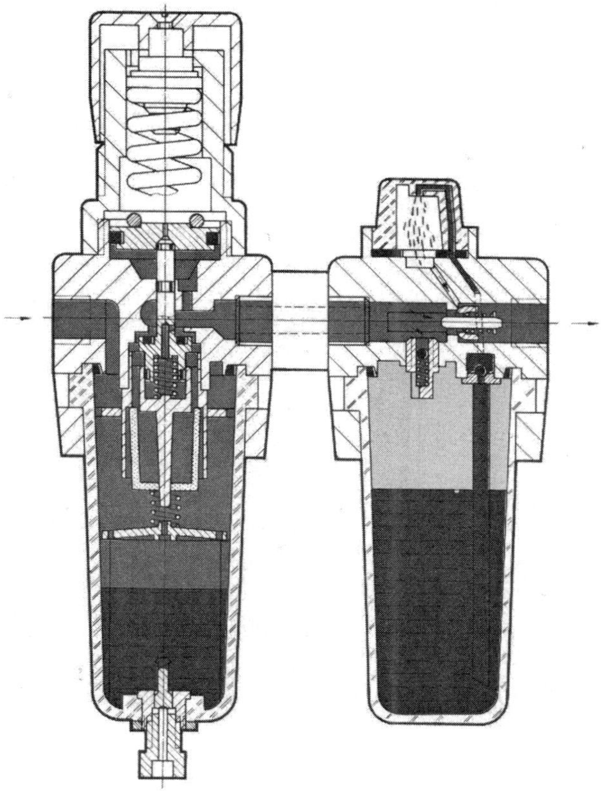

그림 3.27 서비스 유닛

04 공압 실린더

간단한 구조와 튼튼한 몸체 때문에 매우 넓은 영역에서 응용되어 사용되고 있다. 공압 실린더의 적용에는 다소간의 차이가 있더라도 다음 범위 내에서 효과적으로 사용된다.

- **실린더 직경** : 6 ~ 320 mm
- **실린더 행정** : 1 ~ 2000 mm
- **실린더 추력** : 0.2 ~ 5000 kgf
- **피스톤 속도** : 20 ~ 1000 mm/s(50 ~ 500 mm/s 범위가 이상적)

공압 실린더가 사용되는 가장 중요한 응용 분야는 다음과 같다.

- **클램핑 작업** : 간결한 구조와 짧은 클램핑 행정 덕분으로 특히 제한된 영역, 빠른 사이클 타임이 요구되는 곳, 높은 구속력이 필요한 경우에 적합하다.
- **이송 작업** : 선형 운동을 쉽게 시킬 수 있어 이송 작업에 대단히 편리하다.
- **가공 작업** : 유압 실린더와 결합되어 가동 작업에 사용될 수 있는데 압축 공기를 사용하게 되므로 비용이 적게 든다.

4.1 단동 실린더

단동 실린더에서 압축공기는 한쪽에서만 공급된다. 이런 종류의 실린더는 한쪽 방향의 일만을 할 수 있다. 피스톤의 복귀 운동은 내장 된 스프링이나 내부에 저장된 힘으로서 이루어진다. 내장된 스프링의 힘은 피스톤이 충분한 속도로 원위치 될 수 있도록 설계되어 있다.

4.1.1 일반 단동 실린더

스프링이 내장된 일반 단동 실린더는 스프링 때문에 행정거리가 제한받게 된다. 보통 단동 실린더의 최대 행정거리는 100mm 정도이다. 이러한 단동 실린더는 주로 클램핑(clamping), 이젝팅(ejecting), 프레싱(pressing), 리프팅(lifting), 이송(feeding) 등에 사용된다.

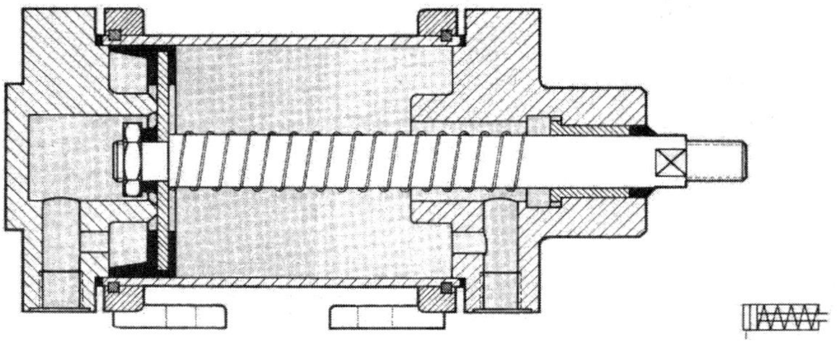

그림 4.1 단동 실린더

4.1.2 격판 실린더

격판 실린더(diaphragm cylinder)는 고무나 플라스틱 혹은 금속으로 만들어져 있는 격판이 내장되어 있어서 피스톤의 기능을 대신하며 피스톤 로드가 격판의 중앙에 부착되어 있다. 이 실린더에는 미끄럼 밀봉이 필요 없고 단지 재료가 늘어남에 따라 생기는 마찰이 있을 뿐이다. 이 실린더는 치공구의 제작과 프레스에서의 엠보싱(embossing), 리벳팅, 클램핑에 이용된다.

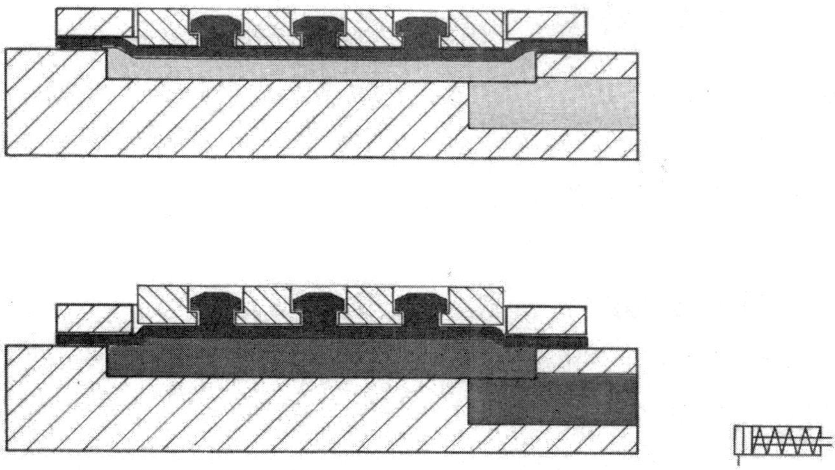

그림 4.2 격판 실린더

4.1.3 단 행정 실린더

단 행정 실린더(short stroke cylinder)는 짧은 행정거리를 갖는 클램핑 전용 실린더이다. 행정거리는 25mm이내이며 최대 출력은 20kgf 정도이다.

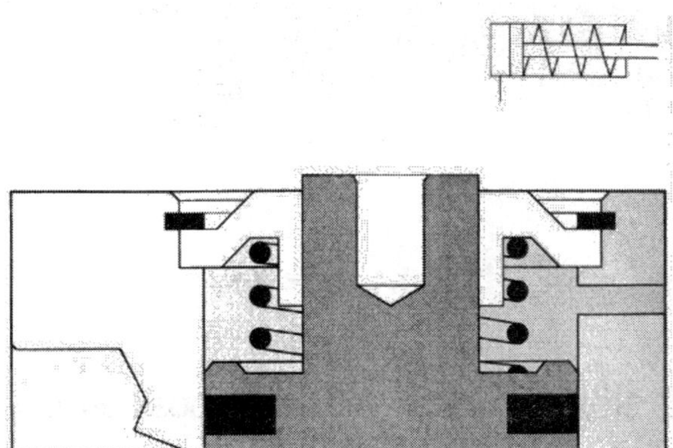

그림 4.3 단 행정 실린더

4.2 복동 실린더

복동 실린더는 압축공기의 힘으로 전진운동과 후진운동을 하게 된다. 따라서 실린더 전후진 측 모두에 배관이 연결되어야 하며 단동 실린더와는 달리 전후진 운동을 모두 작업에 이용할 수 있게 된다.

4.2.1 일반 복동 실린더

일반 복동 실린더는 전진운동, 후진운동, 또는 전진운동뿐만 아니라 후진운동에서도 일을 해야 할 경우에 사용된다. 실린더의 행정거리는 원칙적으로 제한 받지 않으나 피스톤 로드의 구부러짐(buckling)과 휨(bending)을 고려해서 대략 2m 정도로 행정거리를 제한한다. 또한 행정거리가 직경에 비해서 10배 이상인 경우에는 가이드를 설치하여 좌굴(buckling)이나 휨(bending)을 방지하는 것이 좋다.

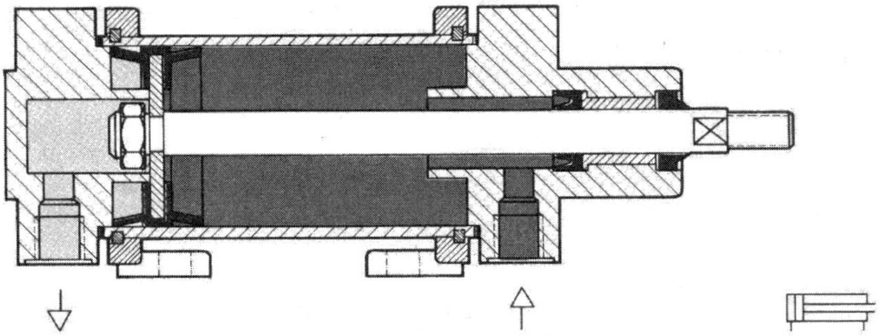

그림 4.4 복동 실린더

4.2.2 쿠션 내장 실린더(cylinder with end position cushioning)

부하와 실린더의 속도에 따라 다르겠지만 운동 에너지는 실린더 행정의 끝에 가서는 흡수되어야 한다. 그렇지 않으면 충격으로 인하여 피스톤과 베어링 캡 사이에 마모가 일어나고 큰 소음이 나게 된다. 실린더의 속도가 느리고 부하가 작은 경우에는 특수한 장치 없이 운동 에너지의 흡수가 가능하지만 큰 부하와 가속이 붙은 경우에는 마땅히 이를 흡수하여 줄 보조 장치가 필요하다. 실린더로 무거운 물체를 움직일 경우에는 관성으로 인한 충격으로 실린더가 손상을 입는 것을 방지하기 위하여 피스톤의 끝에 쿠션을 사용한다. 끝 부분에 닿기 전에 쿠션 피스톤이 공기의 배출 통로를 차단하여 공기는 작은 통로를 통하여 빠져나가게 되어 압력이 형성되므로 실린더의 속도가 감소하게 된다. 이 작은 통로는 체크 밸브가 있는 유량 제어 밸브와 같은 기능을 나타내어 쿠션을 조절할 수도 있으며 피스톤이 역전할 경우에는 체크 밸브를 통하여 공기가 마찰 없이 흘러 들어갈 수 있다.

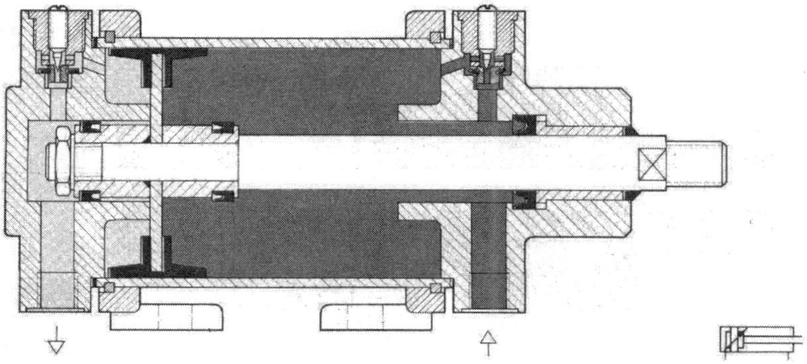

그림 4.5 쿠션 내장 실린더

많은 실린더들이 실린더 내부 행정의 끝 부분에 쿠션 장치가 내장되어 있어서 사용자가 쿠션의 양을 조절할 수 있도록 되어 있다. 조절 가능한 쿠션이 있는 실린더는 쿠션을 잘 조절해서 행정의 끝 부분에서 충분한 쿠션의 효과가 나타나는지 점검해 본다. 쿠션의 양을 조절하는데 있어서도 손상을 입지 않도록 하기 위하여 맨 처음에는 쿠션의 조절 나사를 완전히 풀어놓은 상태에서 조금씩 조여 가며 최적의 세팅을 하도록 한다. 쿠션의 양을 너무 많게 하면 행정의 끝 부분에 도달되는 시간이 길어지기 때문에 작업의 사이클 타임이 늦어지므로 주의하여야 한다.

쿠션 내장형 실린더를 사용할 때 주의할 점은 전후진 운동 완료 위치 부근에서 피스톤 속도가 작아지게 되므로 빠른 속도 에너지를 이용하는 리베팅, 펀칭 등의 작업에는 부적합하다는 것이다.

4.2.3 양 로드형 실린더

양 로드형 실린더는 피스톤 로드가 양쪽에 있는 것으로 피스톤 로드를 잡아 주는 베어링이 양쪽에 설치되어 있어 반경 방향의 힘도 어느 정도 받아 줄 수 있으며 왕복 운동이 원활하다. 또한 리밋 스위치 등의 감지용 장치를 작업하지 않는 쪽에 설치할 수도 있다. 피스톤의 압력 작용면의 크기가 전후진 측 모두 동일하므로 전진운동과 후진운동 때에 낼 수 있는 힘이 같다는 이점도 있다.

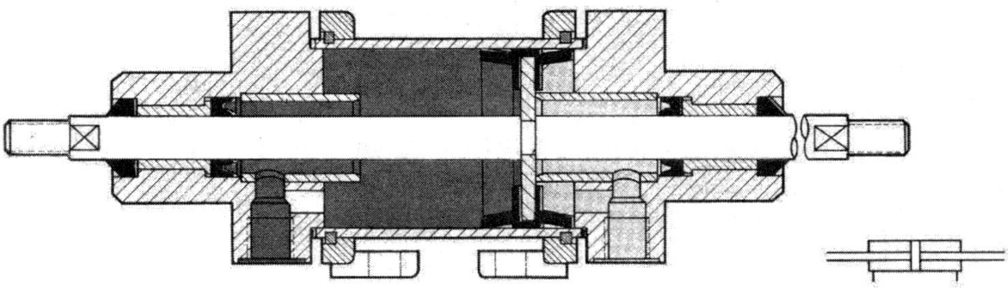

그림 4.6 양 로드형 실린더

양 로드형 실린더의 응용 예는 작업 환경 상 리밋 스위치를 설치할 수 없는 경우, 작업 테이블의 이송 등에 사용되거나 링크 시스템과 결합하여 왕복 운동을 상하 운동으로 변경하는 경우 등이다.

4.2.4 탠덤 실린더(tandem cylinder)

이 실린더는 두 개의 복동 실린더가 한 개의 실린더 형태로 조립되어 있는 것이다. 두 개의 피스톤에 압축공기가 공급되기 때문에 피스톤 로드가 낼 수 있는 힘은 같은 직경의 실린더에 비해 거의 두 배가 된다. 일반적으로 더 큰 힘을 얻고 싶을 때, 생산 현장의 공기 압력이 일정하다면 피스톤 직경을 키워야 하는데 피스톤 직경이 커지다 보면 다른 설치물과의 간섭이 발생하므로 이러한 곳에는 탠덤 실린더를 사용할 수 있다.

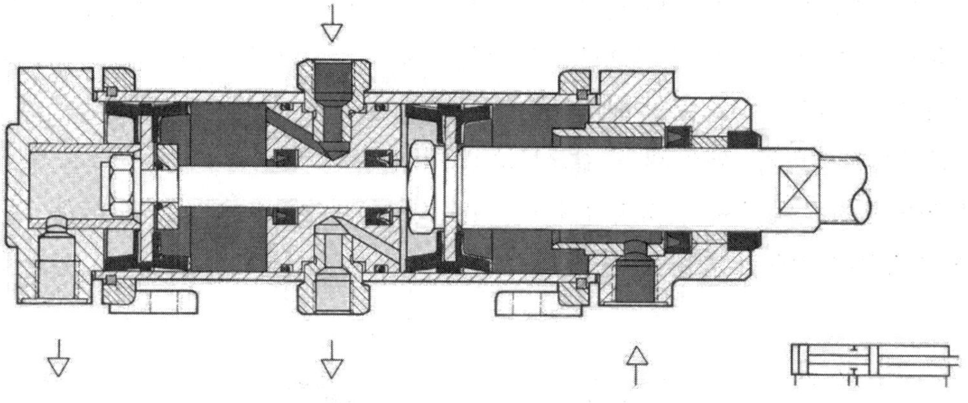

그림 4.7 탠덤 실린더

4.2.5 다위치 제어 실린더(multi-position cylinder)

다위치 제어 실린더는 두 개 또는 여러 개의 복동 실린더로 구성된다. 이 실린더는 그림 4.8에서와 같이 복동 실린더를 맞대어 결합하고 한쪽 끝을 고정시킨 상태에서 별도의 공기 공급 장치에 의하여 각각의 실린더를 동작시킨다. 서로 행정거리가 다른 두 개의 복동 실린더를 결합시키면 네 개의 위치를 제어할 수 있다.

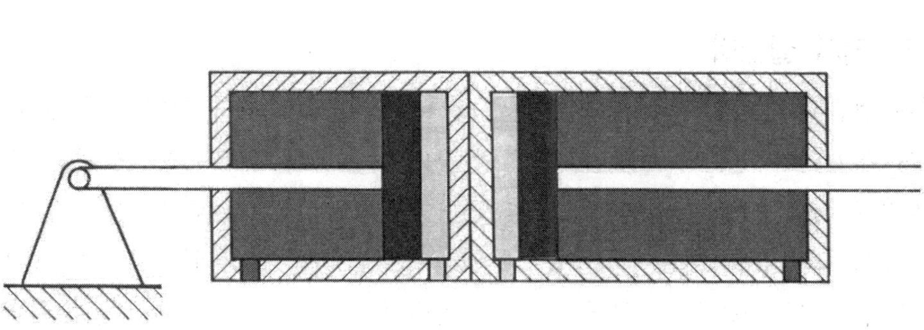

그림 4.8 다위치 제어 실린더

4.2.6 로드리스 실린더(rodless cylinder)

로드리스 실린더는 실린더 배럴 내에 자석이 설치되어 있고 실린더 외부에도 환형의 자석이 설치되어 자력 커플링으로 결속된 환형의 몸체가 실린더 배럴을 따라 이송할 수 있는 실린더이다. 이 실린더를 사용하면 보통의 실린더를 사용하는 것보다 공간상 설치 장소를 대폭 감소시킬 수 있으며 행정거리도 크게 늘릴 수 있어 4.5 m 이상도 가능하다. 로드리스 실린더의 또 한 가지 장점은 중간 위치에서 쉽게 정지시킬 수 있다는 것이다. 보통의 복동 실린더를 중간 위치에 정지시키기 위해서는 특수한 밸브가 사용되어야 하지만 로드리스 실린더는 실린더 튜브 안의 캐리지 양쪽 면이 같으므로 양쪽에 같은 압력을 가해 줌으로서 쉽게 원하는 위치에 정밀하게 정지시킬 수 있다. 또한 로드리스 실린더의 자석 커플링은 전기장의 영향을 전혀 받지 않는다.

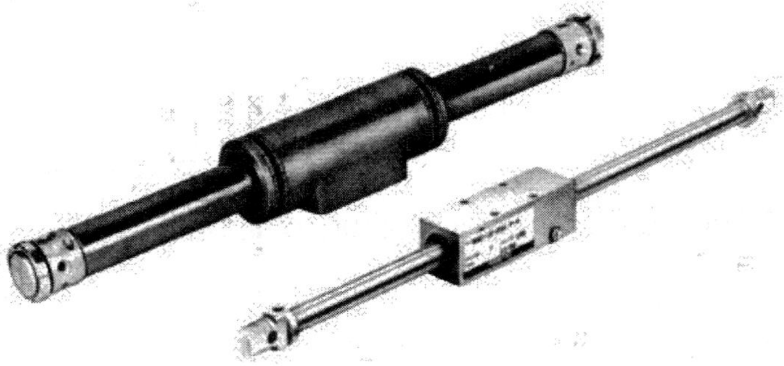

그림 4.9 로드리스 실린더

4.2.7 기타 실린더

위에 언급된 실린더 이외에도 여러 가지 사용 목적에 따라 다양한 종류의 실린더들이 개발되어 사용되고 있다. 충격 실린더(impact cylinder)는 큰 운동 에너지를 얻기 위하여 개발된 실린더로서 속도를 7.5~10 m/s까지 얻을 수 있으며 이러한 속도를 얻기 위하여 특별한 구조로 되어 있다. 이 실린더는 프레싱, 리벳팅, 펀칭 작업 등에 사용된다. 텔레스코프형 실린더(telescopic cylinder)는 긴 행정거리를 얻을 수 있도록 다단 튜브형 로드를 갖는 실린더이다. 단동 및 복동 실린더가 있으며 긴 행정거리를 갖는 장점이 있는 대신에 전진 끝단에서 출력이 적어지는 단점이 있다.

4.3 실린더의 구조

실린더는 실린더 배럴(barrel), 베이스(base), 베어링 캡(bearing cap), 피스톤 로드, 밀봉 요소(packing), 베어링 부시(bearing bush), 스크랩 링(scrap ring)으로 구성되어 있다. 그림 4.10의 실린더 구조에서 보는 바와 같이 실린더 배럴(1)은 무계목 강관(seamless drawn steel tube)으로 만들어지며 밀봉 부분의 수명을 증가시키기 위하여 실린더 배럴의 내경 표면은 정밀 가공된다. 특별한 경우에는 알루미늄이나 구리 또는 강관에 크롬 도금한 것도 사용된다. 이러한 특별한 설계는 가끔 동작하는 실린더나 특별한 내부식성이 요구될 때에 사용한다.

베이스 캡(2)과 베어링 캡(3)은 알루미늄이나 가단주철의 주물로 만들어지며 타이 로드(tie rod)나 나사 또는 플랜지에 의하여 실린더 배럴에 부착시키게 된다. 피스톤 로드(4)는 열처리 가능한 강으로 만들어지며 일정량의 크롬을 함유한 강을 사용하여 녹을 방지하게 된다. 피스톤 로드는 1 ㎛ 정도의 표면조도를 갖도록 정밀 가공되며 파괴 강도를 높이기 위하여 나사는 롤링 소성가공에 의하여 가공된다.

밀봉 링(5)은 피스톤 로드의 밀봉을 위하여 베어링 캡에 부착되어 있고 베어링 부시(6)는 피스톤 로드를 안내하는 역할을 하며 분말 야금한 황동이나 금속에 플라스틱으로 코팅한 것이 사용된다. 이 베어링 부시의 앞부분에는 스크랩 링이 있어서 먼지나 이물질이 실린더 내로 유입되는 것을 방지해 준다.

양컵 패킹(double-cup packing)(8)이나 O-링(9)은 정적인 밀봉에 사용한다. 라운드 코드 링은 미리 장력을 주어야 하기 때문에 동적 운전을 할 경우에는 큰 마찰 손실을 유발한다.

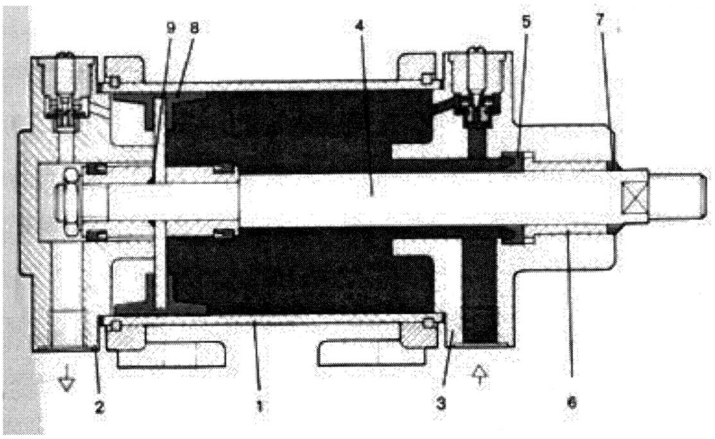

그림 4.10 실린더의 구조

■ 실린더의 밀봉

실린더 내부에서는 기밀을 유지하기 위하여 밀봉 요소를 사용한다. 밀봉 요소로 사용되는 재료와 사용 가능 온도는 다음과 같다.

- 퍼부난(perbunan) : −20 ~ 80 ℃
- 바이톤(viton) : −20 ~ 190 ℃
- 테프론(teflon) : −80 ~ 200℃

밀봉 요소는 크게 오링형과 컵형링이 있다. 오링은 정적인 밀봉이나 작은 실린더에 주로 사용한다. 오링은 마찰력이 적어서 추력이 커지는 장점이 있지만 컵형링에 비하여 수명이 짧다. 컵형링은 압축공기가 인입되면 링의 날개 부위가 실린더 몸체 쪽으로 압력을 가하게 되므로 밀봉이 극히 우수하고 수명도 매우 길다. 반면에 마찰력은 상대적으로 크다.

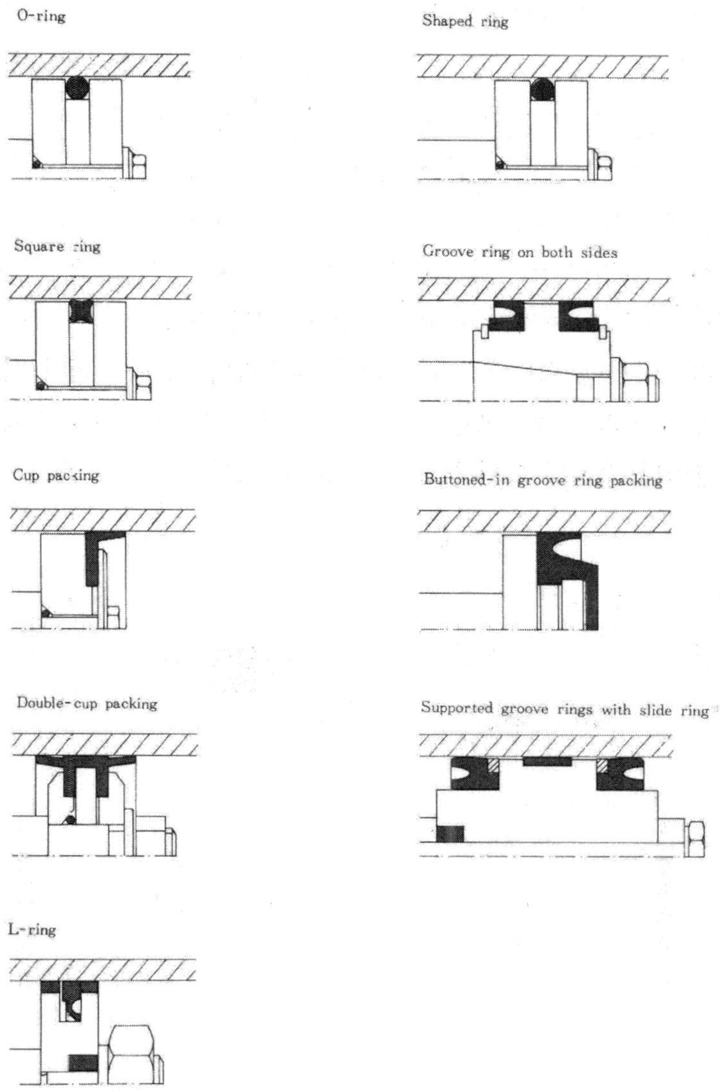

그림 4.11 실린더의 밀봉

4.4 실린더의 설치

실린더를 설치하는 형식은 실린더를 치구나 기계에 부착하는 방법에 의하여 결정된다. 실린더가 항상 고정 위치를 갖는 경우에는 영구적인 설치 방식을 채택하고 후에 위치가 바뀌는 경우에는 적당한 모듈(module) 구조로 설치하는 것이 좋다. 모듈 구조를 채택하면 설치가 간편하고 특히 여러 개의 실린더를 사용하는 경우에는 여러 가지 설치 방법을 잘 조합함으로서 정확한 위치 제어를 할 수 있게 된다. 피스톤을 설치할 때에 피스톤 축의 직각 방향으로부터 힘이 걸리지 않는다면 여러 가지 설치 방법이 가능하다. 공압 실린더가 레버를 통하여 다른 기계 부품과 연결될 경우나 축이 잘못 맞추어져 있는 경우, 또는 정렬이 제대로 되어 있지 않은 경우에는 실린더 배럴이나 피스톤 로드에 굽힘 하중이 걸리게 된다. 그 결과로서 실린더 베어링 부위와 피스톤 로드 가이드 베어링에 크고 급격한 압력이 걸려 마모가 증가하며 피스톤 로드 실과 피스톤 실에 불균일한 스트레스가 증가된다. 이러한 스트레스가 걸리면 실린더의 내구 수명이 상당히 감소하게 된다. 따라서 이러한 경우에는 다양한 피스톤 로드 커플링을 사용하여 사소한 정렬의 어긋남이나 각도의 이탈을 보상해 줄 수 있다.

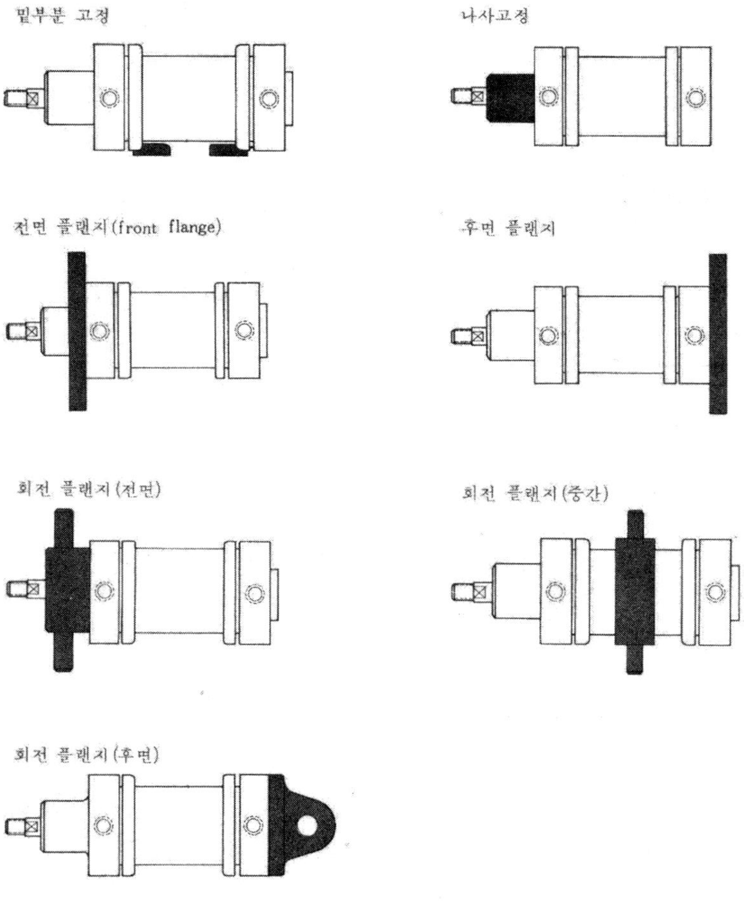

그림 4.12 실린더의 설치

4.5 실린더의 추력

실린더의 추력은 피스톤의 면적과 작용하는 압력의 곱으로 계산된다. 공압 실린더를 선택하는데 필요한 첫 번째 기준은 필요한 피스톤 힘을 구하는 것인데 이는 설계 과정에서 미리 주어지는 것이 대부분이다. 피스톤 힘은 피스톤 면적에 공압 시스템 압력을 곱한 것에서 밀봉 요소의 마찰저항을 뺀 것이다.

단동 실린더의 경우 일은 한 방향으로만 이루어지고 후진운동은 내장된 스프링에 의하여 이루어진다. 단동 실린더에서는 전진운동을 할수록 스프링에 의한 반력 때문에 피스톤 힘이 감소된다. 즉, 스프링 힘은 피스톤 로드가 전진할수록 증가하기 때문이다. 반면에 복동 실린더의 경우는 후진운동을 할 때 피스톤 로드의 면적만큼 피스톤 면적이 감소되므로 피스톤 힘이 적어진다.

일반적으로 실린더 제조회사에서는 실제 낼 수 있는 힘을 표시하는데 이는 마찰력을 뺀 것이다. 피스톤이 내는 이론적인 힘은 다음과 같이 계산된다.

$$Fth = p \cdot A$$

여기에서 Fth : 이론적인 피스톤 힘(kgf)

p : 작동 압력(kgf/cm^2)

A : 유효 피스톤 면적(cm^2)

실린더를 선정할 때 실제로 중요한 것은 유효 피스톤 힘이다. 실제로 피스톤이 내는 힘을 계산하기 위해서는 마찰저항을 고려하여야 하며 실린더의 크기와 구조에 따라 다르겠지만 보통 마찰력은 계산된 힘의 3~20 % 정도로 간주한다. 따라서 실린더의 유효력은 다음과 같이 계산된다.

$$F = p \cdot A - F_R$$

여기에서 F : 유효한 피스톤 힘(kgf)

p : 작동 압력(kgf/cm^2)

A : 유효 피스톤 면적(cm^2)

F_R : 마찰력(p·A의 3~20%)

직경이 규격에서 벗어난 실린더는 시중에서 구입할 수 없기 때문에 가급적이면

규격화된 실린더의 직경을 선정해야한다. 참고로 ISO 6431/6432 규정에 의한 실린더의 표준 직경은 다음과 같다.

ISO 표준 직경(mm) : 8, 10, 12, 16, 20, 25, 32, 40, 50, 63, 80, 100, 125, 160, 200, 250, 320

많은 경우에 실린더에서 얻을 수 있는 힘을 보다 정밀하게 조절할 필요가 있는데 이러한 경우에는 압력 조절 밸브를 이용하면 무단으로 쉽게 조절할 수 있게 된다. 필요한 실린더 직경은 압력-힘 도표를 이용하여도 쉽게 구할 수 있다.

4.6 실린더의 행정거리

실린더의 운동 가능한 최대 거리를 행정거리라고 한다. 행정거리는 실린더의 설계 구조에 의해서도 영향을 받지만 실린더의 직경과 피스톤 로드의 좌굴 하중에 의하여 더 큰 영향을 받는다. 실린더의 최대 행정거리도 표준화되어 있는데 표 4.1에서 이를 보여준다. 표 4.1에 표시된 최대 행정거리는 실린더의 구조, 설치 조건 등에 의하여 변화될 수 있는 것이기 때문에 표 4.1은 하나의 설계 기준으로 받아들이는 것이 좋다. 실제로 로드리스 실린더는 4000 mm 정도의 행정거리를 가진 것도 있고 특수한 경우에는 이보다 긴 행정거리를 갖고 있는 것도 있다.

큰 직경의 실린더에서는 공기 소비량도 최대 행정거리를 결정하는 중요한 요소가 된다. 250 mm와 320 mm의 실린더에서도 기술적으로는 최대 2000 mm 이상의 행정거리도 가능하지만 공기 소비량을 감안하여 최대 1100 mm로 행정거리를 표준화하였다. 또한 실린더의 설치 형태와 피스톤 로드의 좌굴 하중도 행정거리에 크게 영향을 미친다. 아주 긴 행정거리가 요구되는 실린더에서는 강화된 피스톤 로드를 사용하거나 가이드를 설치하여 주는 것이 바람직하다.

선정된 실린더는 가급적 전 행정거리를 움직이면서 작업을 하도록 해야 한다. 그래야만 실린더의 끝 위치에서의 쿠션 효과를 얻을 수 있기 때문이다. 그러나 실제 작업에서는 실린더의 행정거리를 조절해야 될 경우도 있다. 실린더의 행정거리는 스토퍼(stopper)를 설치하든지, 실린더 1개만의 단순한 왕복운동인 경우에는 리밋 스위치를 설치하여 조절할 수 있다. 그러나 이러한 경우에는 쿠션 효과를 기대할 수 없다.

표 4.1 표준화된 복동 실린더의 최대 행정거리

피스톤 직경 (mm)	6	12	16	25	35	50	70	100	140	200	250
최대 행정거리 (mm)	100	200	500	500	2000	2000	2000	2000	2000	2000	1100

4.7 공기 소모량

압축기의 크기, 저장 탱크, 주배관의 크기 등을 결정하기 위해서는 실린더의 평균 공기 소모량이 계산되어야 한다. 공기 소모량의 계산은 공기 소모량 도표를 이용하여 구할 수도 있고 계산식을 통하여도 구할 수 있다.

계산식을 이용하는 경우의 한 행정 당 공기 소모량은 피스톤 면적과 행정거리, 압축비의 곱으로 계산된다. 실제로 실행된 행정의 수를 곱하면 분당 또는 시간당 소모되는 공기의 양을 계산할 수 있다. 공기 소모량을 계산하는 식은 다음과 같다.

단동 실린더의 공기 소모량

$$Q = (\pi \cdot D^2/4) \cdot s \cdot k \cdot n \cdot 10^{-3}$$

복동 실린더의 공기 소모량

$$Q = \{(\pi \cdot D^2/4) + \pi \cdot (D^2 - d^2)/4\} \cdot s \cdot k \cdot n \cdot 10^{-3}$$

그러나 실린더의 데드 체적(dead volume)과 실린더와 밸브 사이의 배관 체적을 고려하면 10~20 %의 여유가 더해져야 하므로 많은 경우 전진운동을 기준으로 하고, 공기 소모량에 두 배를 하여 한 행정 당 공기 소모량을 계산하기도 한다.

근사 복동 실린더의 공기 소모량

$$Q = 2 \cdot (\pi \cdot D^2/4) \cdot s \cdot k \cdot n \cdot 10^{-3}$$

여기에서 Q : 공기 소모량(ℓ/min)

D : 피스톤 직경(cm)

d : 피스톤 로드 직경(cm)

s : 행정거리(cm)

k : 압축비 = [1.013 + 작동압력(bar)] / 1.013
(평균 해수면 기준)

n : 1분당 행정 수(회/min)

4.8 실린더 속도

공압 실린더의 피스톤 속도는 반력과 공기 압력, 파이프의 길이, 마지막 제어요소와 작업요소 사이의 단면적 및 마지막 제어요소를 통과하는 유량에 좌우되며 쿠션도 속도에 영향을 미치게 된다. 공압 실린더에 있어서 속도 영역은 0.02 ~ 1 m/s 정도이다. 피스톤 속도가 0.02 m/s 이하가 되면 이른바 스틱 슬립(stick slip) 현상이 발생되어 피스톤 운동이 고르지 못하게 되는데, 이는 정 마찰과 슬라이딩 마찰 사이의 관계에 기인한다. 이러한 현상은 피스톤 속도가 감소할수록 증가하는 경향이 있다.

그럼에도 폐쇄회로를 가진 유압 실린더와 결합되어 사용되면 0.005 m/se 속도까지도 매끄럽게 얻어낼 수 있다. 피스톤 속도가 1 m/s 이상이 되면 피스톤 실에서의 마찰손실과 포트에서의 압력손실이 너무 커서 비경제적이 된다.

피스톤의 속도는 실린더 크기와 파워 밸브의 배열, 배관 및 피스톤 운동에 반대되는 하중의 크기에 따라 영향을 받는다.

05 회전 및 기타 공압 장치

압축공기 에너지를 기계적인 회전 운동 에너지로 바꾸어 주는 장치를 총칭하여 공압 모터라고 하고 회전각의 제한이 있는 회전 작업 요소를 분리하여 요동형 작업 요소로 부르기도 한다.

5.1 공압 모터

5.1.1 피스톤 모터

압축공기를 피스톤 단면에 작용시켜 그 힘을 사판이나 캠, 크랭크 축 등에 전달하여 모터 축을 회전시키는 구조로 되어 있으며 반경류(radial) 피스톤 모터와 축류(axial) 피스톤 모터로 구분된다. 반경류 피스톤 모터의 크랭크샤프트는 왕복 운동을 하는 피스톤과 커넥팅 로드에 의하여 구동된다. 운전을 원활하게 하기 위해서는 여러 개의 피스톤이 필요한데 출력은 공기의 압력과 피스톤의 수, 피스톤의 면적, 행정거리와 속도 에 좌우된다.

무한한 회전각을 갖는 공압 모터는 압축공기로 작동되는 작업요소 중 가장 널리 쓰이는 것의 하나이며 설계 방식에 따라 피스톤 모터, 기어 모터, 베인 모터, 터보 모터로 분류한다.

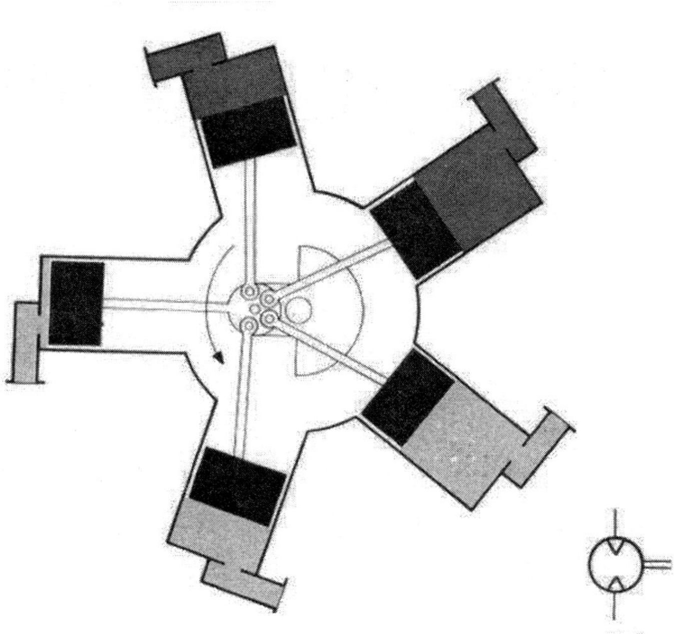

그림 5.1 반경류 피스톤 모터

축류 피스톤 모터의 작동원리도 반경류 피스톤 모터의 작동 원리와 비슷하다. 다섯 개의 축 방향으로 나열된 피스톤에서 나오는 힘은 회전 사판에 의하여 회전 운동으로 전환된다. 압축공기는 두 개의 피스톤에 동시에 공급되며 토크의 균형에 의하여 조용한 운전을 하게 된다. 이러한 피스톤 모터는 시계 방향이나 반시계 방향의 회전이 가능하며 속도는 무부하 상태에서 3000 rpm 정도이고 출력은 1.5 ~ 2.6 kW 정도이다.

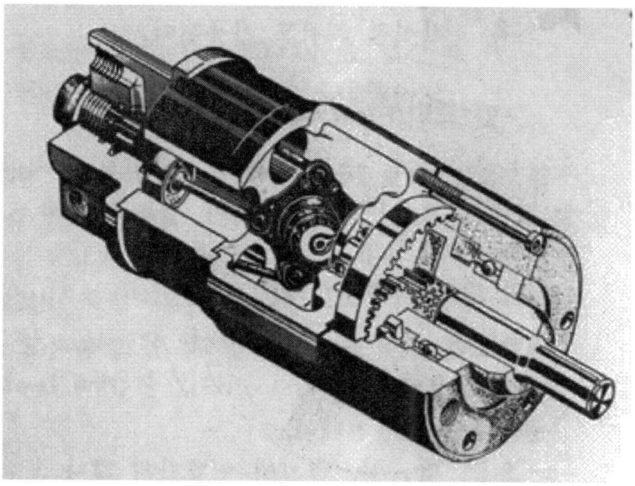

그림 5.2 축류 피스톤 모터

5.1.2 기어 모터

기어 모터는 두 개의 맞물린 기어에 압축공기를 공급하여 토크를 얻는 방식이다. 한 개의 기어는 모터의 축에 고정되며 대단히 높은 출력(60마력)을 얻을 수 있다. 역회전도 가능하고 직선 또는 사선형 기어도 사용된다.

5.1.3 베인 모터

베인(vane) 모터는 구조가 간단하고 무게가 가벼우므로 대부분의 공압 모터는 이 방식으로 만들어진다. 케이싱 안쪽으로 베어링이 있고 그 안에 편심 로터가 있으며 이 로터에 가공되어 있는 슬롯에 3 ~ 10개의 베인이 삽입되어 있다. 로터가 회전하게 되면 원심력에 의해 케이싱 내벽 쪽으로 힘이 작용하게 되어 각 공간을 밀폐시킨다. 일반적으로 로터의 속도는 3000 ~ 8500 rpm 정도이다. 이 모터도 역시 역회전이 가능하며 출력은 0.1 ~ 17 kW 정도가 된다.

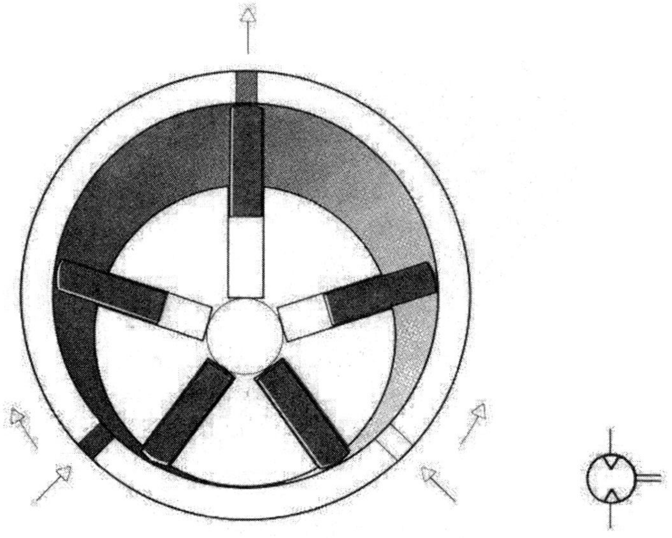

그림 5.3 베인 모터

그림 5.4는 베인 모터를 사용한 에어 드라이버의 구조를 보여준다.

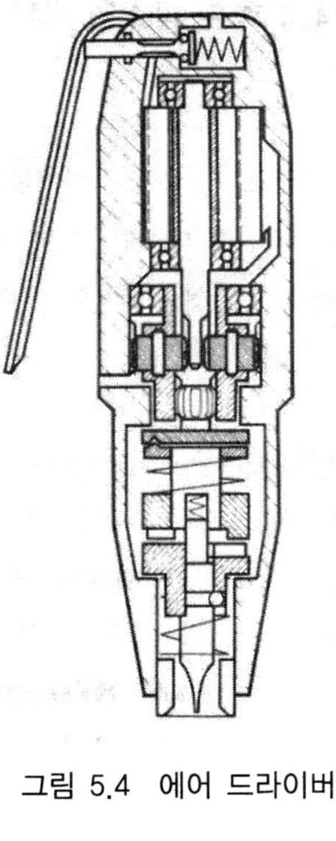

그림 5.4 에어 드라이버

5.1.4 터보 모터

터보(turbo) 모터는 낮은 출력이 요구되는 곳에서만 사용된다. 그러나 대단히 높은 속도를 얻을 수 있다. 최근에 개발된 모터는 800,000 rpm에 이르는 아주 빠른 회전 속도를 낼 수 있는 것도 있다. 일반적으로 치과의사들이 사용하는 공압 터보 모터의 회전속도는 250,000 rpm 정도이다.

공압 모터는 다음과 같은 장점이 있다.

- 속도와 출력을 무단으로 조절할 수 있다.
- 속도 범위가 크다.
- 과부하에 대하여 절대적으로 안전하다.
- 오물, 열, 습기, 냉기 등의 주변 환경에 민감하지 않다.
- 정지 시에 에너지의 소비 없이 토크를 유지할 수 있다.
- 회전 방향을 쉽게 바꿀 수 있다.
- 취급하기가 용이하며 보수 유지가 쉽다.

반면에 다음과 같은 단점도 있다.

- 압축성 있는 매체를 사용하므로 모터의 축에 걸리는 부하가 변하면 속도도 변하므로 균일한 속도를 얻는 것이 사실상 불가능하다. 특히 저속에서 속도가 불안정하다.
- 회전 속도가 빨라지면 에너지 소비량이 급증하게 되므로 운전비용이 많이 들어 비경제적이다.

5.2 요동형 작업요소

요동형 작업요소는 제한된 회전각을 갖는 장치로서 공압 실린더를 이용하는 피니온-랙형과 베인형의 두 가지가 있다.

5.2.1 랙-피니온형 회전 실린더

랙-피니온(rack and pinion)형 회전 실린더는 랙과 피니온 기구를 이용하여 실린더의 직선운동을 회전운동으로 바꾸어 주는 장치이다. 기어의 형상을 하고 있는 피스톤 로드가 기어를 구동시켜서 직선운동을 회전운동으로 전환하는 것이다. 상품화된 회전 실린더의 회전 범위는 45°, 90°, 180°, 360°, 720° 등이 있으며 부착된 조절나사를 이용하여 피스톤의 행정거리를 조절할 수 있으므로 회전각도도 조절할 수 있다. 토크는 압력, 피스톤의 단면적, 기어 비에 달려 있으며 공작물의 회전, 튜브 굽힘, 슬라이드 굽힘 작업 등에 이용된다. 그러나 이러한 형태의 회전 실린더는 정회전시와 역회전 시에 낼 수 있는 토크가 다른 것이 단점이다.

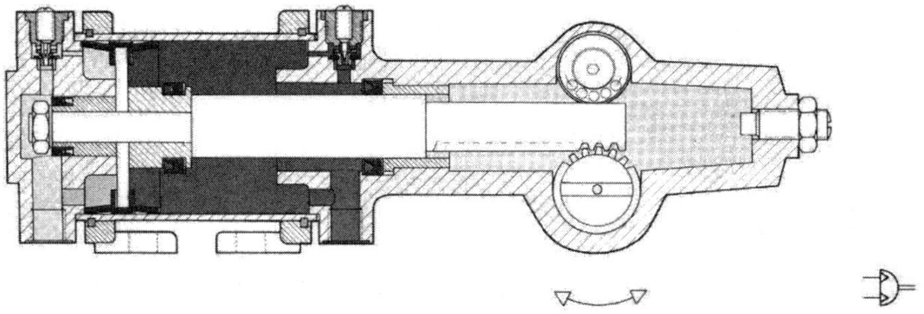

그림 5.5 회전 실린더

그림 5.6의 회전 실린더는 정회전과 역회전 시 낼 수 있는 토크가 같게 되며 피스톤에 해당되는 랙 부위를 반대쪽에 한 개 더 설치하면 토크를 두 배로 증가시킬 수 있다.

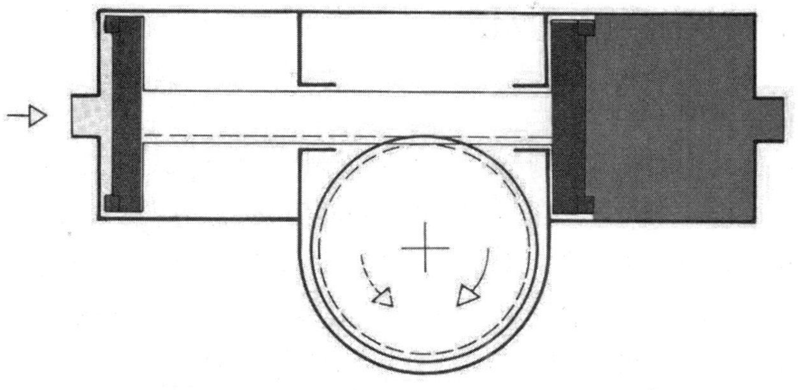

그림 5.6 회전 실린더

5.2.2 베인형 회전 실린더

베인형 회전 실린더도 한정된 회전각을 갖고 있으며 구조상 최대 184°까지의 회전운동이 허용된다. 그림 5.7에서도 볼 수 있듯이 독(dog) 형태의 마운팅 장치를 이용하여 회전각을 제한해 줄 수 있을 뿐만 아니라 리밋 스위치와 연동하여 시퀀스 작업도 쉽게 할 수 있다. 회전운동의 끝 부분에는 쿠션이 내장되어 있으며 최대 초당 3회전의 요동운동이 가능하다.

그림 5.7 베인형 회전 실린더

5.3 기타 공압 장치

5.3.1 연속 운동 실린더

연속 운동 실린더에서는 행정의 끝 부분에서 자동적으로 공기 공급이 중단될 때까지 왕복운동을 연속적으로 수행한다. 따라서 이 장치는 연속적인 왕복운동이 필요한 기계나 설비에 응용된다. 연속 운동 실린더는 제한된 공간에서도 이용이 가능하고 행정길이와 위치도 무단으로 조절할 수 있다. 배기공에 있는 유량제어 밸브를 통하여 전진 및 후진속도를 각각 조절할 수 있다.

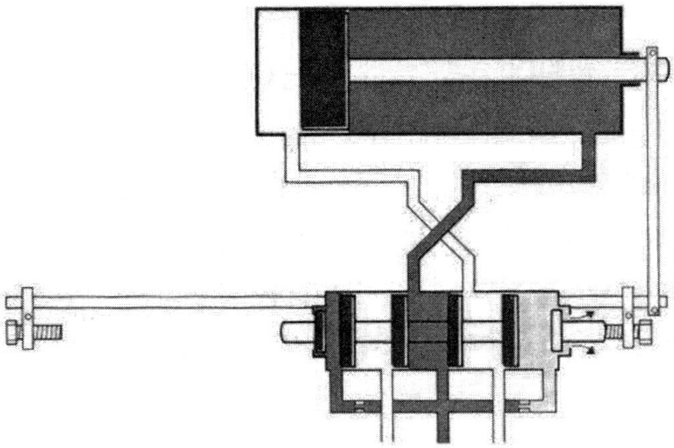

그림 5.8 연속 운동 실린더

5.3.2 압력 변환기

압력 변환기란 기름과 압축공기를 매개체로 이용하여 압력을 서로 전달하는 장치이다. 컨테이너에 공기의 압력을 가하면 압축공기는 기름을 이송시킨다. 기름은 교축 밸브를 통하여 실린더로 흘러 들어가며 그 결과 피스톤 로드가 일정한 속도로 이동하게 된다. 귀환행정은 실린더의 피스톤 로드 쪽의 압축공기를 이용함으로써 수행된다. 이때 기름은 체크 밸브를 통하여 빠른 속도로 되돌아오게 된다. 압력 변환기에서 압력의 크기는 변화가 없다.

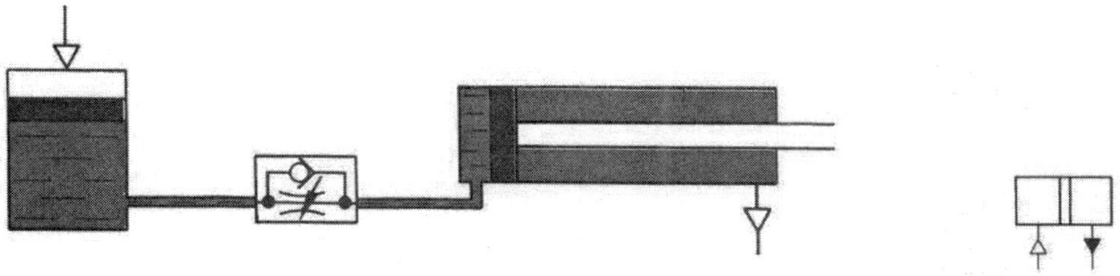

그림 5.9 압력 변환기

5.3.3 압력 증대기

압력 증대기는 크기가 다른 두 개의 압력용기로 구성된다. 그림 5.10의 좌측 용기 내로 공기가 들어가서 피스톤을 아래로 누르면 그 아래 용기의 기름은 조절 가능한 교축 밸브를 통하여 실린더로 들어가며 피스톤 로드는 전진운동을 하게 된다. 그러나 좌측 두 개의 피스톤은 단면적이 서로 달라서 기름의 압력은 증가하게 된다. 이를 수식으로 표현하면 다음과 같다.

$$p_1 \cdot A_1 = p_2 \cdot A_2,\ p_2 = p_1 \cdot (A_1/A_2)$$

여기에서 p_1 : 압축공기의 압력(kgf/cm^2)
p_2 : 유압의 압력(kgf/cm^2)
A_1 : 압축공기의 가압 면적(cm^2)
A_2 : 유압의 가압 면적(cm^2)

보통 면적비는 4:1, 8:1, 16:1, 32:1이다. 최대 작용 가능한 공기의 압력은 10 kgf/cm^{2}이며 면적비에 따라 상당히 큰 압력을 얻을 수 있기 때문에 큰 힘이 요구되는 곳에도 작은 실린더를 사용할 수 있게 된다. 물론 이때의 실린더는 공압 실린더가 사용되는 것이 아니라 유압 실린더가 사용된다.

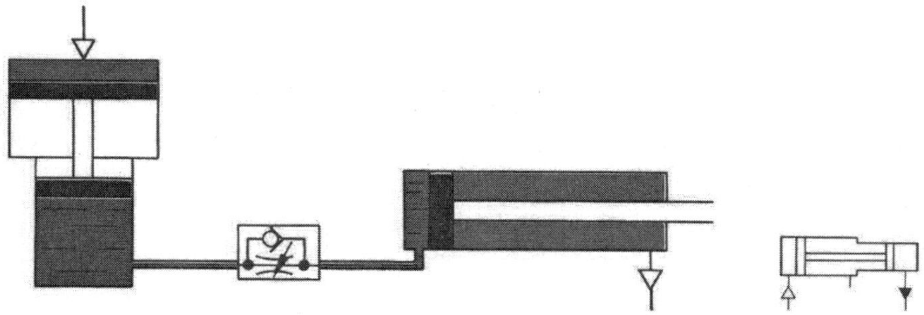

그림 5.10 압력 증대기

5.3.4 하이드로 체크 실린더

하이드로 체크 실린더(hydro-check cylinder)는 공압 실린더와 유압 실린더를 직렬 또는 병렬로 조합시킨 것으로서 정밀 저속 작동이나 중간 정지의 정밀도가 요구되는 곳에 사용된다. 이 장치의 동작은 공압을 이용하여 공압 실린더에서 얻고 속도 제어는 유량제어밸브를 사용하여 폐회로로 구성된 유압 실린더로 이루어진다. 하이드로 체크 실린더의 용도로는 드릴의 정밀 이송이나 소형 밀링 머신에서 테이블 이송 기구 등에 사용된다.

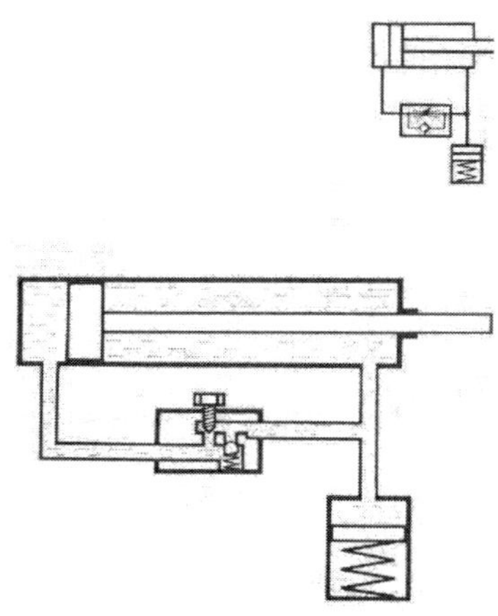

그림 5.11 하이드로 체크 실린더

5.3.5 피드 유닛

피드 유닛(feed unit)은 공작물을 잡고 일정한 시간 간격으로 일정한 양 만큼씩 이송해 주는 비연속식 이송기구로서 프레스 등에 사용된다. 대부분의 경우 얇은 판이나 가는 철사 등의 물체를 이송하는데 사용되나 여러 가지 다른 클램핑 장치나 이송 그리퍼(gripper)를 사용하여 로드나 튜브 등도 이송시킬 수 있다. 피드 유닛은 두 개의 가이드가 있는 베이스와 두 개의 클램핑 실린더, 한 개의 이송 실린더로 구성되어 있으며 2개의 4/2-way 밸브에 의해서 제어된다. 이송시킬 수 있는 가공물의 폭은 200 mm 정도까지이며 정밀도는 0.02 ~ 0.05 mm 정도이다.

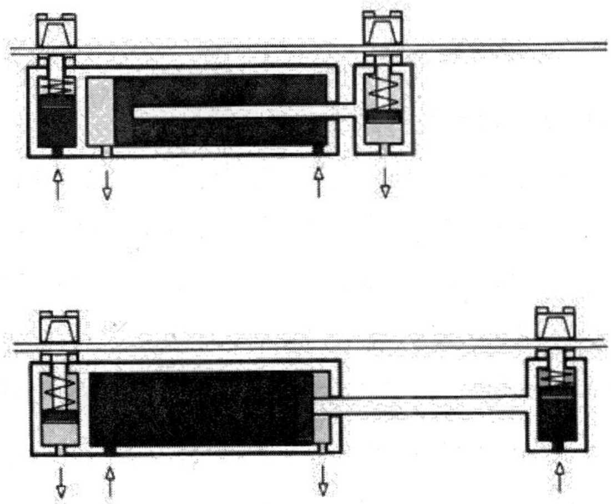

그림 5.12 피드 유닛

5.3.6 공압 콜렛 척

공압 콜렛 척(pneumatic collet chuck)은 공압으로 공구를 잡는 장치로서 잡는 힘은 매우 크지만 공기 소모량은 적기 때문에 경제적이다. 이 장치는 수평이나 수직으로 설치될 수도 있고 공작물이나 공구는 가운데를 관통하여 끼울 수 있게 되어 있다. 이 장치는 3/2-way 밸브에 의하여 제어되며 3/2-way 밸브 앞에 체크 밸브를 연결하여 사용한다. 그 이유는 갑작스러운 공압 공급이 중단되어도 잡는 압력이 유지될 수 있도록 하기 위함이다. 그러나 작동 압력을 정확하게 유지하여야만 정확한 척킹을 할 수 있다.

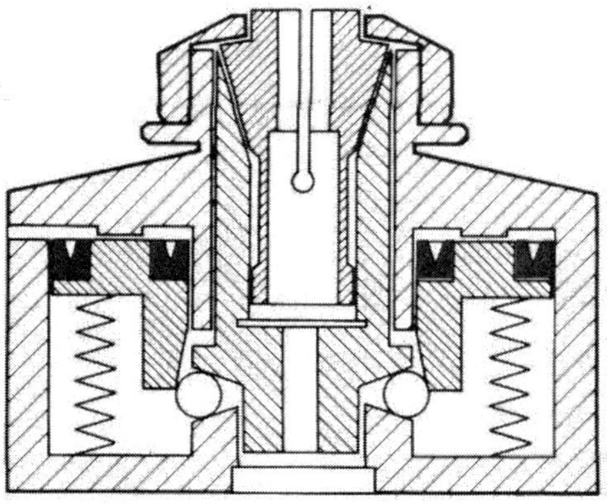

그림 5.13 공압 콜렛 척

5.3.7 공압 해머

공압 해머(pneumatic hammer)는 그림 5.14와 같은 구조를 가지고 있다. 압축공기를 공급해 주면 가운데 해머 부분이 압축공기의 힘 때문에 위로 이동된다. 해머가 어느 정도 상승하게 되면 압축공기는 내부에 형성되어 있는 공기 통로를 통하여 해머의 위쪽으로 인입되어 해머의 전면적을 누르게 된다. 이때의 힘과 속도를 이용하여 작업에 이용한다. 해머가 아래쪽으로 내려오게 되면 윗 쪽에 차 있던 압축공기는 외부로 연결된 통로를 통하여 밖으로 배기된다. 압축공기는 계속 공급해 주고 있는 상태이므로 해머 부분이 압축공기의 힘 때문에 다시 위로 이동하게 되고 앞에 기술한 작업을 반복하게 된다.

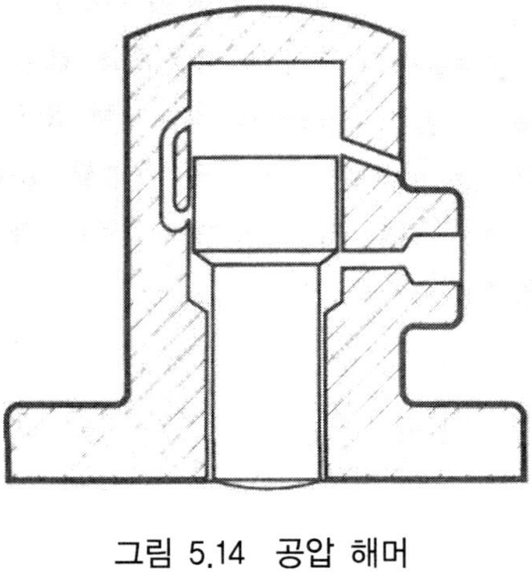

그림 5.14 공압 해머

06 | 공압 방향 제어 밸브

방향 제어 밸브(directional control valve)는 공기의 흐름에 영향을 미치는 공압 요소로서 시동과 정지, 유로의 방향 전환 등에 사용된다.

6.1 방향 제어 밸브의 표시법

회로도면에 표시되는 밸브의 기호는 단지 밸브의 기능만을 나타내며 밸브들의 설계 원리나 구조는 나타내지 않는다.

- 밸브의 스위칭 위치는 사각형으로 나타낸다.

- 사각형의 수는 그 밸브가 갖고 있는 스위칭 위치의 수를 나타낸다.

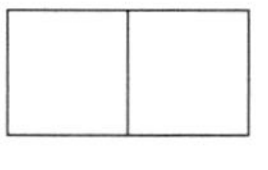

- 직선은 유로를 나타내며 화살표는 흐르는 방향을 나타낸다.

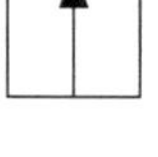

- 유로의 차단은 사각형 내에서 직각으로 그려진다.

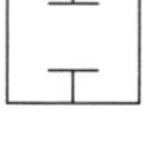

- 입력과 출력의 연결구 배관은 사각형 밖에 직선으로 표시한다.

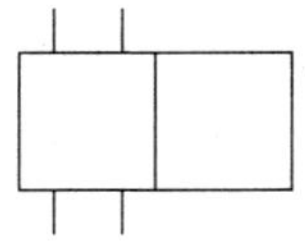

방향 제어 밸브의 명칭은 제어 연결구와 제어 위치의 수에 기초를 두어 정해진다. 밸브 명칭의 첫 번째 숫자는 제어 연결구의 수이고 두 번째 숫자는 제어위치의 수를 나타낸다.

밸브를 더욱 명확히 정의하기 위해서는 다음과 같은 보조 개념이 필요하다.

- **정상 위치**(normal position) : 밸브가 작동되지 않은 상태에서 그 밸브가 갖는 제어 위치로서 정상 상태 열림(normally open)과 정상 상태 닫힘(normally closed)이 있다. 정상 위치는 2/2-way 밸브나 3/2-way 밸브에서만 사용된다.
- **기본 위치**(basic position) : 4/2-way 밸브나 5/2-way 밸브에서 스프링에 의하여 복귀되어 있는 위치를 말한다. 많이 사용하는 용어는 아니다.
- **중립 위치**(neutral position) : 3개 이상의 제어위치를 갖는 밸브가 작동되지 않은 상태에서 갖는 제어 위치를 말한다.
- **초기 위치**(initial position) : 밸브를 시스템 내에 설치하고 압축공기나 전기와 같은 작동 매체를 공급하고 작업을 시작하려고 할 때에 그 밸브가 갖는 제어 위치

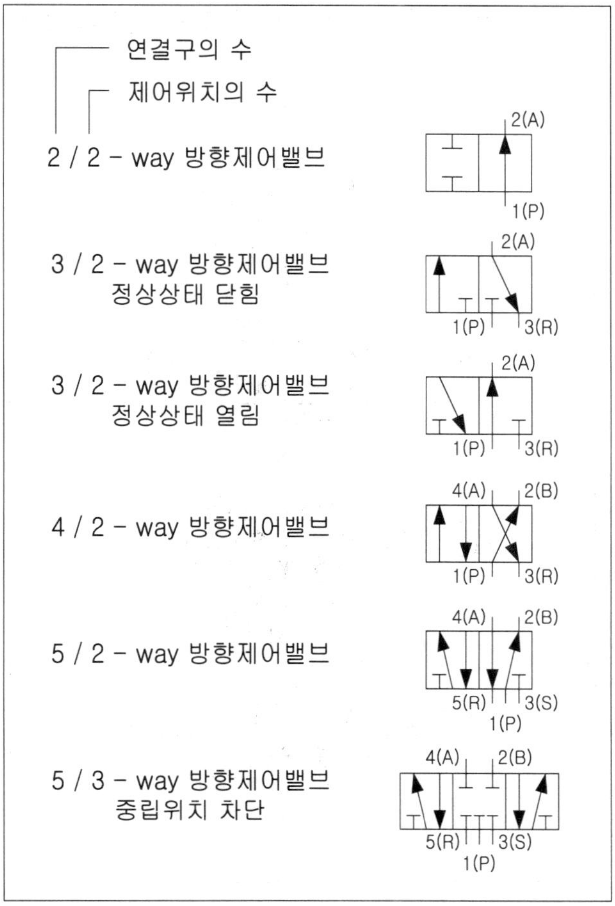

그림 6.1 밸브의 명칭

밸브와 밸브 또는 밸브와 실린더를 연결하기 위해서는 각 밸브의 연결구에 표시를 해주어야 하는데 이를 정리하면 표 6.1과 같다.

표 6.1 밸브의 연결구 표시

	ISO-1219 (문자 표기법)	ISO-5599 (숫자 표기법)
파워 포트(연결구)	P	1
작업 포트(연결구)	A, B	2, 4
배기 포트(연결구)	R, S, T	3, 5, 7
제어 포트(연결구)	Z, Y, X	10, 12, 14

방향 제어 밸브의 기호에 연결구를 표시하면 그림 6.2와 같다.

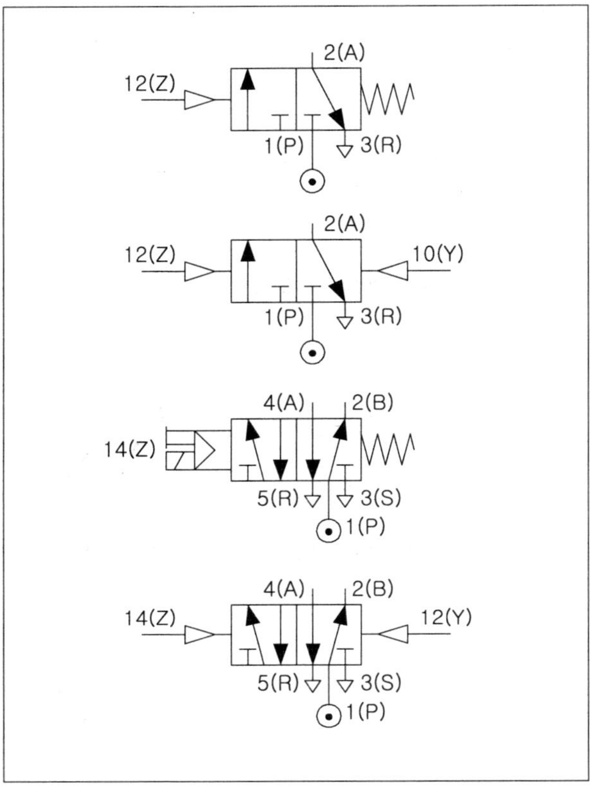

그림 6.2 연결구 표시

■ 밸브의 작동 방법

방향 제어 밸브의 작동 방법은 작업의 요구에 따라 달라진다. 작동 방법은 수동 작동 방법, 기계적 작동 방법, 공압적 작동 방법, 전기적 작동 방법, 복합 작동 방법으로 구분된다. 방향 제어 밸브의 작동 방법은 밸브의 기호의 측면에 나타내게 되는데 가장 많이 사용하는 작동 방법을 정리하면 그림 6.3과 같다.

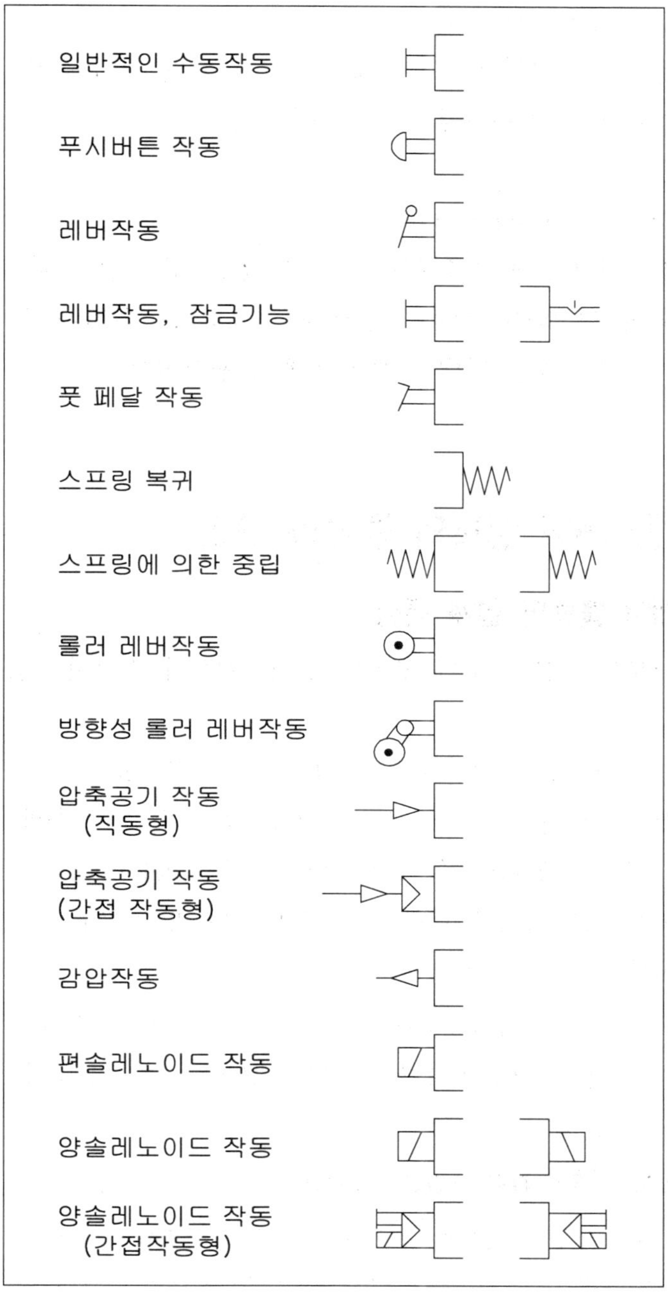

그림 6.3 밸브의 작동 방법

방향 제어 밸브의 작동은 밸브를 작동시키는 시간에 따라 지속 작동과 순간 작동으로 나눌 수 있다.

• 지속 작동(continuous actuation)

밸브를 작동시키기 위해서는 계속해서 신호를 가해 주어야 하는 경우이다. 밸브의 원위치는 보통 스프링에 의하여 이루어진다.

• 순간 작동(impulse actuation)

순간적인 신호만으로 밸브를 작동시킬 수 있는 경우이다. 짧은 신호만으로도 밸브의 전환이 일어나며 신호가 없어져도 그냥 그 위치가 유지된다. 밸브를 원위치 시키기 위해서는 반대 방향의 신호가 필요하다.

6.2 방향 제어 밸브의 종류와 구조

6.2.1 방향 제어 밸브의 설계 특성

방향 제어 밸브는 구조에 따라 포펫(poppet) 밸브와 슬라이드(slide) 밸브로 구분된다.

포펫 밸브의 연결구는 볼(ball), 디스크(disc), 평판(plate) 또는 원추(cone)에 의하여 열리거나 닫힌다. 밸브의 시트(seat)는 탄성이 있는 실에 의하여 밀봉된다. 이 밸브는 마모가 일어날 수 있는 부분이 적기 때문에 긴 수명을 갖게 되며 먼지에 민감하지 않고 강하게 만들어져 있다. 작용력은 복원 스프링과 압축공기의 압력을 이겨야 하므로 비교적 크다.

슬라이드 밸브는 밸브 내에 스풀(spool)이 이동하면서 공기의 흐름을 변경시켜 준다. 작용력은 포펫 밸브에 비하여 작으나 밀봉에 어려움이 많다.

6.2.2 2/2-way 밸브(ball seat valve)

스프링에 의해서 볼이 밸브에 밀착되어 있으므로 P에서 A로의 유로를 차단하고 있다(normally closed). 스프링 힘 보다 크게 플런저를 누르면 볼이 시트로부터 떨어져서 공급라인 P로부터 작업라인 A로 유로를 개방시켜 준다. 플런저를 놓으면 내장된 스프링에 의하여 P에서 A로의 유로가 차단된다. 이 밸브는 구조가 간단하기 때문에 가격이 싸고 크기도 작다. 이 밸브는 볼 시트(ball seat)의 구조를 갖고 있으므로 포펫 밸브로 구분된다.

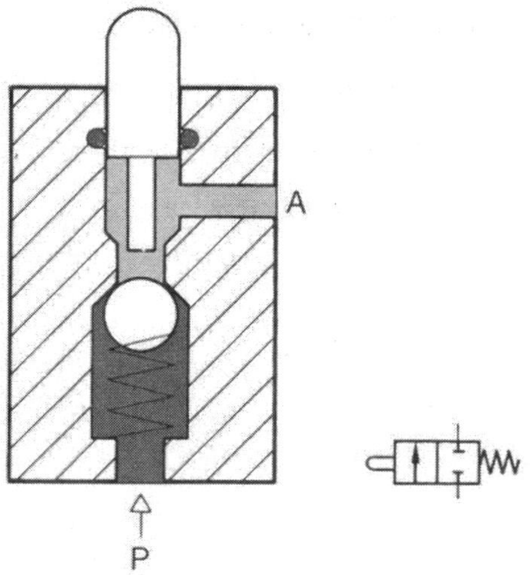

그림 6.4　2/2-way 밸브(N/C)

6.2.3 3/2-way 밸브(ball seat valve)

스프링에 의해서 볼이 밸브에 밀착되어 있으므로 P에서 A로의 유로를 차단하고 있다(normally closed). 작업라인 A는 배기 포트 R을 통하여 대기와 연결된다. 스프링 힘보다 크게 플런저를 누르면 볼이 밀려서 P에서 A로 유로를 개방시켜 준다.

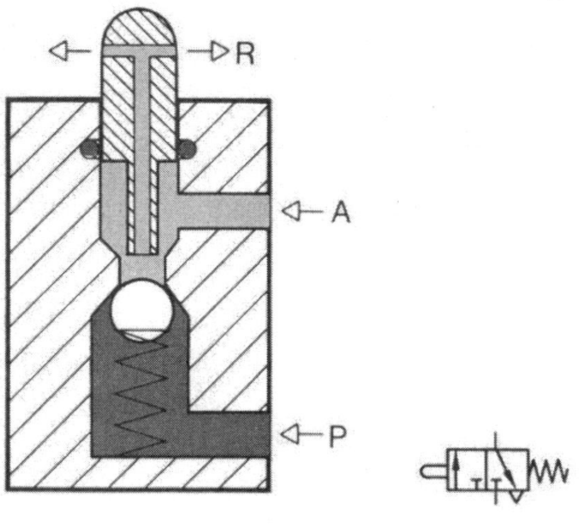

그림 6.5　3/2-way 밸브(N/C)

6.2.4 3/2-way 밸브(disc seat valve, N/C)

스프링에 의해서 디스크가 밸브에 밀착되어 있으므로 P에서 A로의 유로를 차단하고 있다(normally closed). 작업라인 A는 배기 포트 R을 통하여 대기와 연결된다. 스프링 힘 보다 크게 플런져를 누르면 디스크가 밀려서 P에서 A로 유로를 개방시켜 준다. 이 밸브는 밀봉이 우수하며 간단한 구조를 갖고 있다. 또한 적은 거리만 움직여도 공기가 통하기에 충분한 단면적을 얻을 수 있기 때문에 반응 시간이 짧다.

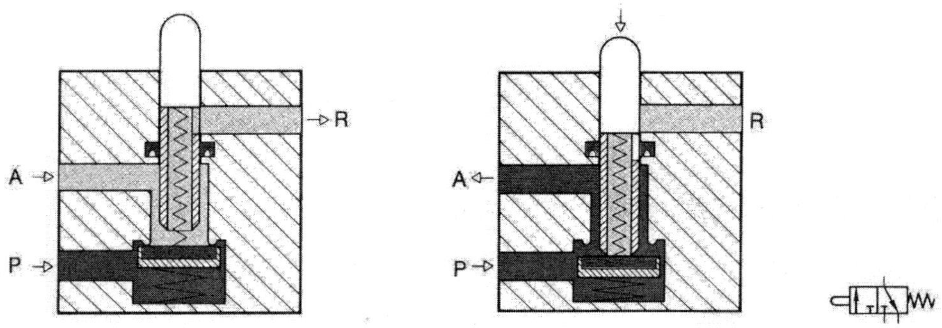

그림 6.6 3/2-way 밸브(N/C)

6.2.5 3/2-way 밸브(disc seat valve, N/O)

밸브 상부에 있는 스프링에 의해서 디스크가 플런저 쪽으로 밀착되어 있으므로 P에서 A로의 유로가 개방되어 있다(normally open). 배기 라인 R은 차단되어 있다. 스프링 힘 보다 크게 플런저를 누르면 디스크가 밀려서 P에서 A로의 유로를 차단시켜 준다. 작업라인 A는 배기라인 R을 통하여 대기와 연결된다.

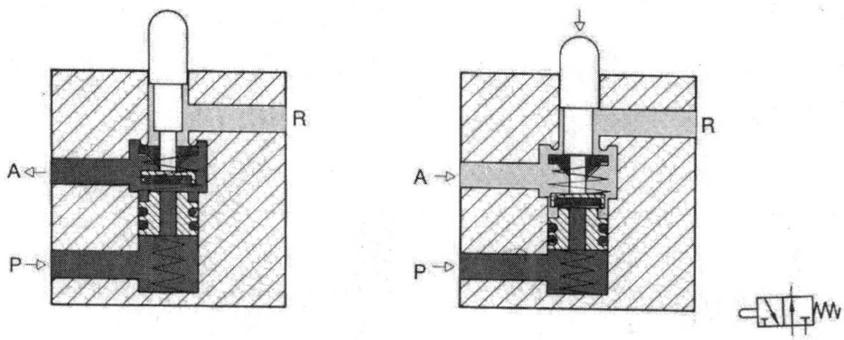

그림 6.7 3/2-way 밸브(N/O)

6.2.6 3/2-way 밸브(disc seat valve, 압축공기 작동형)

Z를 통하여 압축공기를 제어라인에 공급하여 주면 밸브의 플런저가 스프링 힘을 이겨 움직이게 되어 P와 A가 연결된다. 라인 Z에서 배기가 일어나게 되면 내장된 스프링은 원위치로 돌아오게 되며 P에서 A로의 통로는 닫히게 되고 A는 R을 통하여 대기와 연결된다.

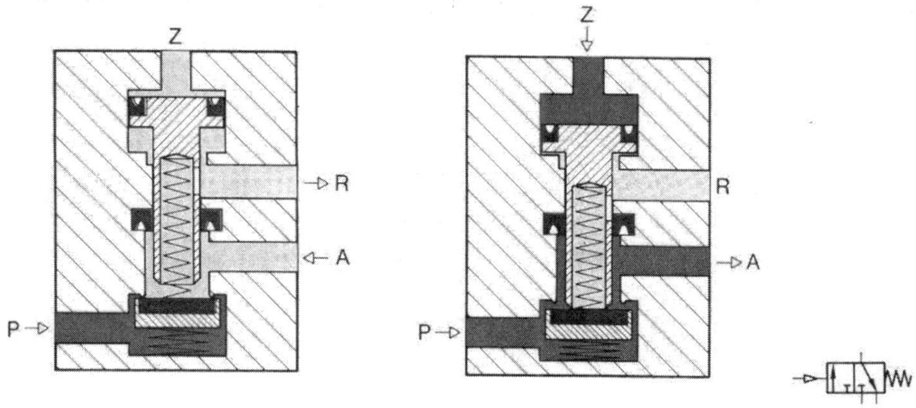

그림 6.8 3/2-way 밸브(압축공기 작동형, N/C)

6.2.7 3/2-way 밸브(disc seat valve, 압축공기 작동형, N/C ↔ N/O)

Z를 통하여 압축공기를 제어라인에 공급하여 주면 격판에 압력을 가하게 되어 P와 A가 연결된다. 라인 Z에서 배기가 일어나게 되면 내장된 스프링은 원위치로

돌아오게 되며 P에서 A로의 통로는 닫히게 되고 A는 R을 통하여 대기와 연결된다. 현재 이 밸브는 정상상태 닫힘형이지만 연결구 P와 A를 교환하여 배관하면 정상상대 열림형의 밸브가 된다.

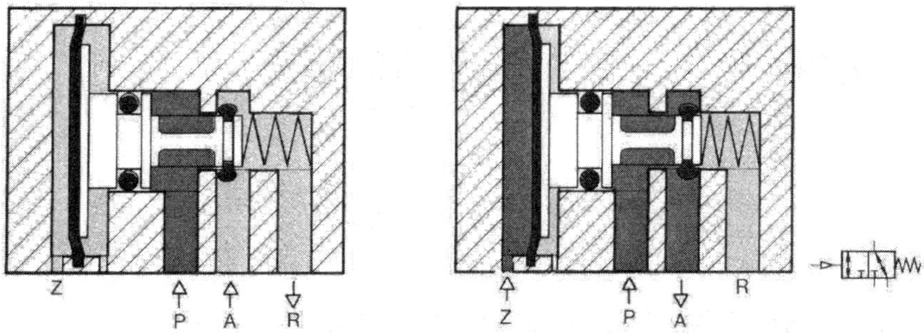

그림 6.9 3/2-way 밸브(압축공기 작동형, N/C↔N/O)

6.2.8 3/2-way 밸브(spool valve)

스프링에 의해서 스풀이 원위치 되어 P에서 A로의 유로를 차단하고 있다(normally closed). 작업라인 A는 배기 포트 R을 통하여 대기와 연결된다. 스프링 힘보다 크게 스풀을 작동시키면 스풀이 이동되어 P에서 A로 유로를 개방시켜 준다.

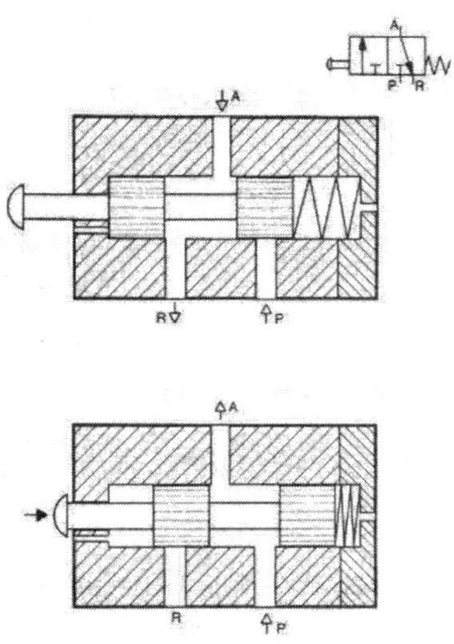

그림 6.10 3/2-way 밸브(N/C)

6.2.9 3/2-way 밸브(solenoid valve)

솔레노이드에 통전되면 아마추어(armature)는 위로 당겨진다. 이 결과로 P와 A는 서로 연결되며 출구 R은 닫힌다. 솔레노이드가 단전되면 스프링에 의하여 아마추어는 원위치 되어 P와 A를 단절시킨다. 이와 같은 직동형 솔레노이드 밸브는 일반적으로 자력이 충분하지 못하기 때문에 밸브의 공칭 치수가 커지면 솔레노이드가 너무 커지기 때문에 밸브가 작은 곳에서만 직동형이 사용된다.

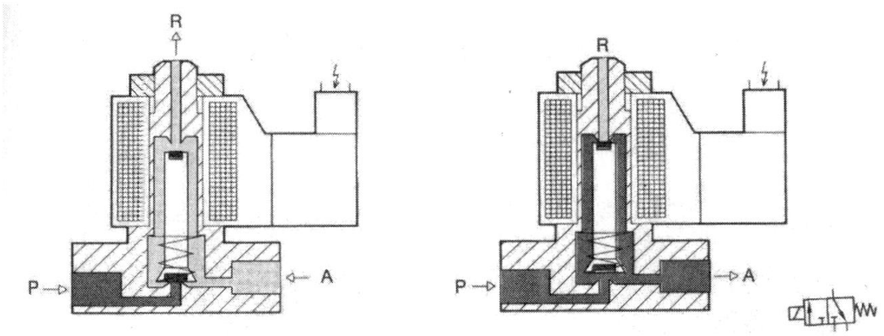

그림 6.11 3/2-way 밸브(솔레노이드 작동, N/C)

6.2.10 3/2-way 밸브(간접 작동형)

압력 공급선 P와 파이로트 밸브는 작은 관으로 연결되어 있다. 롤러 레버가 작동되면 파이로트 밸브가 열리게 되고 압축공기는 주 밸브의 격판으로 흐르게 된다. 그러면 밸브 디스크가 아래로 이동되어 P에서 A로 유로가 개방된다.

롤러 레버가 이완되면 격판의 압력선이 차단되고 공기는 배기되면 스프링에 의하여 밸브는 원래의 위치로 되돌아온다. 이와 같은 간접 작동형 밸브에서는 파워라인 P에 너무 낮은 압력이 공급되면 밸브를 작동시킬 수 없으므로 주의하여야 한다. 간접 작동형 밸브를 파이롯형 밸브라고도 한다.

이와 같은 간접 작동형 3/2-way 밸브에서는 정상 상태 열림형의 밸브를 정상 상태 닫힘형으로, 또는 그 반대의 경우로 변경하기 위해서는 연결구 P와 R을 교환하고 밸브의 롤러 헤드부를 180° 회전시켜 조립하여 주면 된다.

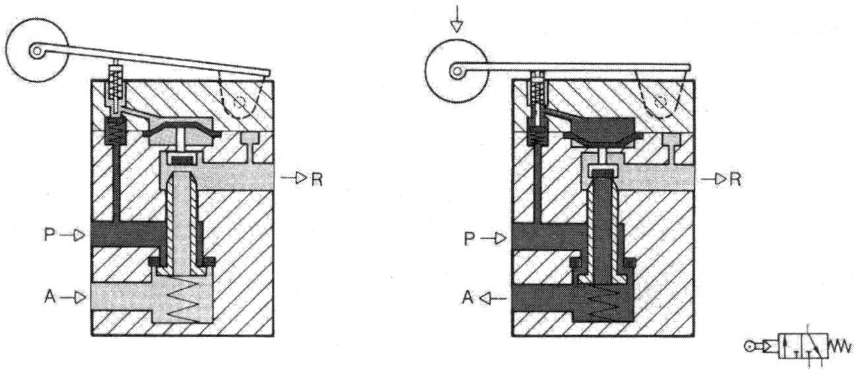

그림 6.12 3/2-way 밸브(롤러 레버, 간접 작동형, N/C)

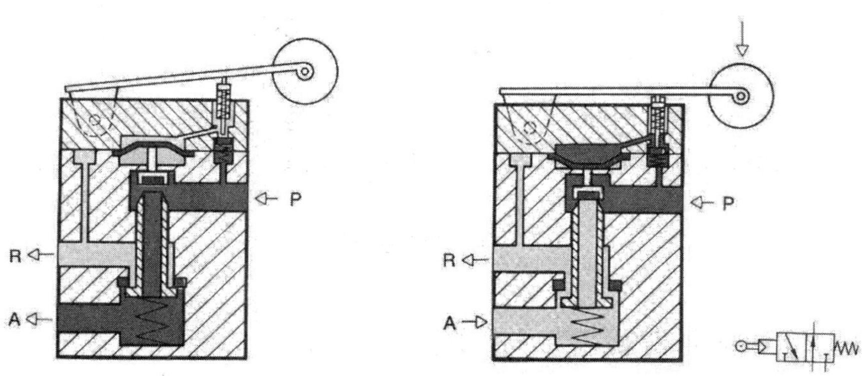

그림 6.13 3/2-way 밸브(롤러 레버, 간접 작동형, N/O)

6.2.11 4/2-way 밸브(압축공기 작동형)

Z를 통하여 압축공기를 제어라인에 공급하여 주면 두 개의 격판에 압력을 가하게 되어 P와 A, B와 R이 연결된다. 라인 Z에서 배기가 일어나게 되면 내장된 스프링은 원위치로 돌아오게 되며 P에서 B로, A에서 R로 유로가 형성된다.

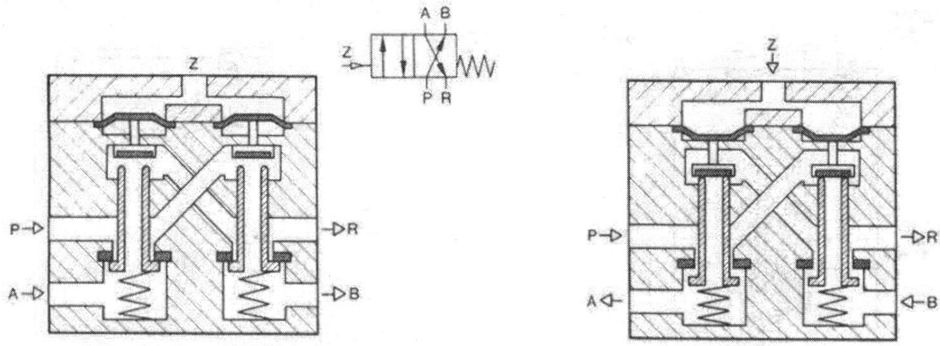

그림 6.14 4/2-way 밸브(압축공기 작동형)

6.2.12 4/2-way 밸브(간접 작동형)

압력 공급선 P와 파이로트 밸브는 작은 관으로 연결되어 있다. 롤러 레버가 작동되면 파이로트 밸브가 열리게 되고 압축공기는 주 밸브의 격판으로 흐르게 된다. 그러면 두 개의 격판에 압력을 가하게 되어 P와 A, B와 R이 연결된다. 라인 Z에서 배기가 일어나게 되면 내장된 스프링은 원위치로 돌아오게 되며 P에서 B로, A에서 R로 유로가 형성된다.

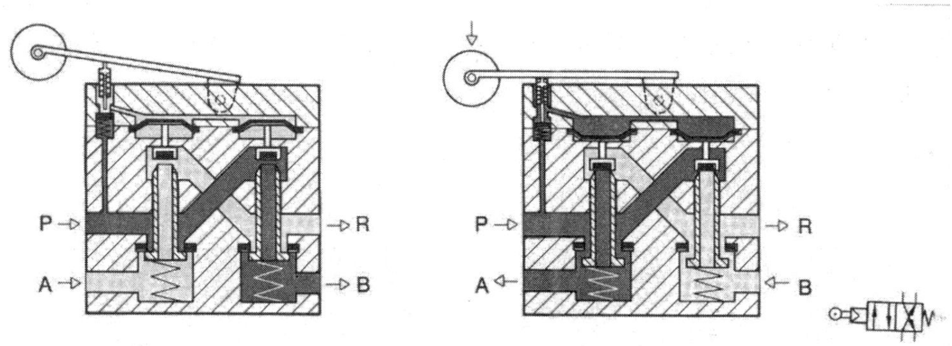

그림 6.15 4/2-way 밸브(롤러 레버, 간접 작동형)

6.2.13 4/2-way 밸브(solenoid valve, 간접 작동형)

압력 공급선 P와 파이로트 밸브는 작은 관으로 연결되어 있다. 솔레노이드에 통전이 되면 파이로트 밸브가 열리게 되고 압축공기는 주 밸브의 제어 피스톤으로 흐르게 된다. 그러면 두 개의 제어 피스톤에 압력을 가하게 되어 P와 A, B와

R이 연결된다. 라인 Z에서 배기가 일어나게 되면 내장된 스프링은 원위치로 돌아오게 되며 P에서 B로, A에서 R로 유로가 형성된다.

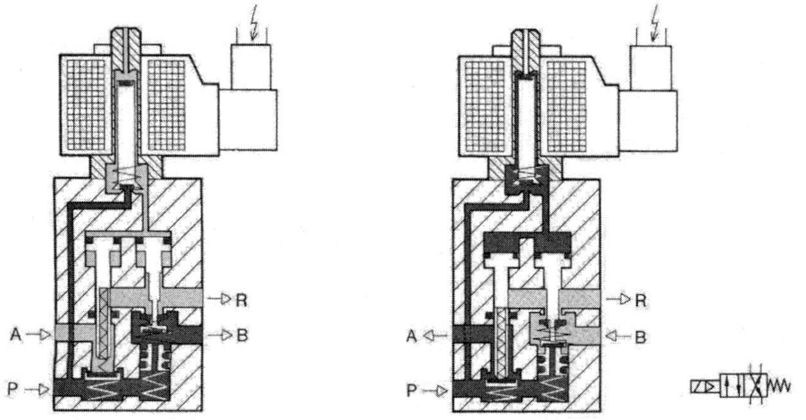

그림 6.16 4/2-way 밸브(솔레노이드, 간접 작동형)

6.2.14 5/2-way 밸브(disc seat valve)

제어라인 Y에 신호가 들어오면 내부 격판이 스냅 운동을 하면서 P에서 B로, A에서 R로 유로가 형성된다. Y의 신호가 없어져도 밸브는 그 상태를 유지한다. Z 라인에 신호가 들어오면 격판이 반대쪽으로 스냅운동을 하면서 P에서 A로, B에서 R로 유로가 형성된다.

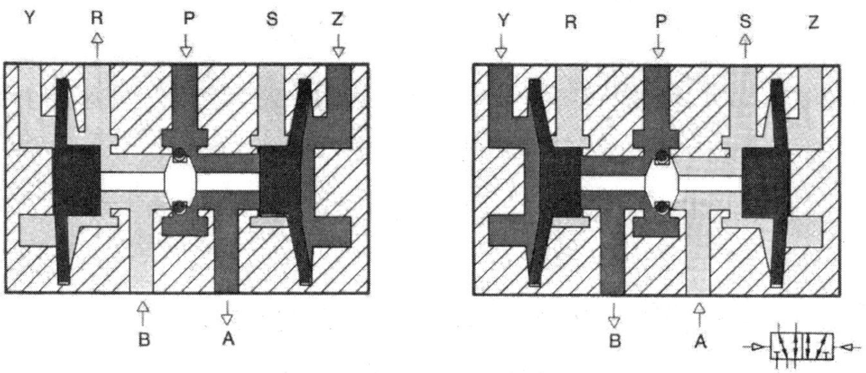

그림 6.17 5/2-way 밸브(압축공기 작동)

6.2.15 5/2-way 밸브(slide valve)

제어라인 Y에 신호가 들어오면 내부 스풀이 이동하여 P에서 B로, A에서 R로 유로가 형성된다. Y의 신호가 없어져도 밸브는 그 상태를 유지한다. Z라인에 신호가 들어오면 격판이 반대쪽으로 스냅운동을 하면서 P에서 A로, B에서 R로 유로가 형성된다. 그러나 이 밸브의 작동에 요구되는 작동거리는 포펫 밸브보다 상당히 길어진다.

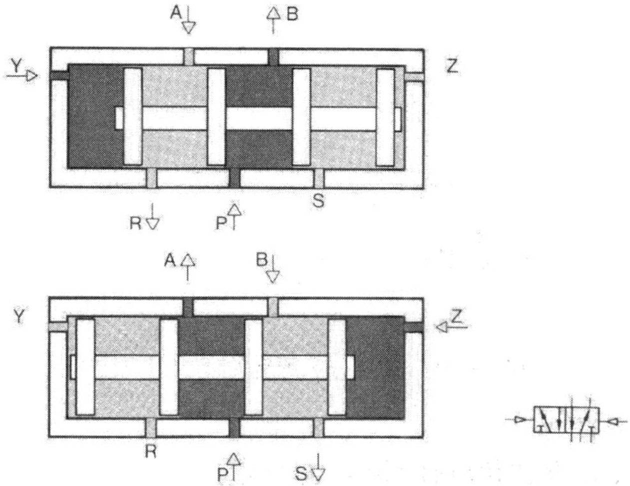

그림 6.18 5/2-way 밸브(압축공기 작동)

6.2.16 4/2-way 밸브(slide valve)

제어라인 Y에 신호가 들어오면 내부의 평 슬라이딩 스풀이 이동하여 P에서 B로, A에서 R로 유로가 형성된다. Y의 신호가 없어져도 밸브는 그 상태를 유지한다. Z라인에 신호가 들어오면 평 슬라이딩 스풀이 반대쪽으로 스냅운동을 하면서 P에서 A로, B에서 R로 유로가 형성된다. 이 밸브는 스프링에 의하여 슬라이딩 스풀의 마모를 보상하므로 수명이 매우 길다.

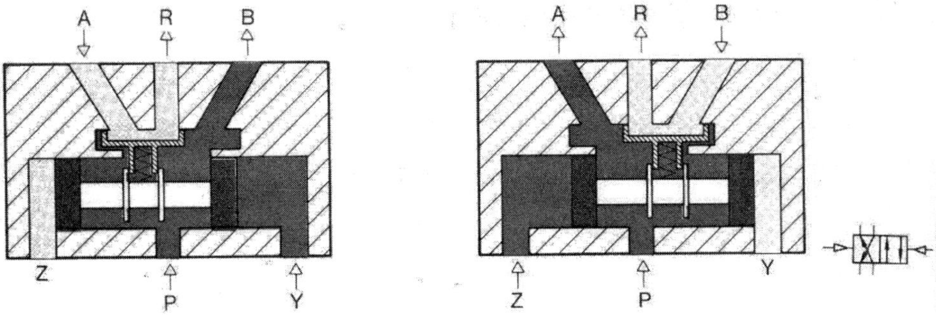

양쪽에 압력을 적용하여 제어하는 회로도 (Positive impulse control)

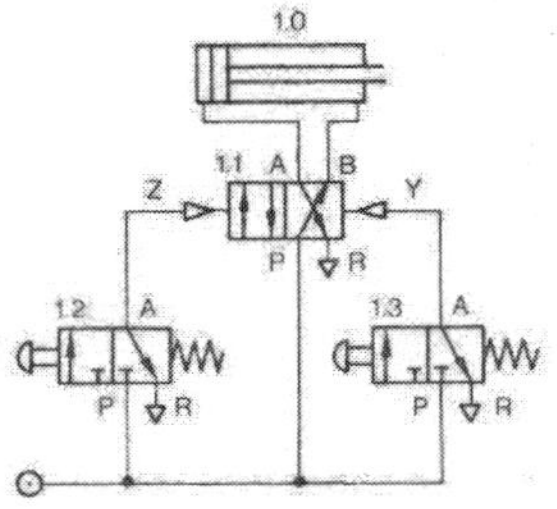

그림 6.19 4/2-way 밸브(압축공기 작동)

6.2.17 3/2-way 밸브(hand slide valve)

이 밸브는 수동 슬라이드 밸브로서 케이스를 움직이면 P와 A가 연결되며 A와 R은 차단된다. 구조가 간단하므로 공압 시스템의 차단 밸브로서 많이 사용된다.

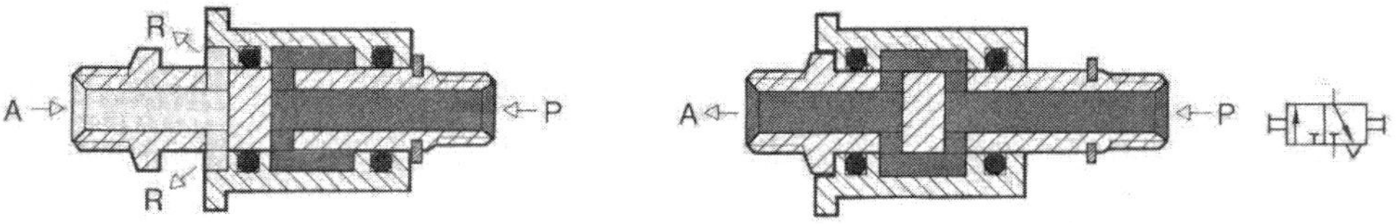

그림 6.20 3/2-way 밸브(수동 슬라이드 작동)

6.2.18 4/3-way 밸브(plate slide valve)

이 밸브는 일반적으로 손이나 발로만 작동시킬 수 있게 만들어져 있다. 이 밸브는 주로 3/3-way 밸브나 4/3-way 밸브로 만들어지며 두 개의 판을 비틂으로서 각 연결구들이 연결되거나 차단된다.

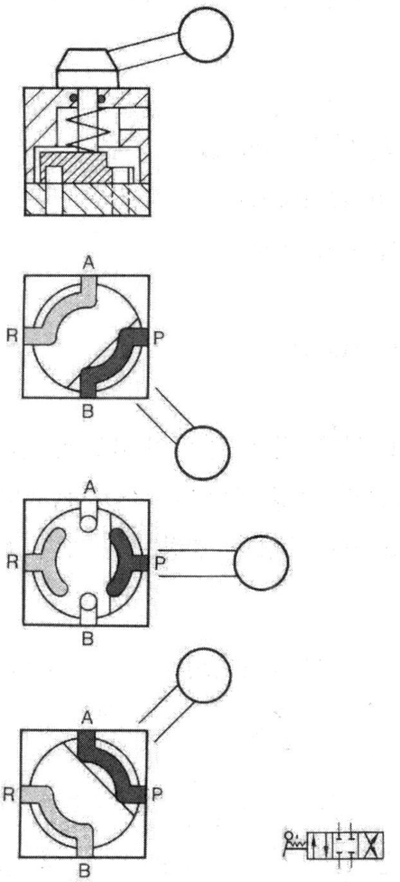

그림 6.21 4/3-way 밸브(판 슬라이드 작동)

6.3 밸브의 유량

공압 밸브에서의 유량은 여러 인자들을 고려하여 계산하여야 한다. 밸브의 유량을 측정할 때에는 밸브의 한쪽으로만 공기가 통하도록 하여야 한다. 밸브의 출구 쪽의 압력을 측정하면 입구 쪽의 압력은 알고 있으므로 압력 차이 Δp를 구할 수 있다. 밸브의 유량은 유량기를 통하여 측정하며 여기에 영향을 미치는 주요한 인자는 다음과 같다.

p_1 : 밸브 입구의 압력(bar)
p_2 : 밸브 출구의 압력(bar)
Δp : 압력 차이(p_1-p_2)(bar)
T_1 : 온도(K)
Q_N : 정상 유량(ℓ/min)

정상 유량 Q_N은 밸브 입구 쪽의 압력이 6 bar, 압력차이가 1 bar이고 온도가 293 K(20 ℃)일 때의 밸브의 유량 값이다. 사용하는 압력, 압력 강하, 온도가 다를 경우에는 도표를 이용하여 유량을 추정할 수 있다.

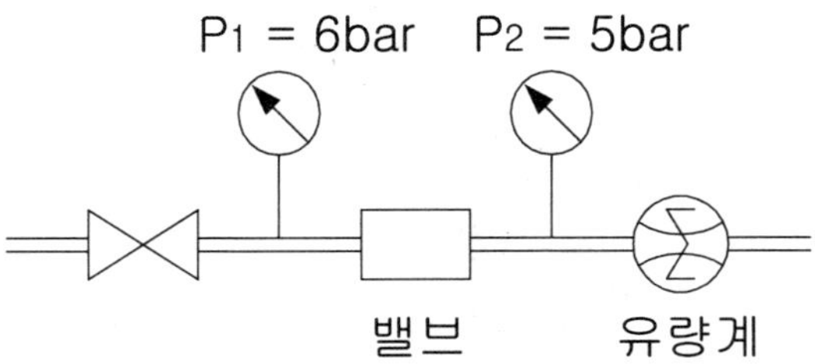

그림 6.22 정상유량 측정을 위한 실험 장치

07 공압 논-리턴 밸브

논-리턴(non-return) 밸브는 어느 한 쪽 방향으로만 공기의 흐름을 허용하는 밸브이다. 논-리턴 밸브의 범주에는 한쪽 방향으로만 공기를 공급해주는 체크 밸브, OR 논리 기능을 만족시켜주는 셔틀 밸브, AND 논리 기능을 만족시켜주는 2압 밸브 그리고 배기를 급속하게 해주어 실린더의 속도를 증가시킬 수 있는 급속배기 밸브가 있다.

7.1 체크 밸브

체크(check) 밸브는 한쪽 방향으로는 공기의 흐름을 완전히 차단시키며, 그 반대 방향으로는 가능한 한 압력 손실을 적게 하여 공기가 흘러갈 수 있도록 한다. 공기의 흐름을 차단시키는 방법에는 원추(cone), 볼(ball), 판(plate), 또는 격판(diaphragm)이 사용된다. 체크 밸브에는 스프링 내장형과 스프링이 없는 것이 있는데 스프링이 없는 체크 밸브는 제한 요소에 작용하는 힘에 의해서 차단되는 기능을 갖고 있으며, 스프링 내장형 체크 밸브는 출구의 압력이 입구의 압력보다 크거나 같을 때에 스프링과 같은 대응되는 압력으로 차단시키는 기능이 있다. 체크 밸브는 한쪽 방향으로 거의 완벽하게 공기의 흐름을 차단시킬 수 있다. 체크 밸브는 단독으로 사용되기도 하지만 유량제어밸브와 같이 조합되어 반대측의 운동을 보장하는 바이-패스(by-pass) 기능으로 많이 사용된다.

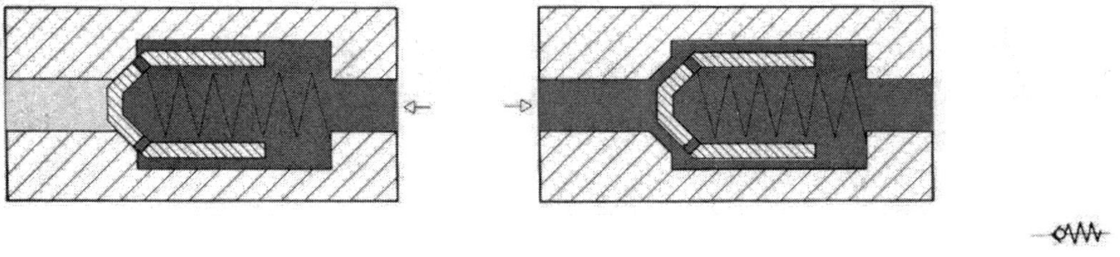

그림 7.1 체크 밸브

7.2 이압 밸브

이압(two pressure) 밸브는 두 개의 입구 X와 Y가 있으며 하나의 출구 A가 있다. 압축공기가 두 개의 입구 X와 Y에 모두 작용할 때에만 출구 A에 압축공기가 흐르게 된다. 만약 압력 신호가 동시에 작용하지 않으면 늦게 들어온 신호가 출구 A로 나가게 되며, 두 개의 압력 신호가 다른 압력일 경우에는 작은 압력 쪽의 공기가 출구 A로 나가게 된다. 이 밸브는 AND 요소로도 알려져 있으며 안전 제어, 검사 기능, 논리 작동 등에 사용된다.

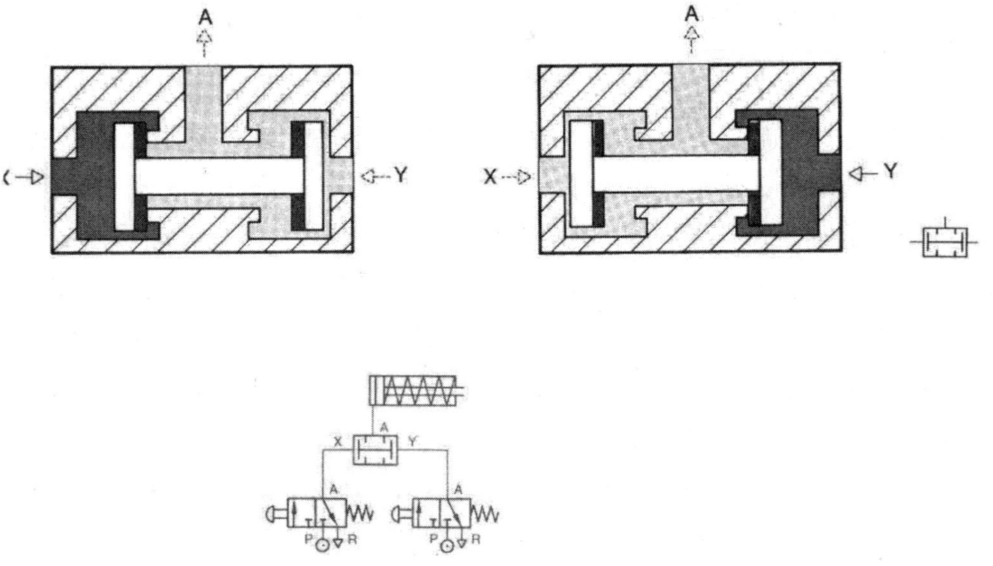

그림 7.2 이압 밸브

7.3 셔틀 밸브

셔틀(shuttle) 밸브는 양 제어(double control) 밸브 또는 양 체크(double check) 밸브라고도 한다. 이 밸브는 두 개의 입구 X와 Y를 갖고 있으며 출구는 A 하나이다. 만약 압축공기가 X에 작용하면 볼은 입구 Y를 차단시켜 공기는 X에서 A로 흐르게 되며, 압축공기가 Y에 작용하게 되면 공기는 Y에서 A로 흐르게 된다. 그리고 공기의 흐름이 반대로 되면, 즉 실린더나 밸브가 배기가 되면 볼은 압력 조건 때문에 동일한 위치를 유지하게 된다. 이 밸브는 논리 조건 중에서 OR 논리를 만족시켜 줌으로 OR 밸브라고도 불린다. 만약 실린더나 밸브가 두 개 이상의 위치로부터 작동되어야만 할 때에는 반드시 셔틀 밸브를 사용하여야 한다.

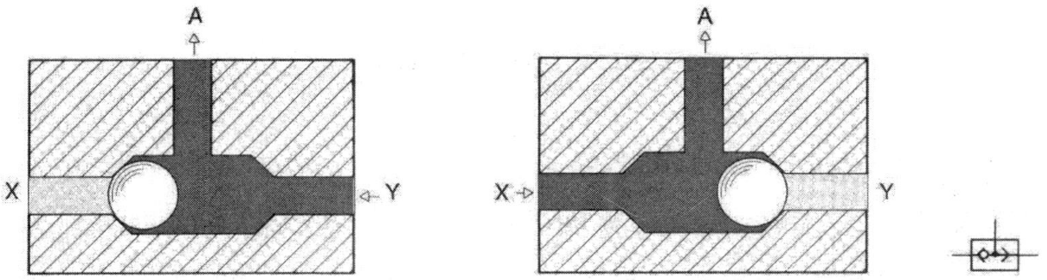

그림 7.3 셔틀 밸브

7.4 급속 배기 밸브

급속 배기 밸브는 실린더의 피스톤 속도를 증가시키는 데에 사용되며 특히 단동 실린더에서 귀환 행정 시간을 감소시켜 줄 수 있다. 이 밸브에서 압력이 P에 작용하면 밀봉 디스크는 배기구 R을 완전히 막게 되어 압축공기는 A로 흐르게 된다. 그리고 P에 공급되던 압축공기가 제거되면 A로부터 들어오는 공기에 의해 밀봉 디스크가 P를 막게 되어 배기되는 공기는 R을 통하여 직접 배기된다. 이 밸브는 실린더에 직접 연결하거나 가능한 한 실린더에 가깝게 설치하여야 한다.

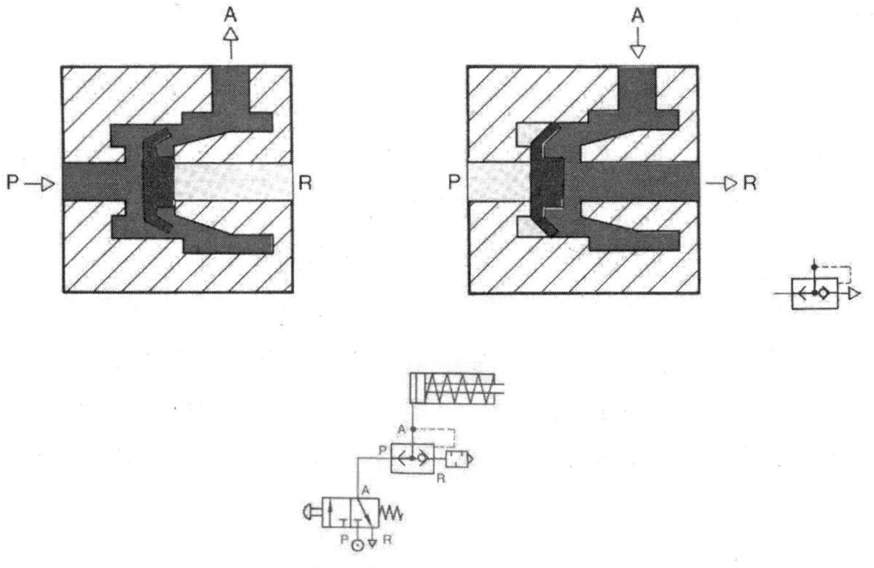

그림 7.4 급속 배기 밸브

■ **공압 충격 방출기**

압축공기는 가공물은 배출시키는 작업에 오랫동안 사용되어 왔으나 공기 소모량이 많은 것이 단점이었다. 이런 곳에서 공압 충격 방출기(pneumatic impulse ejector)를 사용하면 매우 효과적인 작업을 할 수 있다. 충격 방출기는 급속 배기 밸브가 붙어 있는 탱크로 되어 있다. 탱크의 체적은 요구되는 공기량에 맞도록 선택해야 한다. 제어 신호는 3/2-way 밸브에 의하여 주어진다. 처음 시작 위치에서 밸브는 열려 있게 되며 압축공기는 3/2-way 밸브와 급속 배기 밸브를 통하여 탱크 속으로 흐르게 되어 탱크를 가득 채우게 된다. 3/2-way 밸브가 작동하면 압축공기가 탱크 속으로 흐르는 것은 중단되며 탱크 속의 공기는 급속 배기 밸브를 통하여 빠르게 대기 중으로 방출된다. 이와 같은 농축된 공기의 흐름은 치공구, 펀칭기, 컨베이어 벨트, 분류기 또는 포장기계로부터 공작물을 분출시키거나 뽑아내게 된다.

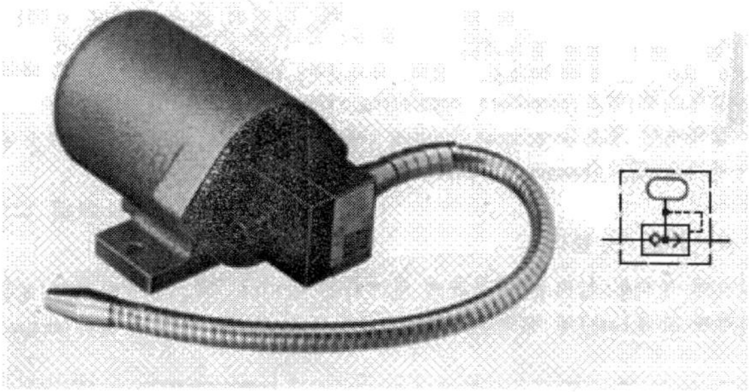

그림 7.5 충격 방출기

7.5 공압 논리

7.5.1 YES 논리

YES 논리는 긍정의 논리로서 입력이 존재할 때에만 출력이 존재하게 되는 논리를 의미한다. 입력이 없어지면 출력도 없어진다. 표 7.1에서 a는 입력이고 y는 출력이다.

- 진리표 : 입력이 존재하면 출력도 존재하고, 입력이 없어지면 출력도 없어진다.

표 7.1 YES 논리의 진리표

a	y
0	0
1	1

- 논리식 : y = a
- 공압 표현 : 공압에서 YES 논리 기능은 다음 그림과 같이 정상상태 닫힘형의 3/2-way 밸브가 이용된다.

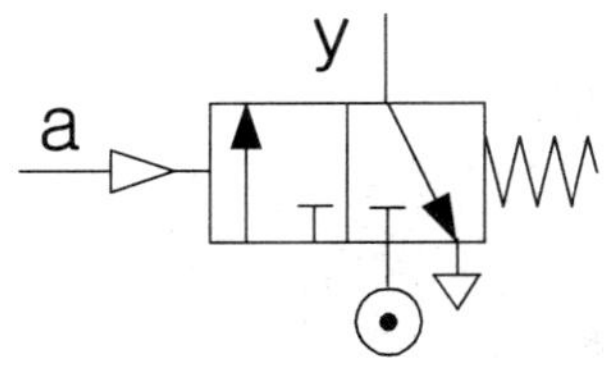

그림 7.6 YES 논리 (3/2-way, N/C)

7.5.2 NOT 논리

NOT 논리는 부정의 논리로서 입력이 존재하지 않을 때에만 출력이 존재하게 되는 논리를 의미한다. 즉, 입력이 존재하게 되면 출력은 없어지게 된다.

- 진리표 : 입력이 존재하지 않을 때 출력이 존재하게 되고, 입력이 존재하면 출력이 없어지게 된다.

표 7.2 NOT 논리의 진리표

a	y
0	1
1	0

- 논리식 : $y = \bar{a}$
- 공압 표현 : 공압에서 NOT 논리 기능은 다음 그림과 같이 정상상태 열림형의 3/2-way 밸브가 이용된다.

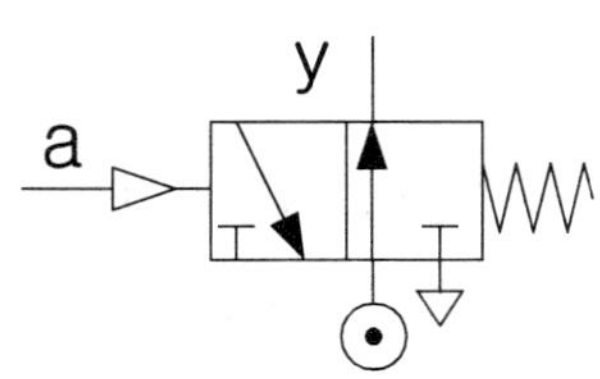

그림 7.7 NOT 논리 (3/2-way, N/O)

7.5.3 AND 논리

두 개의 입력 신호가 모두 존재할 때에만 출력이 존재하는 논리이다. 입력 신호가 여러 개 존재할 경우에는 입력 신호 모두가 존재하여야만 출력이 존재하게 된다. 2압 밸브는 AND와 기본 논리 작용이 같기 때문에 공압 AND 요소라는 말로도 표현한다. 즉, 두 개의 입력 신호가 모두 존재할 때에만 출력 신호가 나온다.

- 진리표 : 두 개의 입력이 모두 존재할 때에만 출력이 존재한다.

표 7.3 AND 논리의 진리표

a	b	y
0	0	0
0	1	0
1	0	0
1	1	1

- 논리식 : y = a·b

- 공압 표현 : 공압에서 AND 논리를 실행하는 방법은 여러 가지가 있다.

□ 2압 밸브에 의한 방법

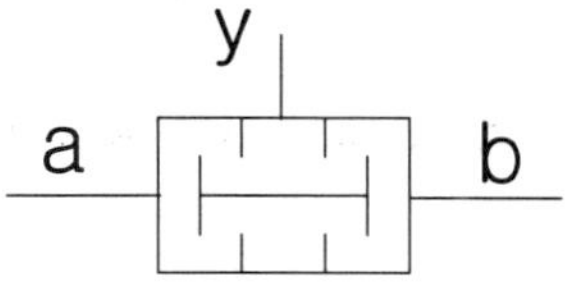

그림 7.8 AND 논리(이압 밸브)

- 장점 : a 신호와 b 신호는 공압원으로부터 직접 공기를 공급받으므로 다른 신호와 연계하여 사용할 수 있고 AND 밸브와의 배관도 짧게 할 수 있다.
- 단점 : 직렬연결에 의한 방법보다는 저항이 커서 AND 밸브의 출력이 약한 신호로 나타난다.

□ 직렬에 의한 방법

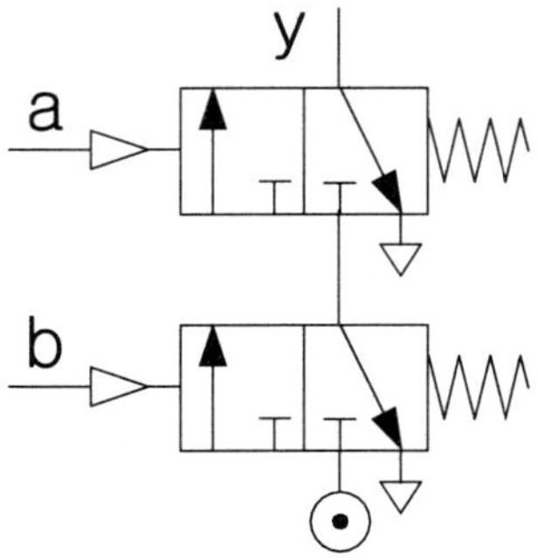

그림 7.9 AND 논리 (3/2-way 밸브의 직렬연결)

- 장점 : 공압에 대한 저항이 작고 비용이 적게 든다.
- 단점 : 실제 적용에 있어서는 a 밸브와 b 밸브 사이의 배관이 매우 길어질 수 있고 a 밸브의 출력 신호를 다른 신호와 연결해서 사용할 때 무리가 따를 수 있다.

□ 3/2-way 밸브에 의한 방법

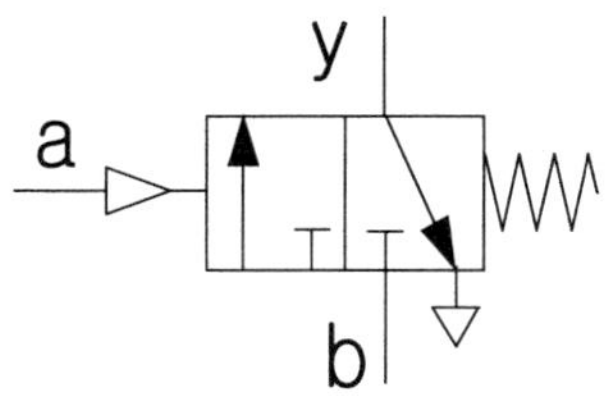

그림 7.10 AND 논리 (3/2-way 밸브 이용)

- 장점 : 2압 밸브의 장점을 모두 포함하고 부수적으로 제어라인의 약한 신호와 공급라인의 강한 신호를 연계하여 처리할 수 있어 강한 출력 신호를 얻을 수 있다.
- 단점 : 비용이 많이 든다.

7.5.4 OR 논리

두 개의 입력 신호 중 한 개 이상의 입력 신호가 존재하면 출력이 나오는 논리이다. 입력 신호가 여러 개인 경우에는 입력 신호 중 한 개 이상의 신호가 존재하면 출력이 나오게 된다.

- 진리표 : 두 개의 입력 중 어느 하나의 입력이 존재하면 출력이 존재한다.

표 7.4 OR 논리의 진리표

a	b	y
0	0	0
0	1	1
1	0	1
1	1	1

- 논리식 : y = a + b

- 공압 표현 : 공압에서 OR 논리는 반드시 셔틀 밸브를 사용해야만 가능하다. 단순히 밸브를 병렬로 연결한다든가 체크 밸브를 이용해서는 OR 논리가 성립되지 않는다.

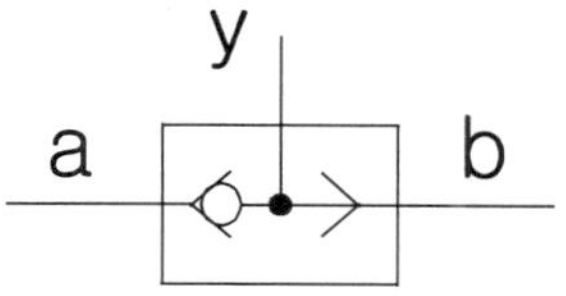

그림 7.11 OR 논리(셔틀 밸브)

7.5.5 입력 요소가 여러 개일 경우

AND 논리와 OR 논리에서 입력 신호가 여러 개일 경우에는 AND 요소나 OR 요소가 입력 신호의 개수 보다 한 개 덜 소요된다. 예를 들어 AND 논리에서 다섯 개의 입력 신호로 어떤 작업을 수행할 때 AND 논리가 필요하면 이때 필요한 2압 밸브의 수는 5 - 1 = 4개가 된다. 아래의 그림은 가능한 연결 방법을 보여 준다.

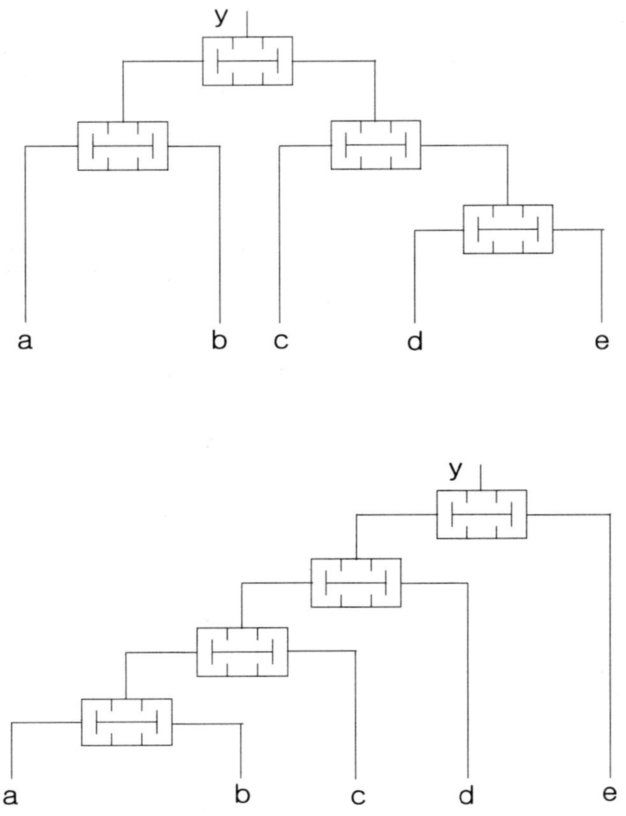

그림 7.12 AND 논리와 OR 논리에서 입력 신호가 여러 개일 경우

08 공압 유량 제어 밸브

유량 제어 밸브는 공기의 흐르는 양을 조절할 목적으로 사용되는데 대부분의 경우 실린더의 속도를 제어하는 곳에 사용된다. 실린더의 속도는 무단으로 조절하여 사용할 수 있으며 실린더의 공기 공급 측이나 배기 측에 유량 제어 밸브를 설치하여 조절한다.

8.1 교축 밸브

교축(throttle) 밸브는 유량 제어에 방향성이 없는 밸브이다. 즉, 양쪽 방향의 공기 흐름에 모두 영향을 미친다. 이 밸브가 실린더와 방향 제어 밸브 사이에 설치되면 실린더의 전·후진 속도에 모두 영향을 미치므로 주의하여야 한다.

■ 초크와 오리피스 교축

흐름의 단면적을 감소시켜 관로 내 공기 흐름에 대하여 저항을 갖도록 한 기구를 교축(restriction)이라고 한다. 그림 8.1과 같이 줄어든 관로의 길이 L이 단면 치수 D보다 비교적 긴 것을 초크(choke) 교축이라고 하며 그림 8.2와 같이 길이 L이 단면 치수 D에 비하여 비교적 짧은 것을 오리피스(orifice) 교축이라고 한다. 이와 같이 공기가 밸브, 콕(cock), 작은 구멍 등 좁은 통로를 흐를 때 마찰이나 난류의 흐름 등으로 압력이 낮아지는 현상을 스로틀링(throttling)이라고 한다.

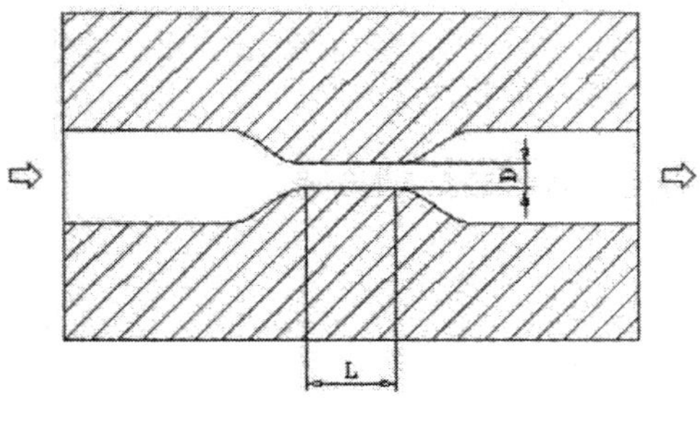

그림 8.1 초크 교축

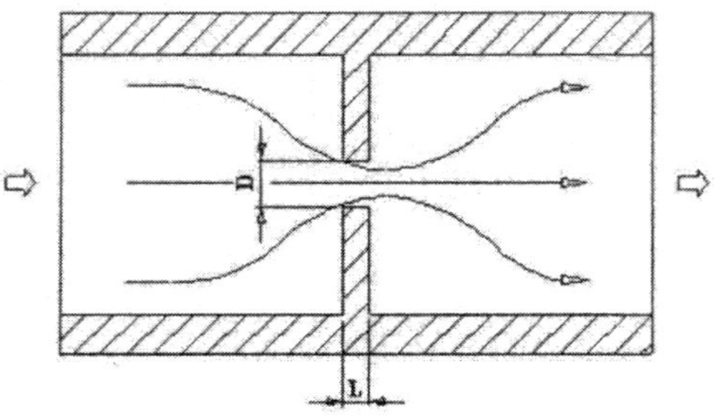

그림 8.2 오리피스 교축

8.2 교축 릴리프 밸브

교축 릴리프(throttle relief) 밸브는 교축 밸브와 체크 밸브가 결합된 밸브로서 주로 실린더의 속도 조절에 사용되기 때문에 속도 조절 밸브로 더 잘 알려져 있다. 체크 밸브가 한쪽 방향의 공기의 흐름을 차단하기 때문에 다른 한쪽 방향으로만 공기가 흘러갈 수 있고 조절 나사에 의해서 통과 유량이 조절되므로 속도가 제어된다. 이러한 이유로 이 밸브를 일방향 유량 제어 밸브라고 부르기도 한다.

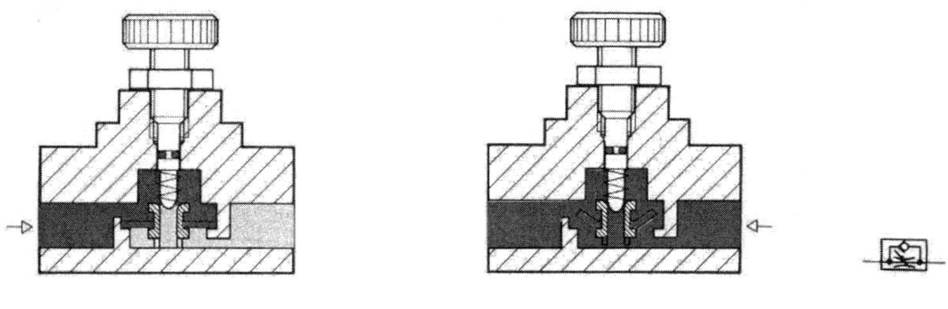

그림 8.3 교축 릴리프 밸브

교축 릴리프 밸브 중에는 교축량을 기계적으로 조절하는 밸브도 있다. 이 밸브는 단동 실린더나 복동 실린더의 속도를 중간에서 변화시키고자 할 때 사용된다. 복동 실린더가 큰 중량의 물체를 움직이거나 큰 하중을 받게 되어 운동 완료 위치에서 완충이 요구될 때에 쿠션 장치로도 사용될 수 있다. 조절 나사는 기본적인 속도 설정을 가능하게 해주며 롤러 레버를 더 아래로 누르면 교축 면적을 요구되는 정도까지 줄일 수 있다. 배기될 때에는 개스킷(gasket)이 밀봉 시트로부터 떨어지게 되어 공기가 자유로이 흐를 수 있게 된다.

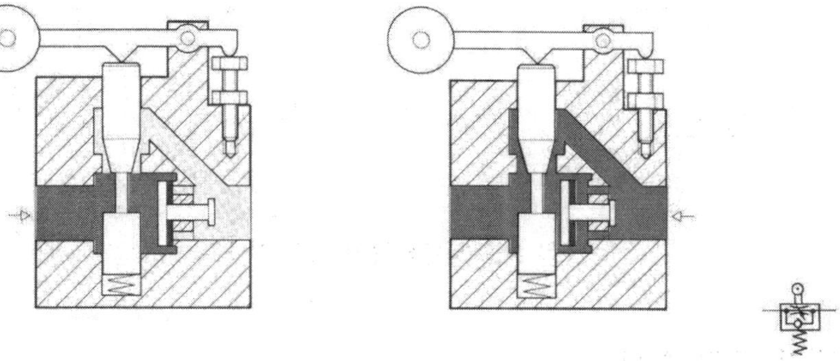

그림 8.4 교축 릴리프 밸브(기계적으로 조절 가능)

8.3 실린더의 속도 조절

실린더의 속도를 조절하는 방법에는 실린더로 들어가는 공기의 양을 조절하는 공급 공기 조절 방식과 실린더로부터 배기되는 공기의 양을 조절하는 배압 조절 방식이 있다.

8.3.1 공급 공기 조절 방식

공급 공기 조절 방식은 실린더로 공급되는 공기의 양을 조절하여 실린더의 속도를 제어하는 방법으로 미터-인(meter-in) 방식이라고도 한다. 이 방식에서의 배기는 체크 밸브를 통하여 이루어진다. 공급 공기 조절 방식은 실린더로 공급되는 공기로만 제어되므로 실린더가 운동할 때 실린더 내에 형성되는 압력은 실린더에 작용하는 부하에 의해 결정된다. 실린더에 걸리는 부하가 크면 실린더 내의 압력이 증가하고 부하가 작으면 작은 압력만이 형성되면서 움직이게 된다. 따라서 실린더에 작용하는 부하에 따라 실린더에 형성되는 압력도 변화되기 때문에 작은 하중의 변화에도 실린더의 속도가 크게 변하는 단점이 있다. 그러므로 이 방식은 단동 실린더의 속도 제어나 체적이 아주 작은 실린더의 속도 제어 정도에만 사용된다.

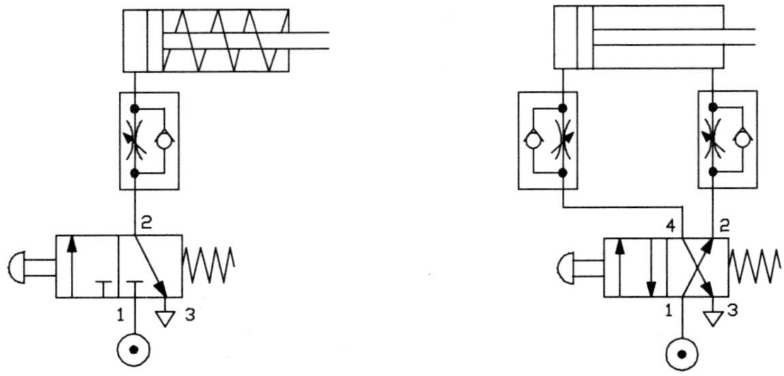

그림 8.5 공급 공기 조절 방식

8.3.2 배압 조절 방식

배압 조절 방식은 실린더로부터 배기되는 공기의 양을 제한하여 속도를 조절하는 방법으로 미터-아웃(meter-out) 방식이라고도 한다. 이 방식은 실린더의 피스톤 양쪽에 압축공기가 존재하므로 공급 공기 조절 방식보다는 안정된 속도를 얻을 수 있고 실린더에는 충분한 공기가 공급되므로 부하의 변동에 큰 영향을 받지 않는다. 실제로 배압 조절 방식에서는 실린더에 작용하는 부하를 실린더가 낼 수 있는 힘의 60 % 이내로 제한하면 균일한 속도를 얻을 수 있다. 그러므로 실린더의 크기를 선정할 때에도 실린더에 작용하는 최대 동하중(dynamic load)이 실린더가 낼 수 있는 힘의 60 % 범위 안에 들도록 하는 것이 좋다. 그러나 배압 조절 방식은 피스톤이 출발할 때에 균일한 배압이 형성되지 않으므로 공급 공기 조절 방식보다는 초기 속도가 불안한 단점이 있다. 이러한 단점을 극복할 수 있는 최선의 방법은 가능한 한 유량 제어 밸브를 실린더에 가깝게 설치하는 것이다.

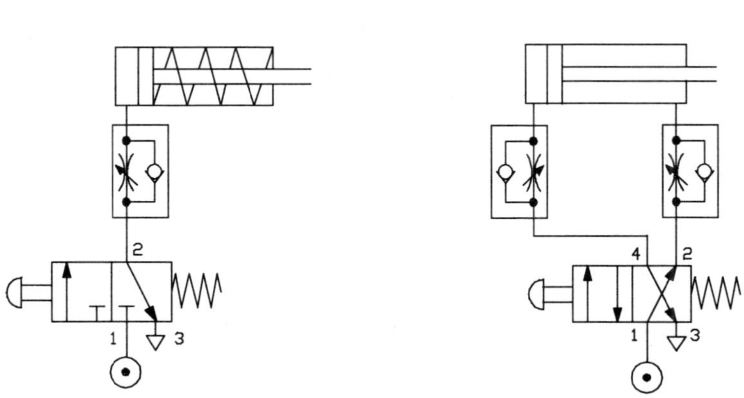

그림 8.6 배압 조절 방식

실린더의 속도를 제어하는데 있어서 대부분의 경우 교축 밸브보다는 체크 밸브가 내장된 교축 릴리프 밸브(일명 스피드 컨트롤러)를 사용하는데 원하는 운동 방향의 속도 조절을 위해서는 체크 밸브의 방향에 주의하여 설치하도록 한다.

8.3.3 4/2-way 밸브와 교축 밸브

실린더의 전·후진 운동을 4/2-way 밸브로 제어하고 교축 밸브를 사용하여 속도를 조절할 경우에는 교축 밸브를 어느 곳에 설치하여도 전·후진 운동 모두 영향을 받게 된다. 따라서 이러한 경우에는 체크 밸브가 내장된 교축 릴리프 밸브를 사용하여야만 반대편의 운동을 자유롭게 허용할 수 있다.

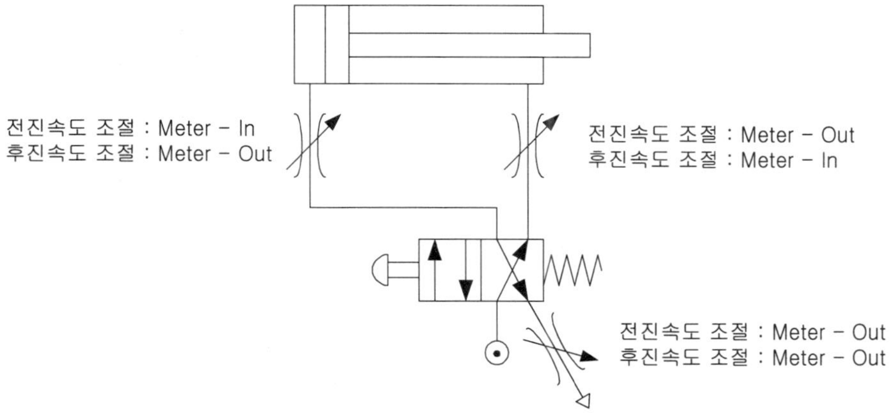

그림 8.7 4/2-way 밸브와 교축 밸브

8.3.4 5/2-way 밸브와 교축 밸브

실린더의 전·후진 운동을 5/2-way 밸브로 제어하고 교축 밸브를 사용하여 속도를 조절할 경우에는 교축 밸브를 어느 곳에 설치하느냐에 따라 기능이 달라진다. 즉, 교축 밸브를 실린더와 방향 제어 밸브 사이에 설치하면 전·후진 운동 모두에 영향을 받지만 방향 제어 밸브의 배기공에 설치하게 되면 전·후진 운동의 속도를 따로따로 제어할 수 있다.

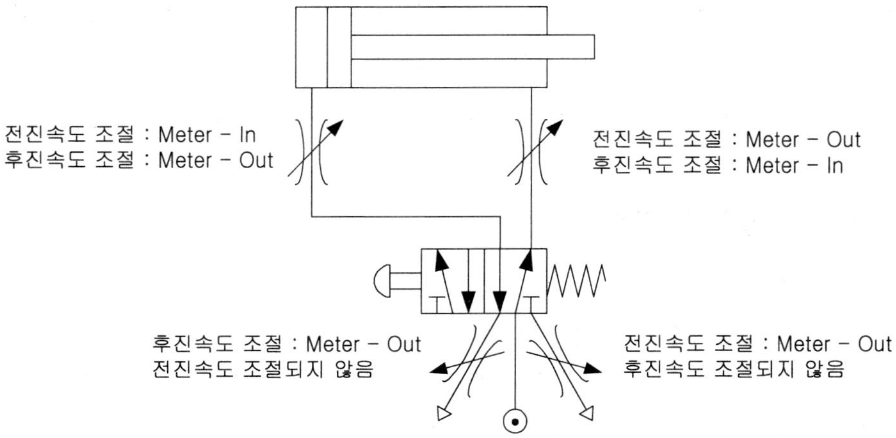

그림 8.8 5/2-way 밸브와 교축 밸브

09 | 공압 압력 제어 밸브

압력 제어 밸브는 압력에 영향을 미치거나 압력의 크기에 의해 제어되는 요소로서 종류에는 압력 조절기, 압력 제한 밸브, 압력 시퀀스 밸브 등이 있다.

9.1 압력 조절기

압력 조절기의 목적은 압력을 일정하게 유지하는 것이다. 즉, 공급 압력이 변동되더라도 실린더나 공압 모터 등의 작업 요소에 공급되는 압력을 일정하게 유지하여 작업의 향상성을 유지하려 함이다. 압력 조절기는 높은 압력을 일정한 낮은 압력으로 바꾸어 주므로 감압 밸브라고도 한다. 압력 조절기에는 배기공이 있는 압력 조절기와 배기공이 없는 압력 조절기의 두 가지 형태가 있다. 유압에서는 이러한 기능에 대응되는 밸브를 감압 밸브라고 하고 매체의 특성상 복귀 라인이 없는 감압 밸브는 사용될 수 없으나 공압에서는 두 가지 형태의 밸브가 모두 사용되고 있다.

9.1.1 배기공이 있는 압력 조절기

압력 조절기의 목적은 높은 압력의 공급압력(1차 압력)을 일정한 작동압력(2차 압력)으로 유지시키는 것이다. 공기의 압력은 격판에 의하여 조절되며 출구 측의 압력이 격판에 작용하고 다른 쪽에는 스프링이 작용한다. 스프링 힘은 조절나사로 조절될 수 있다. 출구 측 압력이 높아지면 격판이 스프링을 눌러 밸브 시트의 바깥 단면을 감소시키거나 완전히 닫아 버린다. 그러므로 압력은 유통 체적에 의하여 조절된다.

공기량이 줄어들면 2차 압력이 떨어지고 스프링 힘에 의하여 밸브가 열리게 된다. 진동을 방지하기 위하여 밸브 디스크 위에 스프링이 장치되어 있으며 2차 압력은 압력계에 나타나게 된다. 2차 측의 압력이 현저히 증가되면 격판의 중간 부분이 열려 압축공기는 배기공을 통하여 대기 중으로 방출된다.

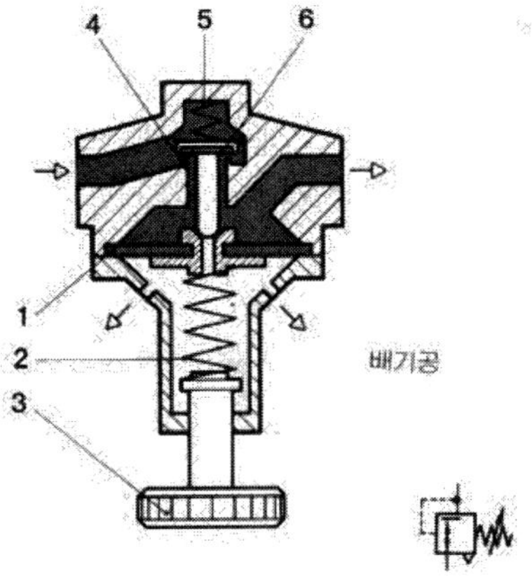

그림 9.1 배기공이 있는 압력 조절기

9.1.2 배기공이 없는 압력 조절기

가장 많이 사용되는 형태이며 압축공기가 밖으로 배기되는 것이 불가능하다. 조절나사에 의하여 스프링과 격판도 응력을 받게 되며 스프링을 조절함에 따라 1차 측에서 2차 측으로의 흐름이 커지거나 작아진다. 동시에 플런저도 격판과 함께 움직이게 된다. 만약 공기가 2차 측에서 빠지지 않으면 압력이 올라가서 격판을 압축 스프링 쪽으로 민다. 그러면 스프링이 플런저를 아래쪽으로 움직이게 하여 공기의 흐름이 끊어지게 된다. 압축공기는 공기가 2차 측에서 빠질 때에만 계속해서 흐른다.

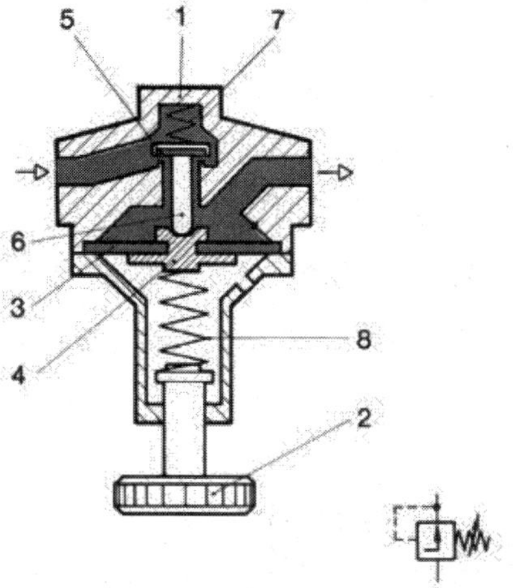

그림 9.2 배기공이 없는 압력 조절기

9.2 압력 제한 밸브

압력 제한 밸브는 주로 안전밸브로 사용되며 공압 시스템 내의 압력이 최대 허용 압력을 초과하는 것을 방지해 준다. 만약 밸브 입구의 압력이 설정된 최대 압력에 도달하게 되면 밸브의 출구가 열려서 공기는 배기 중으로 빠져나가게 된다. 이 밸브는 주로 압축공기 생산 플랜트에서 압축공기의 압력을 제한하는데 사용된다.

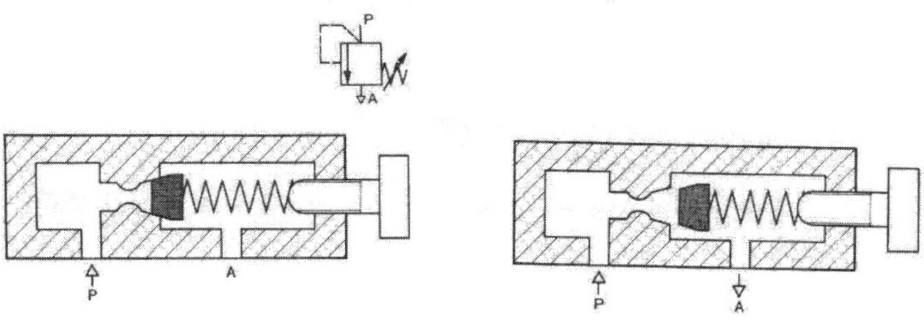

그림 9.3 압력 제한 밸브

9.3 압력 시퀀스 밸브

압력 시퀀스(pressure sequence) 밸브의 작동 원리는 압력 제한 밸브의 동작 원리와 유사하다. 만약 압력이 스프링에 설정된 압력을 초과하게 되면 밸브가 열리게 되어 공기는 P에서 A로 흐르게 된다. 즉, 파이롯 라인 Z가 미리 설정된 압력에 도달하게 되면 파일롯 스풀이 움직여서 P에서 A로 통하는 통로가 열리게 된다. 이 밸브는 스위칭 작용에 특별한 압력이 요구되는 곳에 사용된다.

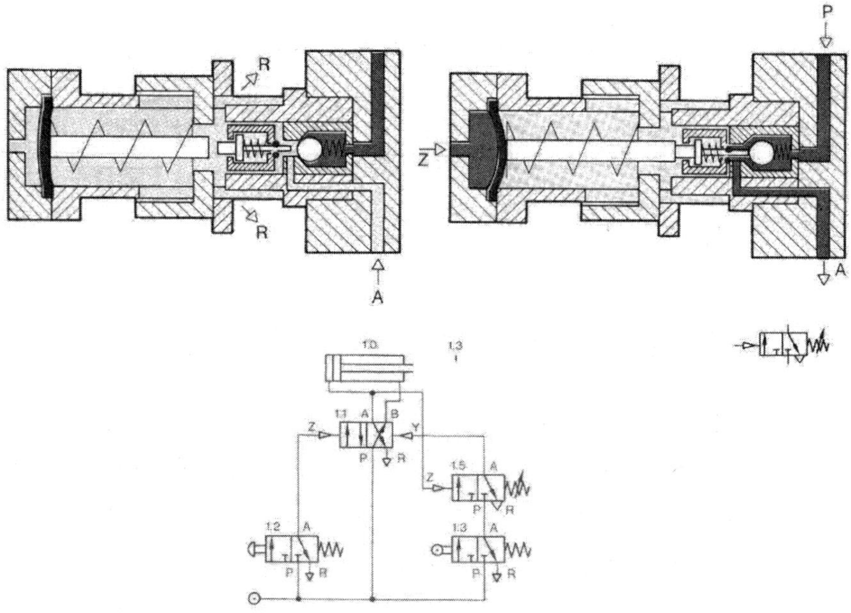

그림 9.4 압력 시퀀스 밸브

10 | 공압 밸브의 조합

공압 밸브들을 특수 목적의 기능을 발휘하도록 여러 개를 조합하여 사용하기도 한다. 이와 같은 장치는 밸브들 간의 배관이 필요 없고 크기도 작아져서 사용하기도 편리하다. 그러나 조합 요소 중 어느 하나가 고장 나면 전체를 사용하지 못하는 단점이 있다.

10.1 시간 지연 밸브

시간 지연(time delay) 밸브는 압축공기로 작동되는 3/2-way 밸브, 교축 릴리프 밸브 및 공기탱크로 구성되어 있다.

10.1.1 정상상태 닫힘형 시간 지연 밸브

밸브가 작동되지 않은 상태에서는 P에 공급되는 압축공기는 차단된 상태로 있다. 이 상태에서 시간을 제어하기 위한 공기가 Z로 입력되면 조절 가능한 교축 릴리프 밸브를 통하여 탱크로 들어가게 되고 탱크 내의 압력이 적정 제어 압력에 도달하게 되면 3/2-way 밸브가 작동되므로 A로 압축공기가 나올 수 있다. 제어 신호가 제어 포트 Z에 도달한 때부터 탱크에 적정 압력이 형성되는 시간이 밸브의 지연 시간이 되며 이 시간은 대체로 30초 정도가 된다.

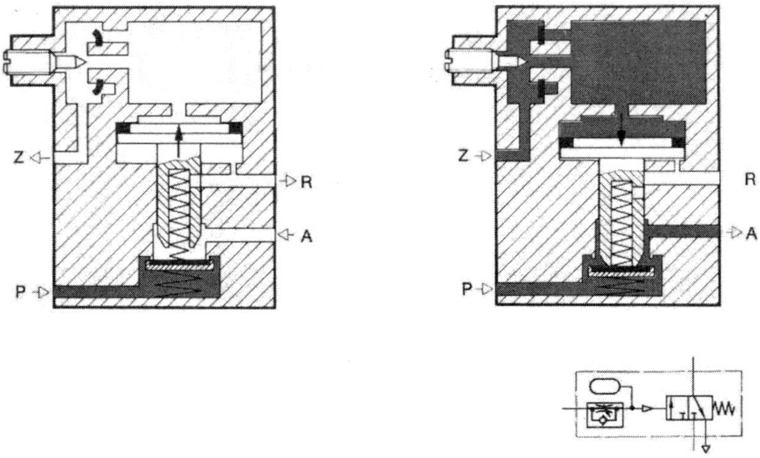

그림 10.1 정상상태 닫힘형 시간 지연 밸브

이 시간 지연 밸브의 특성을 그래프로 표시하면 그림 10.2와 같다. 입력 신호 I가 입력된 후 일정한 시간(Δt)이 경과되면 출력 신호 O를 얻을 수 있다. 시간 지연 Δt는 유량 제어 밸브를 조절하여 임의로 설정할 수 있다.

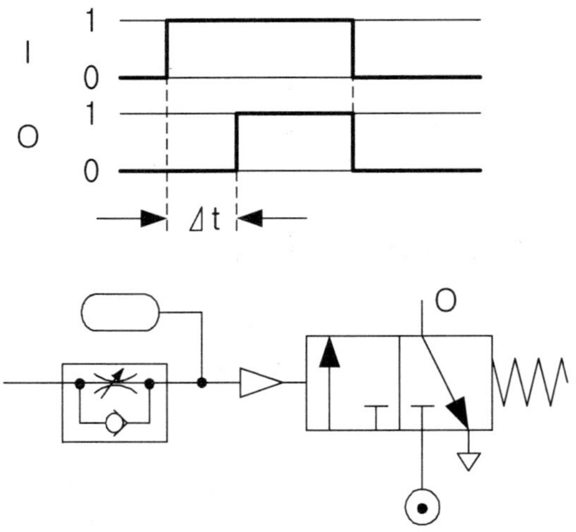

그림 10.2 정상상태 닫힘형 시간 지연 밸브의 동작 특성

10.1.2 정상상태 열림형 시간 지연 밸브

이 밸브도 역시 3/2-way 밸브, 교축 릴리프 밸브 및 공기탱크로 구성되어 있으나 3/2-way 밸브가 정상상태에서 열려 있는 점이 다르다. 이 밸브에서도 역시

제어 공기는 Z로 공급되며 탱크 내의 압력이 적정 제어 압력에 도달하게 되면 3/2-way 밸브가 작동되어 P에서 A로의 통로는 차단되고 A의 공기는 R을 통하여 배기된다. 여기서도 역시 지연 시간은 공기 탱크가 적정 압력에 도달하는 시간이 되며 제어 포트의 공기가 배기되면 정상상태 열림형 3/2-way 밸브는 원위치로 되돌아온다.

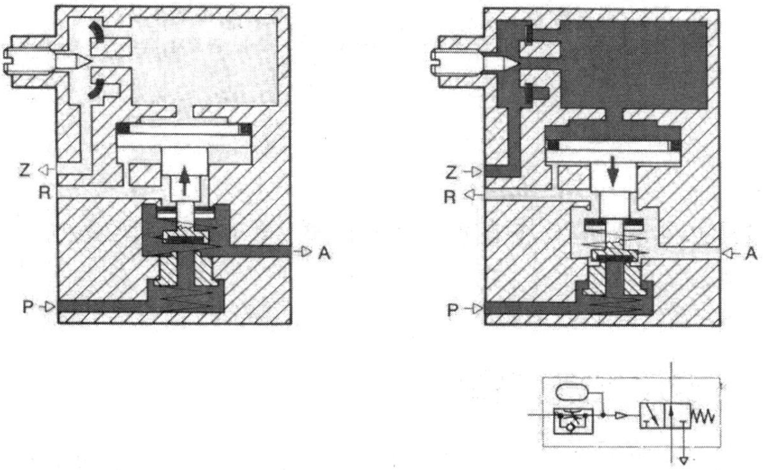

그림 10.3 정상상태 열림형 시간 지연 밸브

이 시간 지연 밸브의 특성을 그래프로 표시하면 그림 10.4와 같다. 정상상태 닫힘형 시간 지연 밸브는 시간 지연을 목적으로 사용되기보다는 P와 Z를 연결하여 펄스(pulse) 신호를 만드는 장치로 사용된다. 입력 신호 I가 입력되자마자 출력 신호 O를 얻을 수 있고 짧은 시간 Δt가 지난 후에는 출력 신호가 사라져서 펄스 신호를 얻는다.

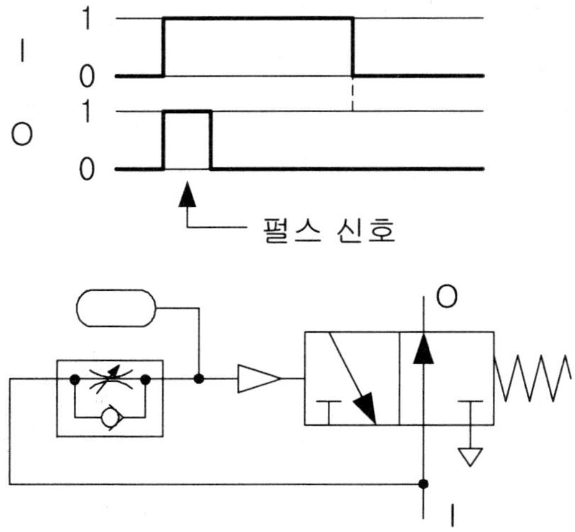

그림 10.4 정상상태 닫힘형 시간 지연 밸브를 이용한 펄스 신호 생성

10.2 공압 안전 밸브

공압 시스템에서 작업을 시작하기 위하여 공압 제어 장치에 압축공기를 공급할 때 만약 공압 밸브 및 실린더 등이 초기 작업 위치에 있지 않게 되면 실린더 및 모터가 갑자기 돌발적인 운동을 하게 되므로 큰 사고를 야기할 수도 있기 때문에 주의하여야 한다. 그러므로 공압 제어 장치를 제작할 때에는 맨 처음 공압 파워를 공급할 때 발생될 수 있는 위험을 배제할 수 있도록 설계하여야 한다. 공압 안전 밸브는 서비스 유닛과 결합되어 공압 시스템에서 에너지를 공급할 때 라인의 압력이 서서히 형성되도록 조절해 주는 장치이다. 그러므로 갑자기 공압 에너지가 공급될 때 발생되는 위험을 제거할 수 있다. 그림 10.5는 공압 안전 밸브의 구조를 기호로서 보여 주는데 압축공기를 공급하면 Z에 제어 신호가 입력되고 공압 시스템에는 제한된 유량만이 공급된다. 시스템의 압력은 서서히 상승되며 시스템 압력이 공급 압력의 50 % 정도까지 상승하게 되면 그때부터는 충분한 유량이 저항 없이 시스템에 공급된다.

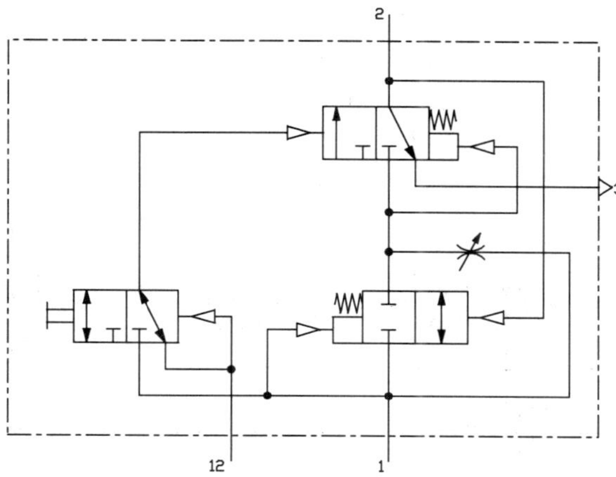

그림 10.5 공압 안전 밸브

10.3 양수 안전밸브

작업자가 위험한 환경에서 작업을 하는 경우 시동 스위치가 한 개만 있으면 나머지 한 손이 자유로우므로 두 손을 모두 사용하여 작업을 시작할 수 있도록 해야 한다. 그림 10.6은 양수 안전밸브의 구조를 기호로 보여 주는데 제어 신호가 한 쪽으로만 입력되면 출력이 나오지 않게 된다. 이 밸브가 AND 밸브와 다른 점은 시간 요소가 포함되어 있는 것이다. 안전 때문에 AND 밸브를 이용하여 작업을 하는 경우에는, AND 밸브의 한쪽 제어 신호 라인을 계속해서 살려주면 나머지 한 개의 신호 라인으로 시동될 수 있으므로 단순히 AND 밸브만을 사용하여서는 안전 밸브의 역할을 충분히 수행하지 못하게 된다. 양수 안전 밸브는 제어 라인에 0.2~0.5초 이내로 동시에 신호가 입력되어야만 출력 신호가 나가게 된다.

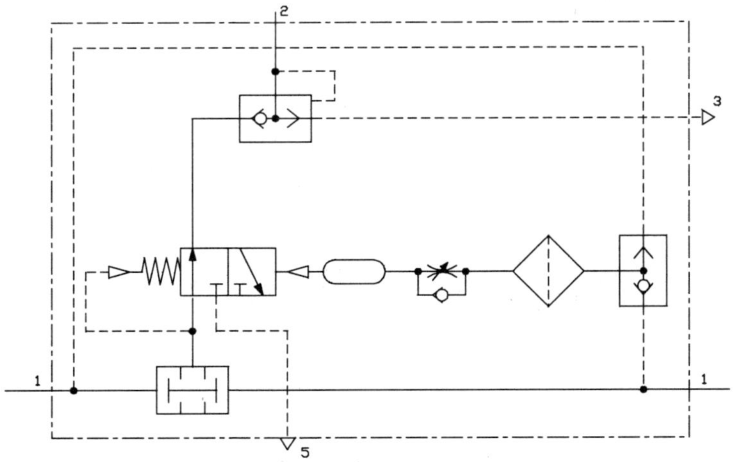

그림 10.6 양수 안전 밸브

10.4 진공 요소

일반적으로 고진공을 얻기 위해서는 진공 펌프가 사용된다. 그러나 일반적인 진공 작업에서는 진공 노즐과 흡착 컵을 사용하여 작업에 이용한다. 진공 노즐이 진공을 형성하기 위해서는 계속해서 압축공기가 공급되어야 하므로 공기 소모량이 많아진다. 따라서 진공 발생 시간이 매우 길지 않거나 진공을 사용하는 개수가 적어 진공 펌프를 설치할 정도가 아닌 경우에 진공 노즐이 많이 사용된다.

10.4.1 진공 노즐

진공 노즐은 흡착 컵을 부착하여 여러 종류의 물체를 운반하는 데에 사용된다. 진공 노즐은 벤추리(venturi) 원리에 의하여 작동된다. 즉 그림 10.7에서처럼 입구 P로 공급된 공기는 R쪽으로 가면서 통로가 좁아지기 때문에 속도가 증가하게 되고 압력은 떨어지게 된다. 따라서 대기압 보다 낮아진 통로에 흡착 컵을 달아 작업에 이용한다. P에 공급되던 공기를 중단시켜 주면 진공이 사라지고 물체는 자중에 의하여 흡착 컵으로부터 분리된다.

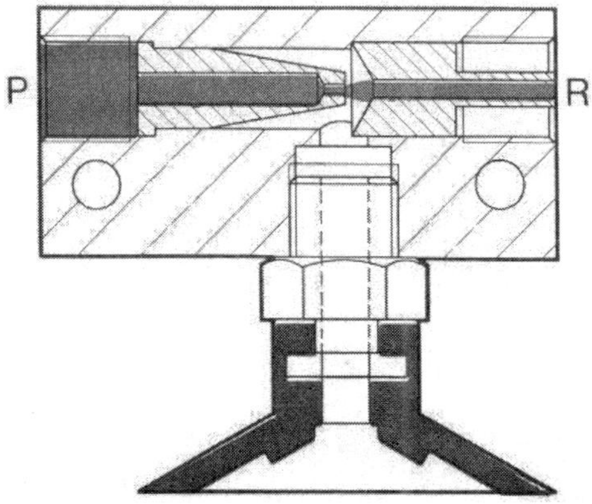

그림 10.7 진공 노즐

10.4.2 배출 기능 내장형 진공 노즐

경우에 따라서 얇은 판이나 약간 끈적한 물체들은 진공이 없어진다 하더라도 흡착 컵으로부터 쉽게 분리되지 않는다. 이러한 경우에는 작은 공기탱크와 급속 배기 밸브가 내장된 진공 노즐을 이용한다. 이 진공 노즐에서는 P에 공급되던 공기가 중단되면 작은 탱크에 차 있던 공기가 급속 배기 밸브를 통하여 흡착 컵으로 배출되므로 물체를 강제로 분리시켜 주게 된다.

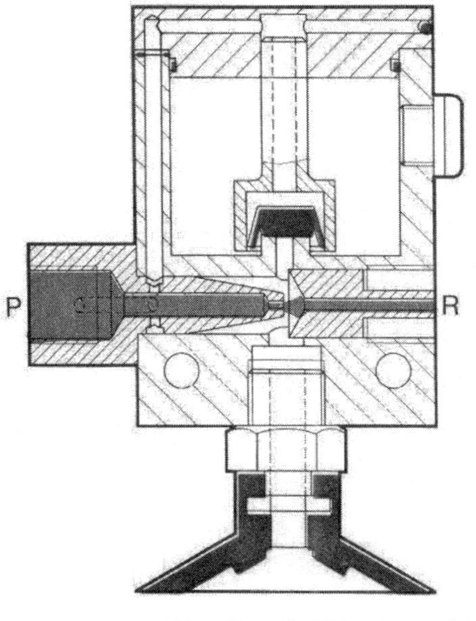

그림 10.8 배출 기능 내장형 진공 노즐

10.4.3 흡착 컵

흡착 컵(suction cup)은 진공 노즐에서 형성된 진공을 흡착 컵의 면적에 작용시켜 물체를 잡아주는 역할을 해준다. 흡착 컵은 보통형과 벨로우즈(bellows) 형이 있다. 보통형은 평탄하게 공급되는 물체를 잡아 주기 위하여 사용되며 벨로우즈 형은 약간 경사져서 공급되는 물체를 주름을 이용하여 보정하여 잡아 준다.

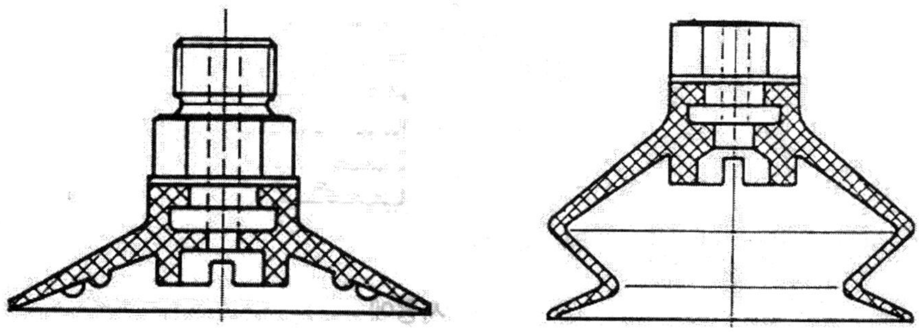

그림 10.9 흡착 컵(보통형과 벨로우즈형)

10.4.4 운반 하중

진공 노즐과 흡착 컵을 이용하여 운반할 수 있는 무게는 다음과 같은 식을 이용하여 계산할 수 있다.

$$W = \frac{0.8 \cdot A}{s}$$

여기에서 W : 운반 중량(kgf)

0.8 : 진공도(kgf/cm^2)

A : 흡착 컵의 면적(cm^2)

s : 안전율(수평작업인 경우에는 2

수평작업 이외의 작업이 포함된 경우에는 4)

11 | 공압 기본 회로

공압 회로도를 설계하는 데에는 많은 방법이 있으나 이 모두가 기본적인 회로들의 조합이므로 이러한 기본적인 회로도를 정확하게 이해하여야 한다. 또한 기본 회로를 통해서 여러 가지 부품의 사용과 적용 범위에 대해서도 충분한 이해가 필요하다.

11.1 공압 제어 회로의 기초

11.1.1 회로도의 구성

회로도의 배치는 순서도와 일치하여야 한다. 즉, 신호의 흐름은 밑에서부터 위로 이어져야 한다. 에너지 공급원이 회로도에서 중요하듯이 순서도에도 포함되어야 한다. 에너지 공급에 필요한 모든 요소는 제일 밑에 그려야 하며 에너지는 밑에서부터 위로 분배되도록 한다. 회로도가 큰 경우에는 모든 에너지 공급부(서비스 유닛, 차단 밸브, 분배 연결기 등)를 분명하게 하기 위하여 회로도에서 이들은 한 부분으로 분리해서 나타내고, 각 요소에 대한 에너지의 연결은 ◎로 표시한다.

회로도를 작성할 때에는 요소들의 실제 배치는 생각하지 않고 회로도를 작성해야 하며 모든 실린더와 방향 제어 밸브는 수평으로 그리도록 한다. 예를 들어 복동 실린더가 수동 버튼이나 페달에 의하여 작동되어 전진 운동을 완료한 후에 리밋 밸브의 신호를 받아 후진 운동하는 회로를 그림 11.1에 나타내었다.

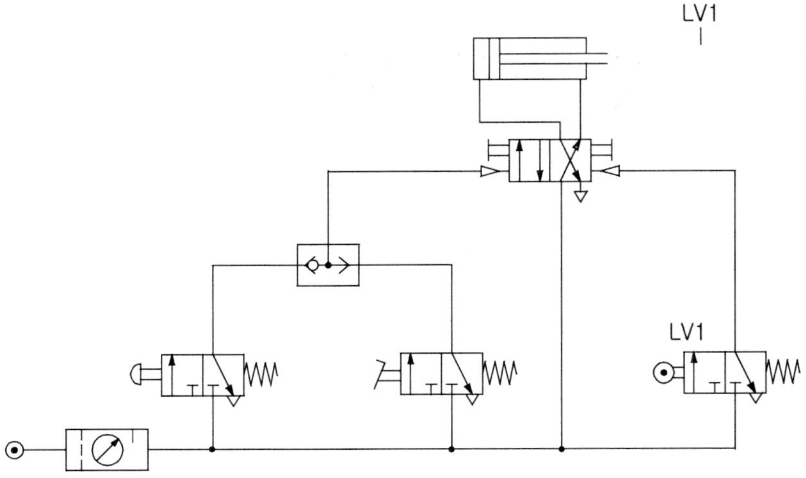

그림 11.1 실린더의 전후진 운동 제어 회로도

그림 11.1에서 순서도와 배열은 일치하지만 회로도에 그려진 위치와 실제 부품의 설치 위치와는 서로 다르다. 이 회로도에서 밸브 LV1은 실린더의 전진 완료 위치에 설치된다. 그러나 이 요소는 신호 요소이므로 회로도의 아래 부분에 그린다. 실제 배치를 확실히 하기 위하여 실체 위치를 그림 11.1에서와 같이 짧은 수직선으로 표시한다. 방향성 롤러 레버와 같이 한쪽 방향으로만 작동이 되는 경우 화살표로 그 밸브의 작동 방향을 표시하여 준다. 제어 시스템이 복잡하고 여러 개의 구동 요소가 있을 경우에는 제어 시스템을 각각의 요소에 대하여 구분해서 나타내며 이 순서는 작동 순서와 같은 차례로 그려야 한다.

11.1.2 공압 요소의 표시 방법

제어 시스템이 복잡하고 여러 개의 구동 요소가 있을 경우에는 각각의 요소를 구분하여 표시할 수 있어야 한다. 공압 요소의 표시 방법에는 숫자를 이용하는 방법과 문자를 이용하는 방법이 있다.

■ 숫자 표시법

여러 가지 숫자 표시법이 있지만 다음의 두 가지 유형이 많이 사용된다.

(1) 일련 번호 표시법

제어 시스템이 복잡하거나 한 사이클 안에 특정 실린더가 여러 번 운동할 때 사용한다.

(2) 그룹 번호 표시법

제어 그룹을 나누어서 표시하는 방법으로 그룹 내에서 일련번호로 구성된다.

① 그룹의 분류

그룹 0 : 에너지 공급요소

그룹 1, 2, 3 … : 각 제어 시스템을 표시(일반적으로 하나의 실린더가 한 개의 그룹임)

② 그룹 내에서의 일련 번호 체계

0 : 구동 요소

1 : 제어 요소

2, 4 … : 관계되는 구동 요소의 전진 운동에 영향을 미치는 모든 요소

3, 5 … : 관계되는 구동 요소의 후진 운동에 영향을 미치는 모든 요소

01, 02 : 교축 밸브와 같이 제어 요소와 구동 요소의 사이에 있는 요소

그림 11.1에 숫자 표시법의 요소 번호를 부여하면 그림 11.2와 같다.

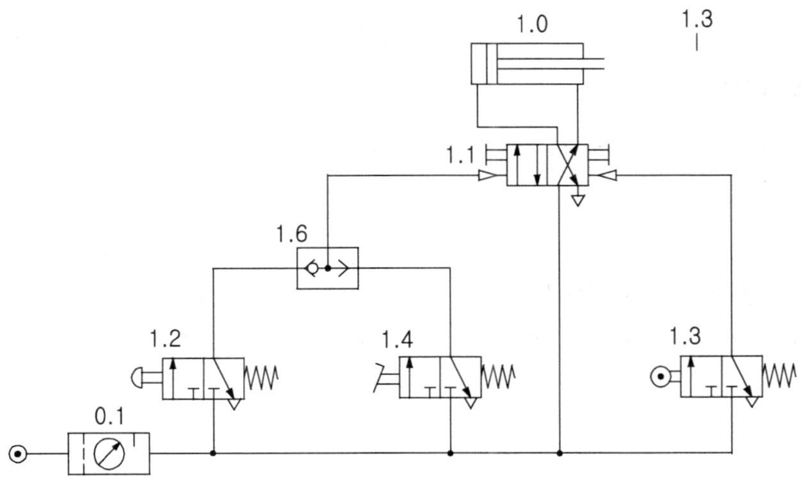

그림 11.2 숫자 표시법

숫자 표시법을 일반화하면 그림 11.3과 같다.

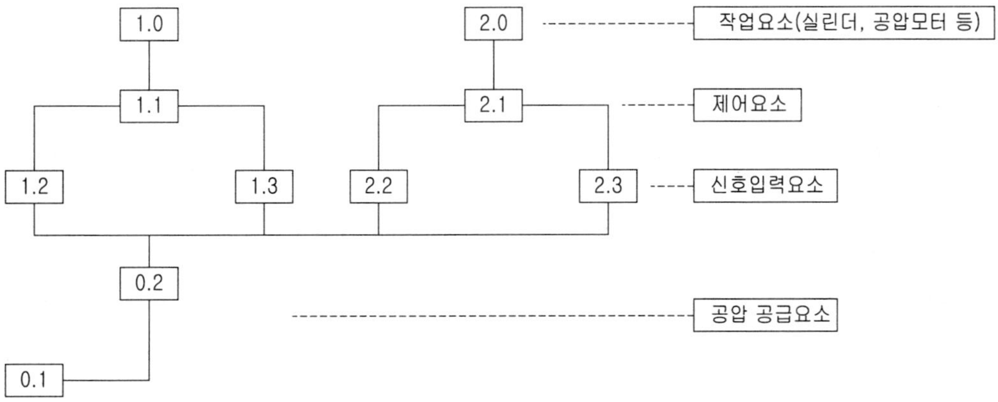

그림 11.3 숫자 표시법에 의한 공압 요소의 표현

■ 문자 표시법

이 표시 방법은 회로도를 질서 정연하게 배열하려고 할 때 사용된다. 이 방법을 사용함으로서 회로도의 검토와 배열 등을 쉽고 분명하게 할 수 있다.

구동 요소는 대문자로 표시하고 신호 요소와 리밋 밸브는 소문자로 표시한다. 숫자 표시법과는 달리 리밋 밸브와 신호 요소는 그룹에 속하지 않고 그 요소를 작동시키는 구동 요소에 따라 표시가 결정된다.

A, B, C … : 실린더나 회전 장치와 같은 구동 요소의 표시

a_0, b_0, c_0 … : A, B, C 실린더의 후진위치에서 작동하는 리밋 밸브나 신호 요소의 표시

a_1, b_1, c_1 … : A, B, C 실린더의 전진위치에서 작동하는 리밋 밸브나 신호 요소의 표시

그밖에도 숫자 표시와 문자 표시를 같이 사용하는 것도 가능하다. 복잡한 부품의 설치와 배관 등은 첨자를 붙여서 요소 표시와 연계시킬 수 있다.

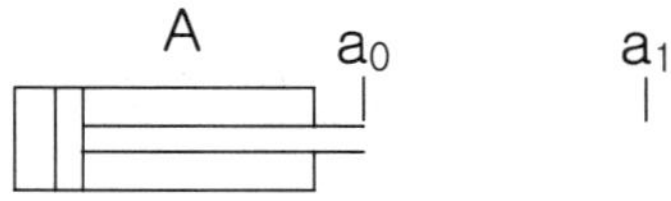

그림 11.4 문자 표시법

11.1.3 공압 요소의 상태 표시법

모든 요소는 회로도에서 제어계가 작동을 시작하는 상태로 표시되어야 하며 이것이 불가능할 경우에는 적절한 주석을 달아야 한다. 만약 초기 위치에서 밸브가 작동된 상태일 경우에는 이것을 화살표, 또는 다른 방법으로 작동된 상태라는 것을 표시해 주어야 한다.

밸브에 어떠한 외력도 작용하지 않고 혼자 놓여 있을 때 밸브에 내장되어 있는 스프링 등에 의하여 유지되는 위치를 정상 위치라고 한다. 이에 반하여 밸브를 시스템 내에 설치하고 작업을 시작하려고 할 때 갖는 위치가 초기 위치가 된다. 이때에 압축공기나 전기와 같은 에너지는 아직 공급이 되지 않고 모든 수동 조작 스위치는 작동되지 않은 상태이며 작업할 대상물인 피가공물은 존재하는 상태이다. 그러므로 제어 회로도에서는 모든 밸브가 초기 위치 상태로 그려져야 한다. 그림 11.5는 정상상태 닫힘형 리밋 밸브의 기호이며 이것이 초기 위치에서 작동된 상태로 있음을 표시한다.

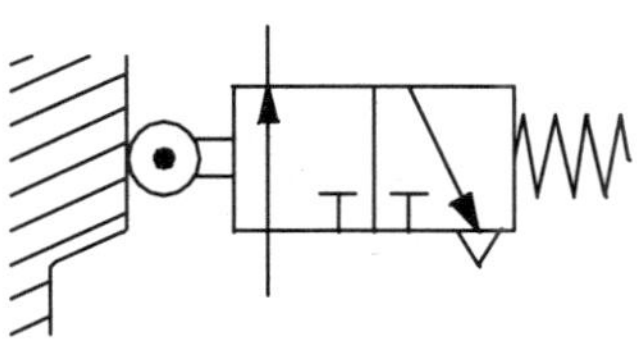

그림 11.5 리밋 밸브의 초기 위치 표시

11.1.4 공압 제어 회로도 구성 요약

- 회로도의 배치는 순서도와 같이 하고 신호는 가능하면 아래에서 위로 흐르도록 한다.
- 에너지도 아래에서 위로 공급되도록 하고 간결하게 표시한다.
- 요소들의 실제 배치는 무시한다. 그러나 실린더와 방향 제어 밸브는 될 수 있으면 수평으로 그린다.

- 모든 요소는 실제 설비나 회로도에서 같은 표시 기호를 사용한다.
- 신호의 위치를 표시하고 신호가 한 방향으로만 흐를 때 이것을 화살표로 표시한다.
- 요소들은 초기 상태로 그리고 초기 상태가 작동된 상태일 경우에는 이것을 표시해야 하다.
- 기호는 실제 설비의 부품에 그려진 것과 같도록 한다.
- 가능하면 배선은 교차점이 없도록 하고 직선으로 그린다. 필요한 경우에는 배선의 명칭을 표시한다.
- 필요하다면 기술적 자료를 기입하고 시스템의 작동 순서, 유효 가동 조건과 수리 부속품 등을 명기한다.

11.2 방향 제어 밸브를 사용한 기본 회로

11.2.1 단동 실린더의 제어

푸시 버튼을 누르면 단동 실린더의 피스톤이 전진하고 푸시 버튼을 놓으면 피스톤이 후진한다. 이 제어 시스템에서는 그림 11.6과 같이 후진 운동 시에 실린더 안의 공기를 배기하기 위하여 3/2-way 밸브를 사용하여야 한다.

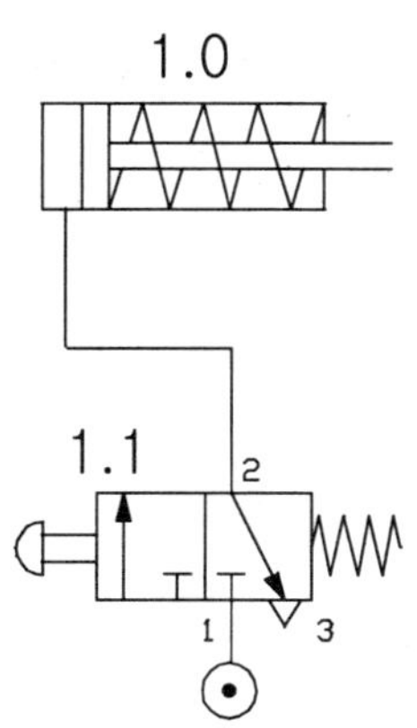

그림 11.6 단동 실린더의 제어

11.2.2 복동 실린더의 제어

푸시 버튼을 누르면 복동 실린더의 피스톤이 전진하고 푸시 버튼을 놓으면 피스톤이 후진한다. 이 제어 시스템에서는 그림 11.7과 같이 4/2-way 밸브나 5/2-way 밸브를 사용할 수 있다. 5/2-way 밸브를 사용하면 전진과 후진 시에 따로따로 배기를 할 수 있다.

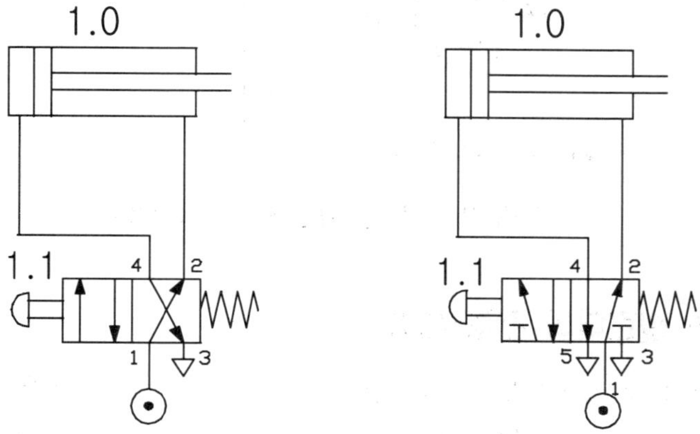

그림 11.7 복동 실린더의 제어

11.2.3 단동 실린더의 간접 제어

단동 실린더가 큰 경우에는 이를 직접 제어할 수 있는 푸시 버튼형 밸브가 없다. 따라서 이러한 경우에는 단동 실린더를 간접적으로 제어해 주어야 한다. 밸브 1.1은 실린더의 크기에 알맞은 용량의 것을 사용해야 하지만 푸시 버튼 1.2는 용량이 작아도 된다. 주 밸브 1.1과 실린더로 연결되는 배관은 짧게 할 수 있고 이로 인해 불필요한 공간과 공기 소모를 줄일 수 있다. 푸시 버튼 1.2와 주 밸브 1.1은 구경이 작은 관으로 연결된다. 푸시 버튼 1.2는 크기가 작아서 조작하기 쉽고 스위칭 시간도 줄어든다.

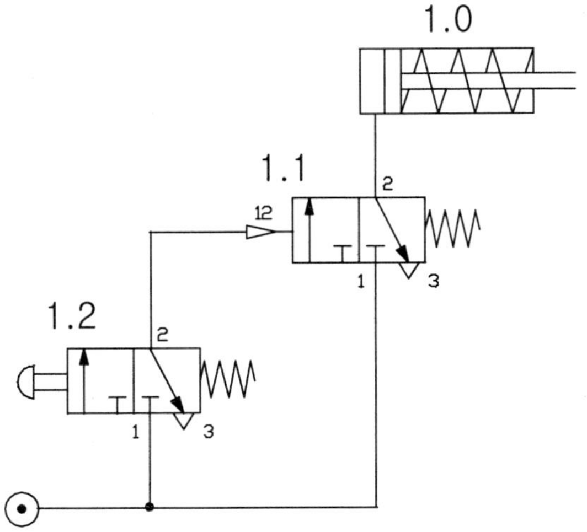

그림 11.8 단동 실린더의 간접 제어

11.2.4 복동 실린더의 간접 제어

복동 실린더가 밸브 1.2와 1.3에 의하여 제어된다. 밸브 1.2를 작동하면 실린더가 전진하고 실린더가 전진할 때 1.2를 놓아도 실린더는 계속해서 전진운동을 한다. 밸브 1.3을 작동시키면 실린더는 후진운동을 한다. 이 경우에도 복동 실린더가 크다면 이를 직접 동작시킬 수 있는 푸시버튼 밸브가 없으므로 간접적으로 제어하여야 한다. 1.1 밸브로 4/2-way, 스프링 복귀형 밸브가 사용된다면 단동 실린더의 간접 제어처럼 푸시버튼 밸브 하나로서 실린더를 전후진 시킬 수 있다.

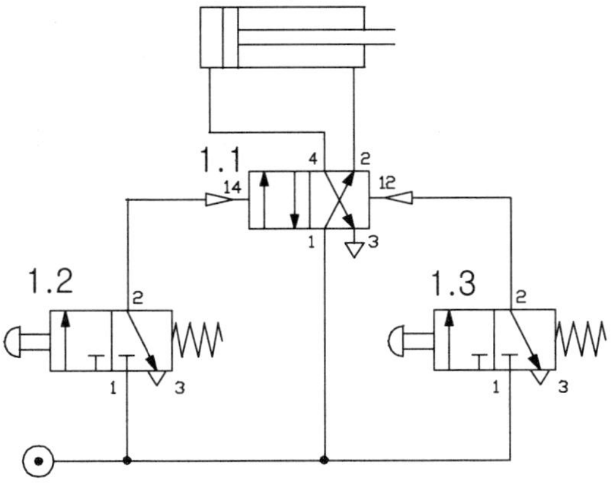

그림 11.9 복동 실린더의 간접 제어

11.3 자기 유지 회로

스프링이 내장되어 있지 않은 양쪽 압축공기 동작형 밸브는 일단 제어 신호가 입력되면 제어위치가 변경되고, 제어 신호가 중단되어도 반대쪽으로 신호가 입력되기 전 까지는 그 상태를 유지하고 있다. 따라서 이러한 밸브는 메모리 기능이 있다고 말한다. 반면에 압축공기 동작, 스프링 복귀형 밸브는 제어 신호가 계속 입력되어야 제어 위치가 계속 변경된 상태를 유지한다. 이러한 경우에 자기 유지 회로를 이용하면 메모리 밸브와 마찬가지로 메모리 기능을 갖도록 할 수 있는데 이러한 기억 회로를 자기 유지 회로라고 한다.

11.3.1 OFF 우선 자기 유지 회로

그림 11.10에서 1.2 밸브를 작동시키면 제어 신호는 1.3 밸브를 통하여 1.6 밸브를 작동시키게 된다. 1.6 밸브의 출력 신호는 스프링 복귀형 밸브를 작동시켜 단동 실린더를 전진운동 시킨다. 이러한 상태에서 1.2 밸브를 놓으면 1.6 밸브의 출력 신호가 1.4 OR 밸브와 1.3 밸브를 통하여 다시 자신을 ON시키기 때문에 1.6 밸브는 계속 작동된 상태를 유지할 수 있게 된다. 즉, 자기 유지된다. 1.6 밸브를 원위치 시키기 위해서는 1.3 밸브를 작동시키면 된다. 만약 1.2 밸브(ON 신호)와 1.3 밸브(OFF 신호)가 동시에 작동하면 1.3 밸브에 의해서 출력 신호가 얻어질 수 없으므로 11.10과 같은 회로를 OFF 우선 자기 유지 회로라고 한다.

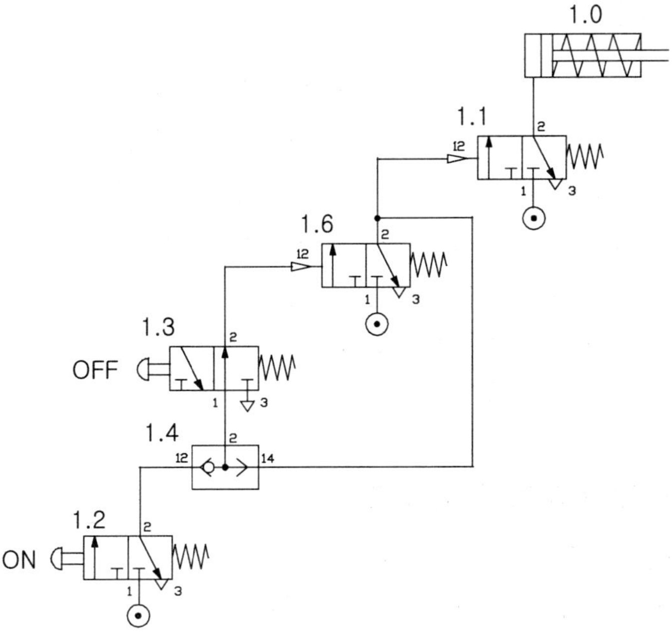

그림 11.10 OFF 우선 자기 유지 회로를 이용한 단동 실린더의 제어

11.3.2 ON 우선 자기 유지 회로

그림 11.11은 ON 신호가 우선되는 ON 우선 자기 유지 회로이다. 작동되는 방법은 OFF 우선 회로와 마찬가지이나 ON 신호와 OFF 신호가 동시에 존재하면 ON 신호가 우선권을 갖는 점이 다르다. 따라서 이와 같은 회로를 ON 우선 자기 유지 회로라고 한다.

공압에서는 특수한 경우를 제외하고는 자기 유지 회로를 사용하지 않는다. 그 이유는 메모리 기능이 있는 밸브, 즉 스프링이 내장되어 있지 않은 양쪽 압축공기 동작형 밸브를 사용하면 되기 때문이다. 같은 동작을 하기 위하여 자기 유지 회로를 구성하면 밸브 두 개가 더 소요되어 비용이 상승될뿐더러 회로도 훨씬 복잡해지기 때문이다.

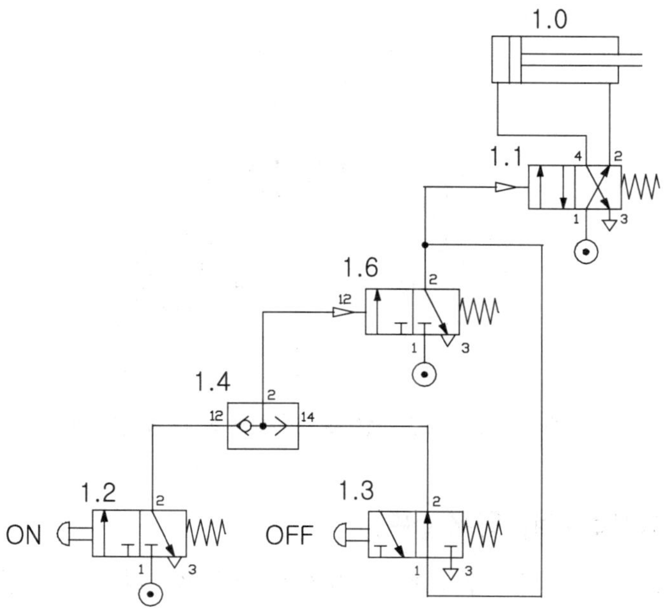

그림 11.11 ON 우선 자기 유지 회로를 이용한 복동 실린더의 제어

11.4 실린더의 왕복 운동 회로

11.4.1 리밋 밸브를 이용한 자동 후진 제어

푸시 버튼 밸브를 작동시키면 실린더가 전진 운동을 완료하고 전진 완료 위치에서 리밋 밸브를 작동시키면 후진 운동이 일어난다. 그림 11.12에서 메모리 밸브의 특성을 알 수 있다. 1.2 밸브에 의하여 전진 운동 제어 신호가 1.1 메모리 밸브에 입력되면 1.1 밸브가 스위칭 되어 실린더 1.0은 전진 운동을 하게 된다. 실린더가 전진 운동하고 있는 도중에 1.2 밸브가 OFF 되어도 1.1 밸브는 그 상태를 유지한다. 따라서 실린더는 계속 전진 운동을 하게 된다. 실린더가 전진 운동을 완료하고 1.3 밸브가 작동되면 실린더는 후진 운동을 하게 된다.

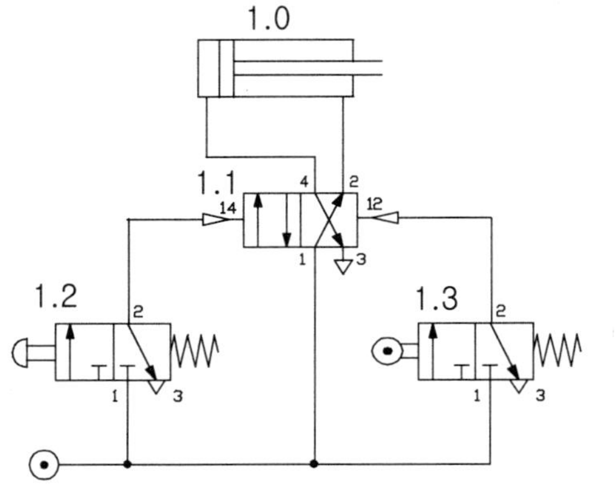

그림 11.12 리밋 밸브를 이용한 자동 후진 제어

11.4.2 실린더의 연속 왕복 운동

복동 실린더가 시작 신호에 의하여 전·후진 운동을 해야 하며 정지 신호를 보내면 후진 위치에서 멈추어야 한다. 실린더가 후진 완료된 위치에서 1.4 밸브는 동작된 상태로 있다. 1.2 밸브를 작동시키면 실린더가 전진 운동을 하게 되고 전진 완료 위치에서 1.3 리밋 밸브가 작동되면 후진 운동을 하게 된다. 1.2 밸브를 OFF 시키면 실린더는 항상 후진된 위치에서 연속 운동을 멈추게 된다. 회로도에서는 모든 밸브를 항상 초기 상태로 그려야 하므로 1.4 밸브도 작동된 상태로 표시되어 있다.

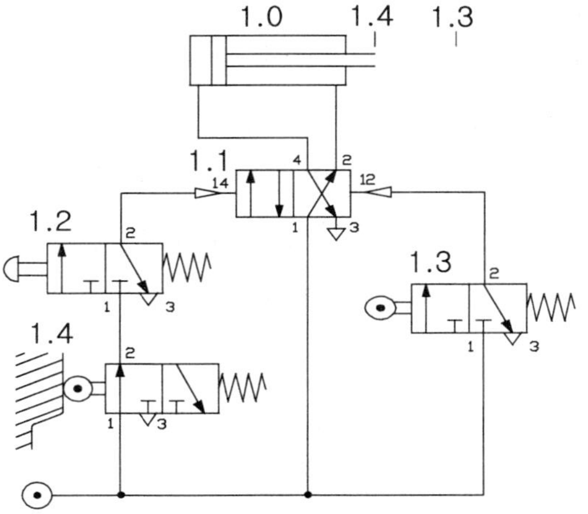

그림 11.13 실린더의 연속 왕복 운동

11.5 실린더의 중간 위치 정지

공기는 압축성이 있기 때문에 실린더를 중간 위치에서 정확하게 정지시키기가 어렵다. 그러나 부하의 변동 폭이 심하지 않다면 어느 정도 정확성을 만족시켜줄 수 있으므로 실제로는 종종 응용되고 있다.

11.5.1 2/2-way 밸브를 이용한 중간 정지

그림 11.14의 회로도에서 밸브 1.2와 1.3이 작동되면 2/2-way 밸브 1.01과 1.02를 통하여 실린더로 이어지는 두 공급라인이 열리고 실린더가 운동을 시작한다. 이때 운동하기 위한 신호가 차단되면 실린더의 공급라인과 배기라인이 차단되고 실린더의 피스톤 힘은 평형 상태가 될 때까지 움직여서 잔류 압력에 의하여 정지하게 된다. 단 밸브 1.01과 1.02는 공기가 양쪽으로 흐를 수 있어야 한다.

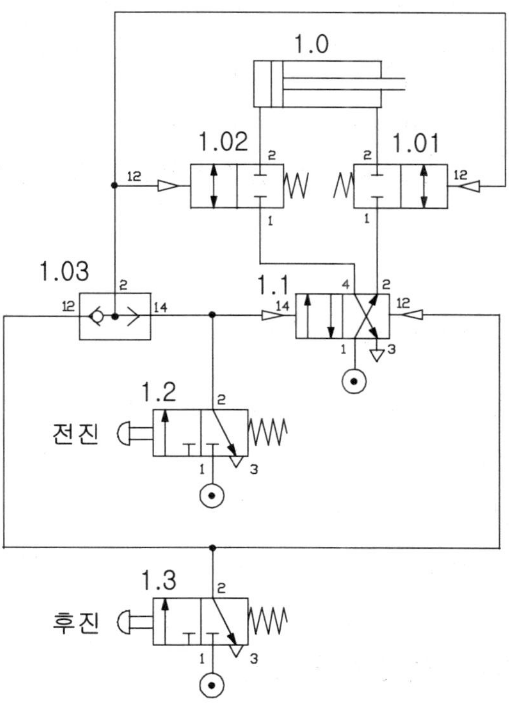

그림 11.14 2/2-way 밸브를 이용한 실린더의 중간 정지

11.5.2 차단 중립위치를 갖는 밸브의 이용

차단 중립위치를 갖는 4/3-way 밸브나 5/3-way 밸브를 사용하여 실린더를 중간에 정지시킬 수가 있다. 전진 또는 후진 신호가 제거되면 밸브는 내장된 스프링에 의하여 중립위치를 유지하기 때문에 실린더의 공기가 배기되지 못하고 실린더로 공급되는 압축공기도 없기 때문에 실린더는 평형 상태를 유지하면서 정지하게 된다.

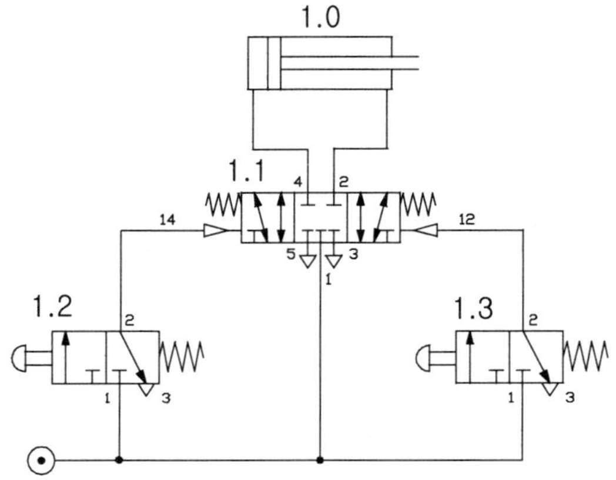

그림 11.15 5/3-way 밸브를 이용한 실린더의 중간 정지

11.6 실린더의 속도 제어

실린더의 속도 제어 중 가속의 경우에는 급속 배기 밸브를 이용하여 속도를 증가시킬 수가 있다. 그러나 이것으로 충분하지 않을 경우에는 밸브의 유효 단면적을 변화시키거나 배관의 길이를 단축시키는 등의 방법을 강구해야 한다. 실린더의 속도를 감속시킬 경우에는 교축 밸브나 교축 릴리프 밸브를 사용한다.

11.6.1 단동 실린더의 전진 속도 조절

단동 실린더에서 전진 운동은 공급 공기를 교축 함으로서 속도를 변화시킬 수 있다. 그러나 급속 배기 밸브를 통하여 속도를 증가시키는 것은 불가능하다.

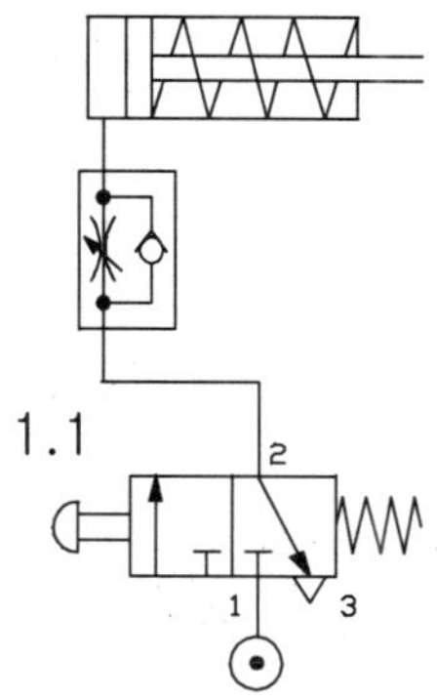

그림 11.16 단동 실린더의 전진 속도 조절

11.6.2 단동 실린더의 후진 속도 조절

배기 공기를 교축 함으로서 후진 운동 속도를 조절할 수 있다. 그러나 실제로는 단동 실린더의 후진 운동을 작업에 사용하지 않으므로 단동 실린더에서 후진 운동의 속도 조절은 거의 하지 않는다.

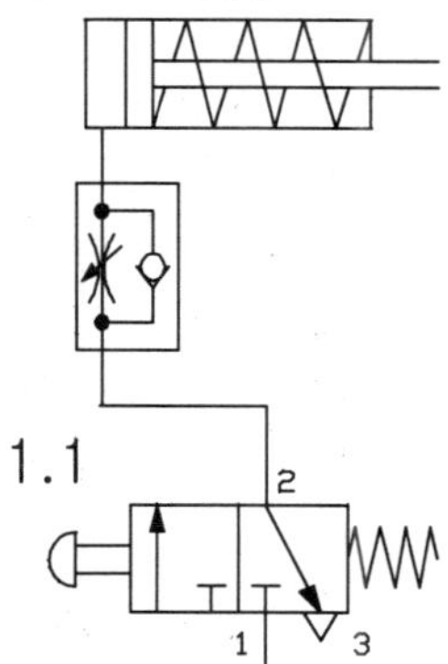

그림 11.17 단동 실린더의 후진 속도 조절

11.6.3 단동 실린더의 후진 속도 증가

급속 배기 밸브를 이용하여 단동 실린더의 피스톤 측의 공기를 급속히 배기시켜 줌으로서 단동 실린더의 후진 속도를 증가시켜 준다. 급속 배기 밸브는 가능한 한 실린더에 가깝게 설치하는 것이 효과적이다.

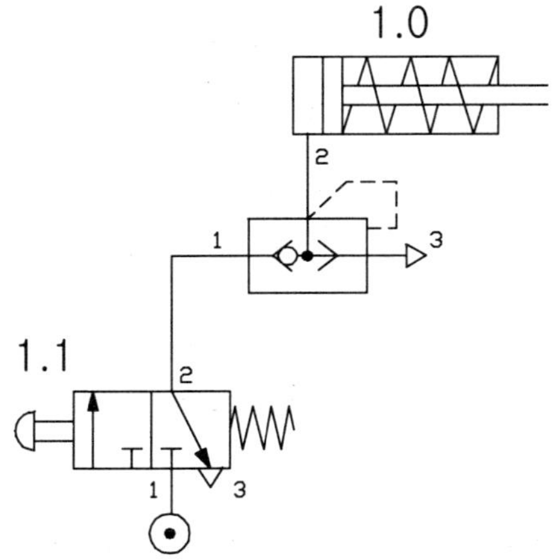

그림 11.18 단동 실린더의 후진 속도 증가

11.6.4 복동 실린더의 속도 조절(공급 공기 조절)

일방향 유량 제어 밸브를 이용하여 실린더로 들어가는 공기를 교축 함으로서 실린더 속도를 조절하는 방식을 공급 공기 조절 방식 또는 미터-인(meter-in) 방식이라고 한다. 왼쪽에 있는 일방향 유량 제어 밸브는 실린더의 전진 속도를 조절하고 오른쪽에 있는 일방향 유량 제어 밸브는 실린더의 후진 속도를 제어한다.

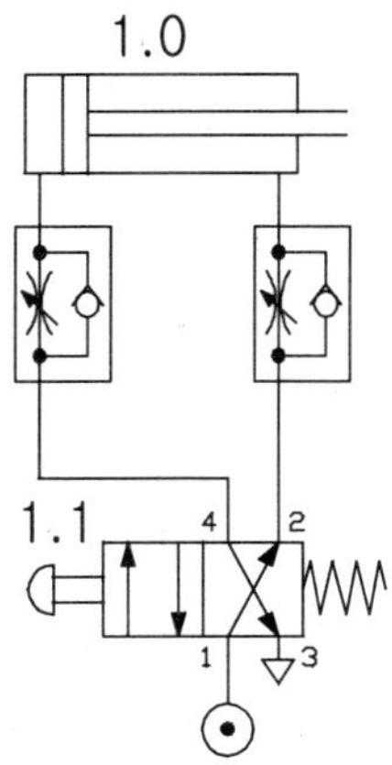

그림 11.19 공급 공기 조절 방식에 의한 복동 실린더의 속도 조절

11.6.5 복동 실린더의 속도 조절(배압 조절)

일방향 유량 제어 밸브를 이용하여 실린더로부터 배기되는 공기를 교축 함으로

서 실린더 속도를 조절하는 방식을 배압 조절 방식 또는 미터-아웃(meter-out) 방식이라고 한다. 왼쪽에 있는 일방향 유량 제어 밸브는 실린더의 후진 속도를 조절하고 오른쪽에 있는 일방향 유량 제어 밸브는 실린더의 전진 속도를 제어한다.

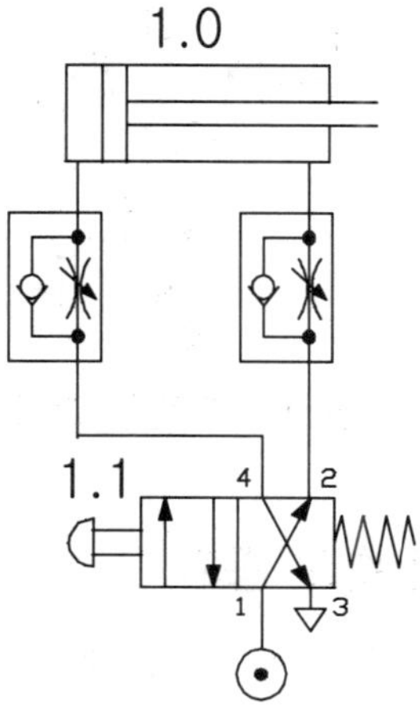

그림 11.20 배압 조절 방식에 의한 복동 실린더의 속도 조절

11.6.6 복동 실린더의 속도 조절(단순 교축 밸브 사용)

5/2-way 밸브를 실린더의 제어에 사용하는 경우에는 교축 밸브를 5/2-way 밸브의 배기공에 연결할 수 있으며 이때에는 반동(rebound) 현상이 일어나지 않는다. 각각의 속도는 미터-아웃 방식으로 조절되며 배기공 R(5)에 설치된 교축 밸브는 후진 속도를 조절해주며 배기공 S(3)에 설치된 교축 밸브는 전진 속도를 조절해 준다.

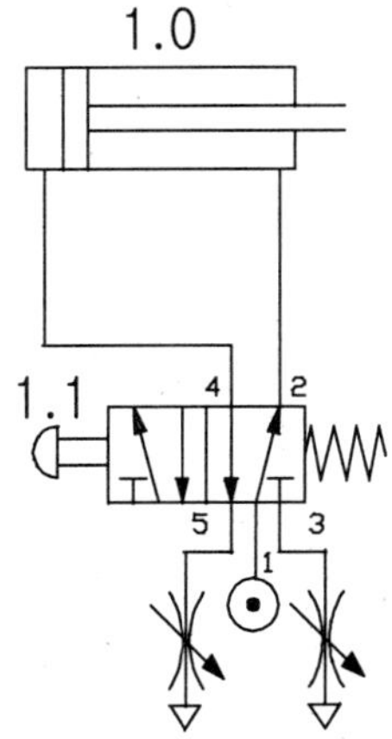

그림 11.21 단순 교축 밸브를 이용한 복동 실린더의 속도 조절

11.6.7 복동 실린더의 전진 속도 증가

급속 배기 밸브를 피스톤 로드 측에 달아 주면 피스톤의 전진 운동 시 저항이 적어지므로 빠른 전진 운동을 기대할 수 있다. 마찬가지로 급속 배기 밸브를 피스톤 측에 달아 주면 실린더의 후진 속도를 증가시킬 수 있다.

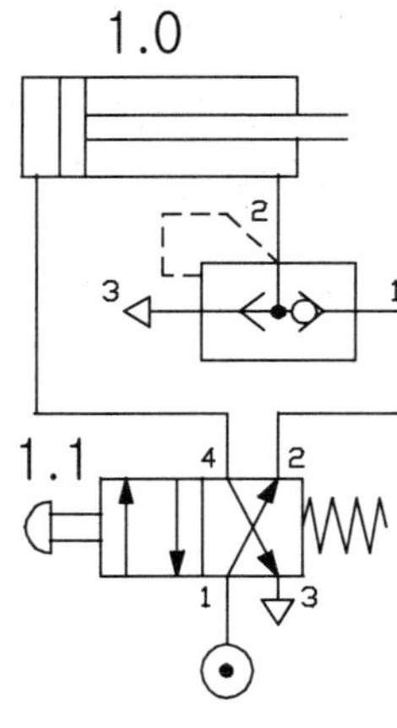

그림 11.22 복동 실린더의 전진 속도 증가

11.6.8 복동 실린더의 전·후진 속도 조절

복동 실린더의 전진 운동을 천천히 이루어지며 후진 시에는 빠른 귀환 운동이 이루어진다. 그림 11.23에서는 실린더의 자동 왕복 회로에 속도 제어 밸브를 부가한 회로를 보여 준다. 1.02 일방향 유량 제어 밸브에 의해서 전진 속도가 미터-아웃 방식으로 제어되며 1.01 급속 배기 밸브에 의해서 빠른 후진 운동이 이루어진다.

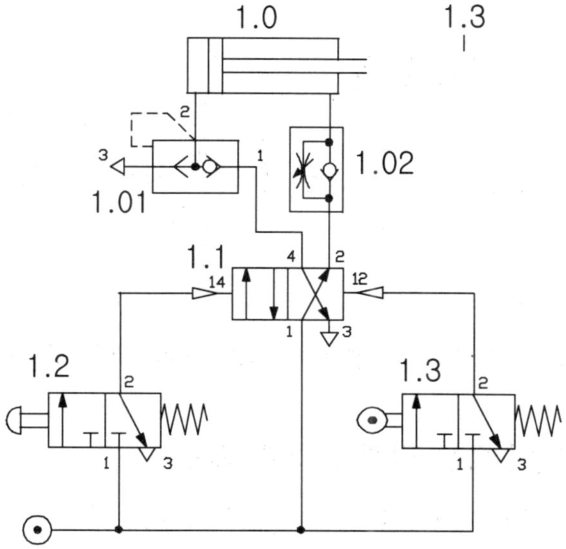

그림 11.23 복동 실린더의 전·후진 속도 조절

11.7 압력 제어 회로

공압에서 압력을 조절하는 곳에서는 압력 조절기를 사용한다. 과도한 압력을 제한하는 곳에서는 압력 릴리프 밸브가 사용된다. 그리고 압력 시퀀스 밸브는 어떤 동작에 특별한 압력이 요구될 때에 사용된다. 시퀀스 밸브 자체에는 배기공이 없으므로 방향 제어 밸브와 연결해서 사용한다.

11.7.1 리밋 밸브와 압력에 의한 실린더 제어

시동 스위치 1.2를 누르면 실린더가 전진한다. 피스톤이 전진 완료 위치에 도달한 후 1.5 리밋 밸브가 작동되고 피스톤 쪽에 형성된 압력이 1.3 시퀀스 밸브의 설정 압력 이상이 되면 실린더는 후진 운동을 한다. 이때 1.3 밸브의 최고 설정 압력은 이 제어 시스템에 공급되는 압력을 초과할 수 없다.

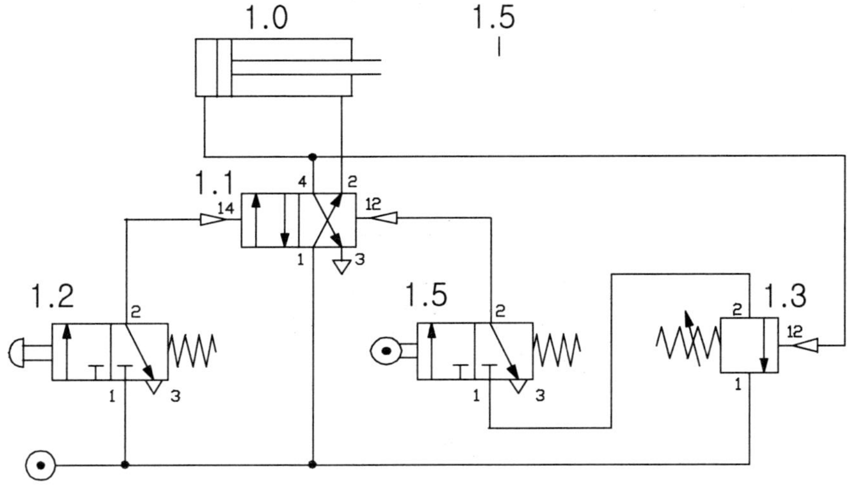

그림 11.24 리밋 밸브와 압력에 의한 실린더의 제어

11.7.2 위치 확인이 없는 압력에 의한 제어

이러한 유형의 시스템에서는 피스톤이 임의의 위치에 있을 때 실린더 내의 압력이 1.3 밸브의 설정 압력에 도달하면 밸브 1.1이 전환되고 피스톤은 후진 운동을 한다. 따라서 이러한 형식의 제어는 작동의 확실성을 그다지 요구하지 않는 곳이나 리밋 밸브를 사용할 수 없는 곳 또는 반력이 생기면 피스톤의 운동의 전환이 필요한 곳에만 사용한다. 더욱이 압력에 의하여 작동되는 제어계에서는 원하는 동작에 따라서 속도를 조절하기 위한 교축 밸브의 위치, 즉 교축 밸브를 입구, 출구 중 어디에 연결할 것인가 하는 것이 중요하다.

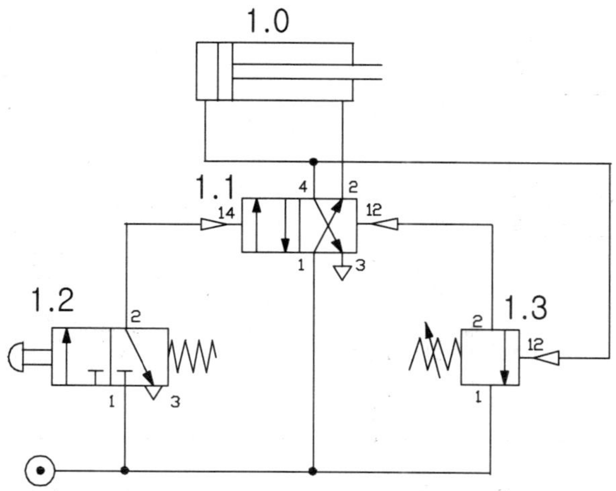

그림 11.25 위치 확인이 없는 압력에 의한 제어

11.8 시간 특성 회로

공압 회로에서는 3/2-way 밸브, 교축 릴리프 밸브, 공기탱크를 적당하게 배열하여 간단한 시간을 제어할 수 있다. 이 요소들은 여러 개의 단일 부품으로 구성되거나 한 몸체 안에 집적되어 단일 부품으로 사용된다.

11.8.1 전진 완료 확인 후 시간 지연 회로

시동 버튼의 작동으로 복동 실린더가 전진 운동을 하고 전진 완료 위치에서 리밋 밸브를 작동시킨다. 시간 지연은 전진 운동을 완료했을 때부터 시작된다. 시간 지연 밸브 1.5에 의하여 제어 시간이 경과하면 밸브 1.1이 전환되고 피스톤은 후진 운동된다.

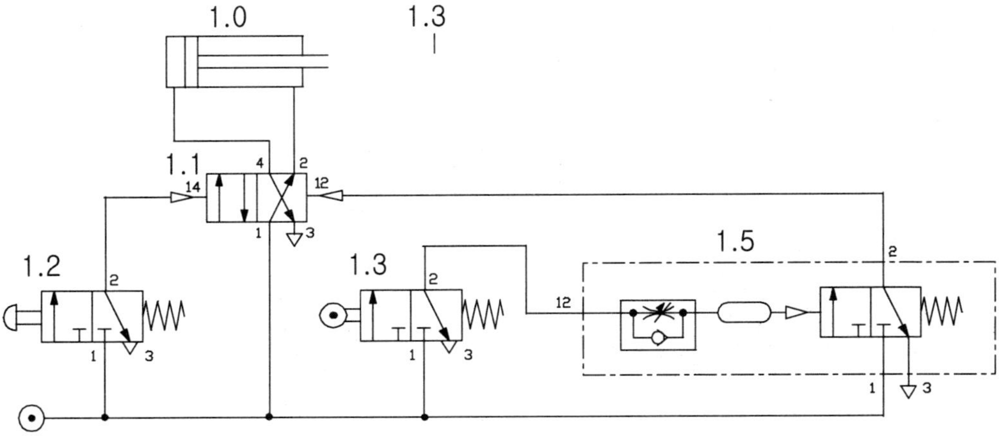

그림 11.26 전진 완료 확인 후 시간 지연 회로

11.8.2 전진 완료 확인 없는 시간 지연 회로

그림 11.27의 회로도는 리밋 밸브 없이 작동하므로 작동의 신뢰성은 없다. 시간 제어 요소는 밸브 1.1이 전환할 때, 즉 피스톤의 전진이 시작됨과 동시에 제어되기 시작한다. 피스톤이 전진 위치에서 머무는 시간은 행정 운동에 걸리는 시간에 따라서 상당히 많이 변한다. 더욱이 피스톤 쪽에 형성되는 압력은 일정하지 않고 부하에 따라서 변하고 이것이 시간 지연의 편차를 야기한다. 만일 실린더가 행정의 중간에서 멈추게 되면 극단적인 경우에는 실린더가 전진 완료 위치에 도달하지 못하고 귀환할 수 있다는 것을 반드시 고려해야 한다.

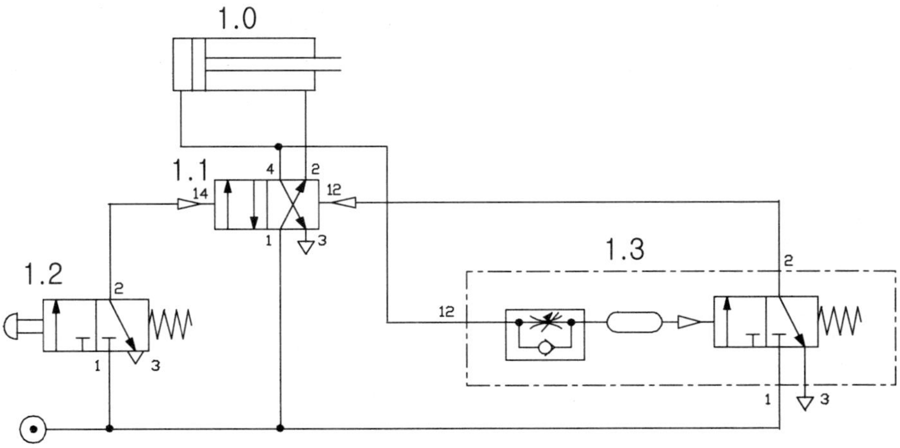

그림 11.27 전진 완료 확인 없는 시간 지연 회로

11.9 교번 제어 회로

교번 제어(alternating control)는 하나의 입력 신호에 의하여 출력 신호가 바뀌는 제어를 말한다. 즉, 입력 신호가 들어올 때마다 출력 신호는 현재의 반대 상태를 나타내게 된다. 이러한 교번 제어 회로는 계수 회로나 기억 회로에 필수 불가결한 것이기 때문에 제어 공학에서 아주 중요시하고 있다.

11.9.1 리밋 밸브에 의한 교번 회로

회로도 11.28에서 0.1 푸시 버튼을 작동시키면 실린더가 후진된 위치에 있을 때에는 전진 운동을, 전진 위치에 있을 때에는 후진 운동을 하게 된다. 그러나 이 회로에서 0.1 밸브가 실린더가 한 행정을 하는 시간보다 더 긴 시간 동안 작동된 상태로 있게 되면 실린더는 즉시 반대되는 동작을 하게 되는 단점이 있다. 그러므로 오른쪽 회로도에서와 같이 0.1 밸브의 출력 신호를 0.2의 시간 지연 밸브를 이용하여 펄스 신호로 만들어 줄 필요가 있다.

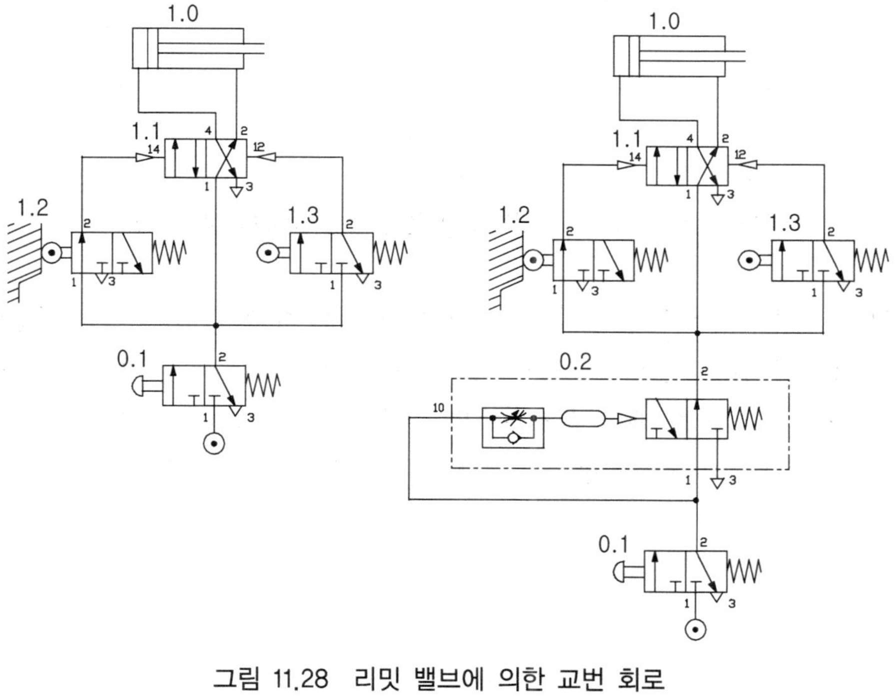

그림 11.28 리밋 밸브에 의한 교번 회로

11.9.2 메모리 밸브와 셔틀 밸브를 이용한 교번 회로

그림 11.29의 회로는 메모리 밸브에 먼저 도착하는 신호가 지배 신호라는 점을 이용한 것이다. 이 회로에서 밸브 1.5를 통하여 신호가 들어오면 밸브 1.1은 전환되고 1.3 밸브를 통한 신호에 의하여 밸브 1.4는 초기 위치에 고정된다. 1.5를 off시키면 밸브 1.1만을 통한 신호에 의해서 밸브 1.4가 전환되고 따라서 후진 신호가 나갈 수 있는 통로가 열리게 된다.

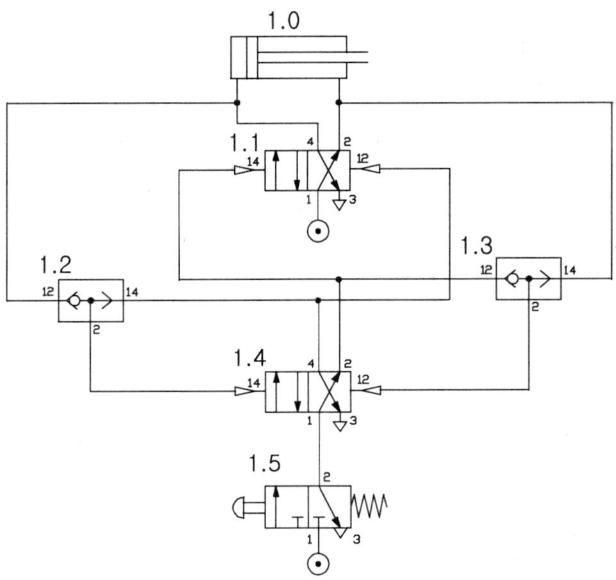

그림 11.29 메모리 밸브와 셔틀 밸브를 이용한 교번 회로

그러나 이러한 형태의 회로에서는 실린더 설치의 부적합, 회로의 비대칭성, 신호 요소에서의 신호 전달 불량 등이 발생하면 회로에 교란이 일어날 수 있다. 그림 11.30과 같이 교번 제어 회로로부터 나온 신호로 실린더를 직접 작동시키지 말고 다른 메모리 밸브를 사용하면 이러한 문제를 해결할 수 있다.

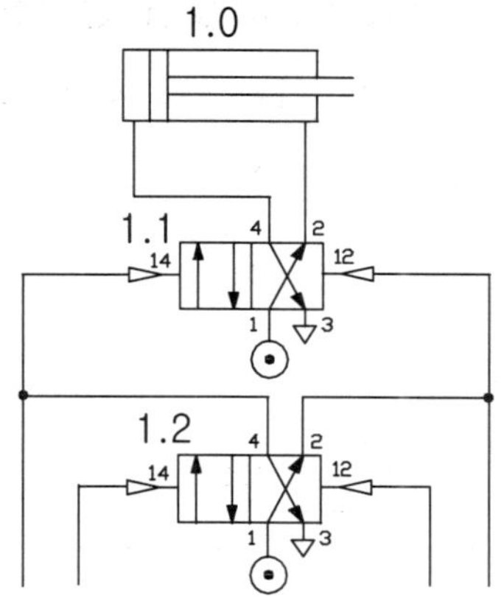

그림 11.30 두 개의 메모리 밸브를 이용한 교번 회로

11.9.3 메모리 밸브와 3/2-way 밸브에 의한 교번 회로

회로도 11.31에서 신호 요소 1.5가 작동하면 밸브 1.3과 1.4를 통하여 나오는 출력이 나오지 않게 되고 1.1로부터 나온 출력 신호 피드백은 차단된다. 1.5 밸브가 원상태로 돌아오면 다시 원상태로 돌아온다. 즉, 밸브 1.2가 피드 백 신호에 의하여 전환되어 다음 동작을 가능하게 해준다. 이 제어 방법은 작동의 신뢰성을 보장받을 수 있고 외부 교란의 영향도 받지 않는다.

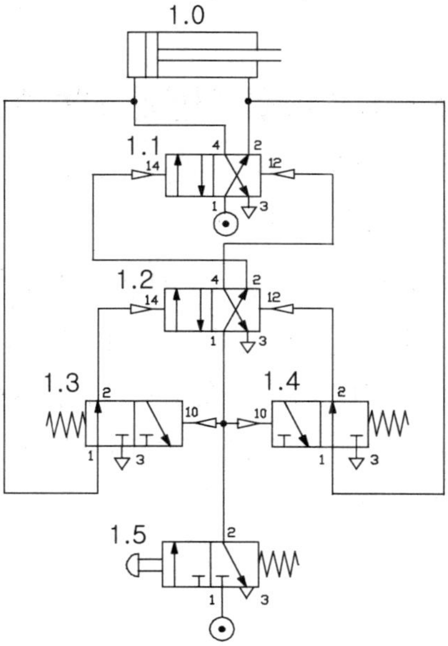

그림 11.31 메모리 밸브와 3/2-way 밸브에 의한 교번 회로

11.9.4 메모리 밸브와 이압 밸브에 의한 교번 회로

회로도 11.32에서 1.5 밸브는 신호 입력기로 사용된다. 밸브 1.2의 전환은 밸브 1.5를 off했을 경우에만 발생된다. 따라서 두 방향에서 같이 신호를 받기 위해서는 2압 밸브가 필요하다.

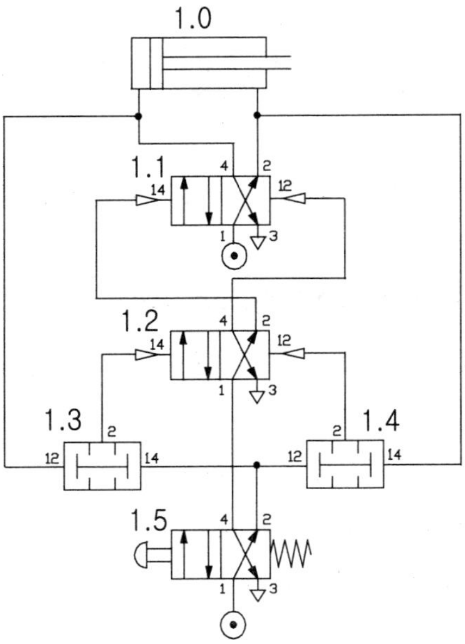

그림 11.32 메모리 밸브와 이압 밸브에 의한 교번 회로

11.9.5 교번 특성 3/2-way 밸브를 이용한 교번 회로

이 회로에서는 푸시 버튼 1.3을 누르면 밸브 1.2가 작동되어 밸브 1.1을 동작시키고 그 결과로 실린더는 전진 운동을 한다. 푸시 버튼 1.3을 놓아도 밸브 1.2는 그대로 머물러 있기 때문에 밸브 1.1은 그 상태를 유지한다. 다시 한 번 푸시 버튼 1.3을 동작시키면 밸브 1.2가 작동되고 그러면 밸브 1.1의 제어 라인의 공기가 배기되므로 스프링에 의하여 밸브 1.1은 원위치 되어 실린더는 후진 운동을 하게 된다. 푸시 버튼 1.3을 놓아도 밸브 1.2는 그대로 머물러 있게 되므로 밸브 1.1은 후진 제어 위치 상태를 유지한다.

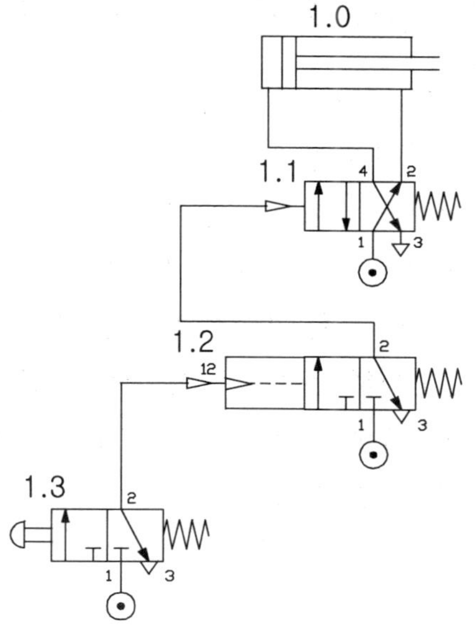

그림 11.33 교번 특성 3/2-way 밸브를 이용한 교번 회로

11.9.6 교번 특성 5/2-way 밸브를 이용한 교번 회로

이 회로는 앞의 회로와 같은 방법으로 작동된다. 다만 실린더를 동작시키는 최종 제어밸브가 메모리 밸브이므로 교번 특성이 있는 5/2-way 밸브를 사용하였다.

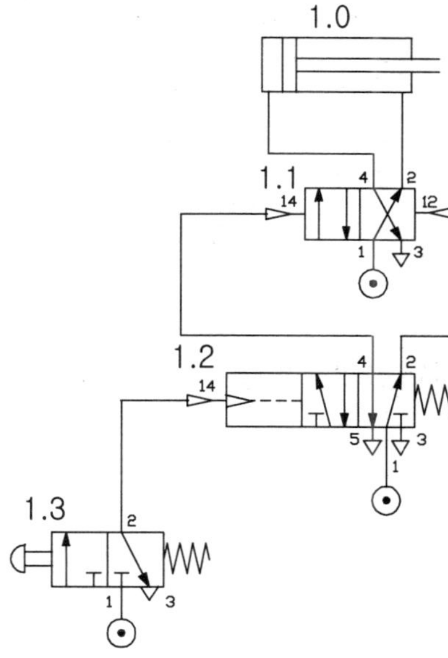

그림 11.34 교번 특성 5/2-way 밸브를 이용한 교번 회로

11.10 실린더 진동 회로

리밋 밸브를 사용하지 않고 실린더의 왕복 운동을 구현하기 위한 회로를 구성하려면 1.1 밸브를 전환시키기 위한 시간 제어 요소를 사용해야 한다. 시간을 조절함에 따라 진동수와 행정을 변화시킬 수 있다는 장점이 있다. 그림 11.35에서는 이와 같은 회로도를 보여 준다. 이 회로에서 밸브 0.1을 off시키면 실린더 1.0의 피스톤은 전후진 위치 중 한 위치에 정지한다. 이때 피스톤의 정지 위치는 밸브 0.1을 off시킬 때의 실린더의 운동 방향에 의하여 결정된다. 만약 실린더의 초기 위치를 일정하게 하려면 원하는 위치에 따라서 0.1 밸브를 1.2나 1.3 밸브 중의 하나와만 직렬로 연결하여야 한다.

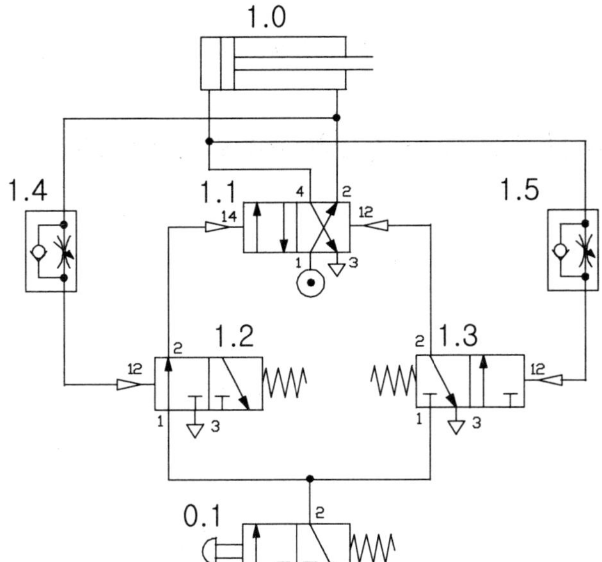

그림 11.35 실린더 진동 회로

12 | 유압의 개요

유압(hydraulics)이란 유압유를 이용하여 힘이나 운동을 발생시키는 것을 의미하며, 유압유는 동력을 전달하는 매체를 뜻한다. 이미 17세기에 압력을 받은 유체는 동력을 전달할 수 있다는 사실이 발견되었으며, 이는 Blaise Pascal (1623-1662)이 1653년 정지된 유체 내의 압력은 모든 방향으로 똑같이 전달된다는 파스칼의 법칙에 기인한다. 그로부터 약 100년 후에는 Bernoulli에 의하여 유동하는 유체의 에너지 보존 법칙이 발견되었고 이러한 법칙들이 공업에 응용되기까지에는 많은 시간이 흘러야 했으며 제2차 세계대전의 발발과 더불어 자동화기계에 채택될 수 있었다.

12.1 유체기계학의 분류

유체기계학(hydro-mechanics)은 유체에 의해 전달되는 힘과 운동에 대한 학문이며 이를 크게 두 가지로 나누면 유체정역학(hydrostatics)과 유체동역학(hydrodynamics)으로 분류할 수 있다. 유체기계학은 유체역학의 일부로서 압력과 면적의 곱으로 힘을 표시하는 유체정역학과 질량과 가속도의 곱으로 힘을 표시하는 유체동역학으로 구분한다. 일반적으로 유압에서 다루는 분야는 유체정역학이다.

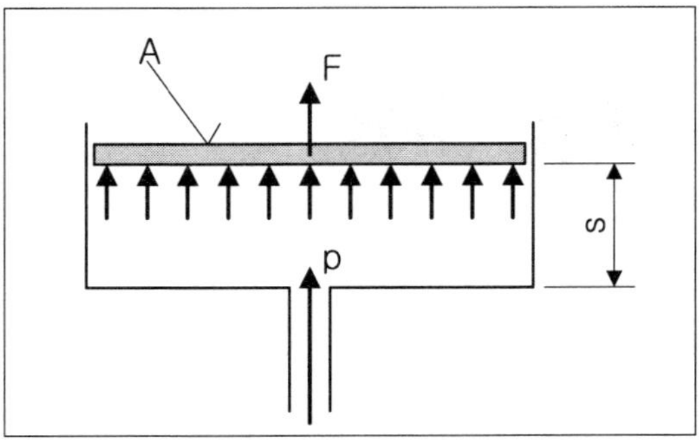

그림 12.1 유체정역학

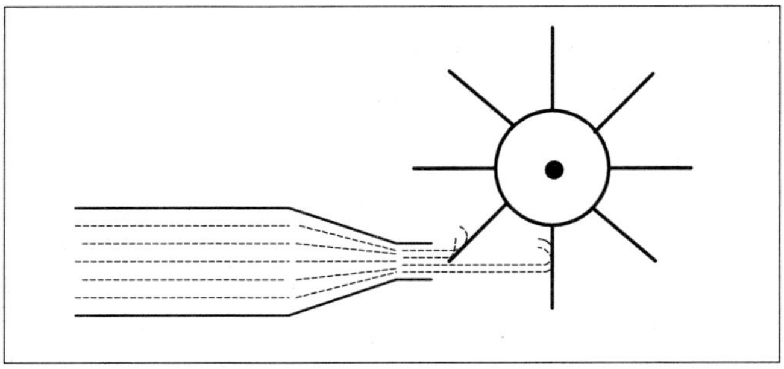

그림 12.2 유체동역학

12.2 유압설비의 분류

유압설비를 크게 두 종류로 분류하면 고정식 유압(stationary hydraulics)과 이동식 유압(mobile hydraulics)으로 나눌 수 있다. 고정식 유압장비는 한 장소에 견고하게 설치되어 가동되는 장비를 의미하며, 이동식 유압장비는 바퀴나 트랙, 체인을 이용하여 이동이 가능한 장비이다. 이동식 유압장비에서 밸브는 주로 수동으로 작동되고, 고정식 유압장비는 주로 전기신호, 즉 솔레노이드 밸브에 의하여 작동된다.

12.2.1 고정식 유압

고정식 유압장치가 사용되는 분야는 생산과 조립기계, 이송라인, 승강기, 콘베어 장치, 프레스, 사출기, 롤링기 등이다. 또한 고정식 유압설비의 대표적인 응용 분야 중의 하나가 공작기계인 데 현대의 CNC 선반은 공구와 가공물의 클램핑에 유압이 사용되고 있으며 공구의 이송과 스핀들의 구동에도 유압이 많이 이용되고 있다.

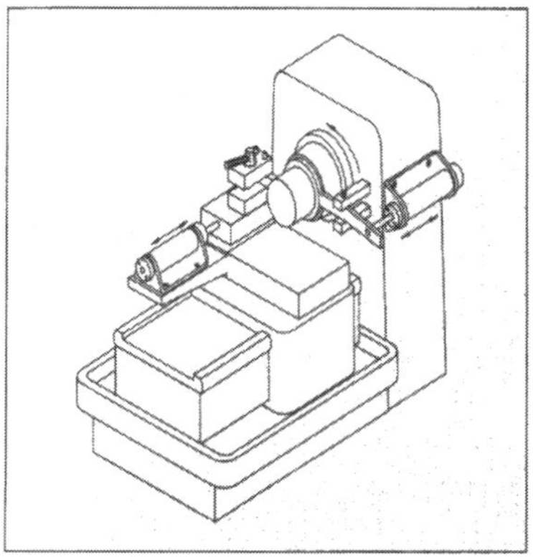

그림 12.3 고정식 유압장비

12.2.2 이동식 유압

이동식 유압장치가 사용되는 분야는 건설장비, 농업용 기계, 상용 차량 등이다. 건설장비는 이동식 유압장비의 대표적인 응용 분야로서 굴삭기(excavator)를 예로 들면 모든 운동이 유압에 의해서 이루어지며 이동 기어(travelling gear)의 운동도 유압에 의해서 수행된다. 직선운동은 실린더와 같은 직선운동 기구에 의하여 얻어지며 회전운동은 유압 모터와 같은 회전운동 기구에 의하여 이루어진다.

그림 12.4 이동식 유압장비

12.3 유압의 장단점

제어기술에서 힘이나 운동, 제어신호를 발생, 전달하는 데에는 유압 이외에도 기계적 방법, 전기, 공압 등의 매체가 사용될 수 있다. 각각의 매체를 이용하는 방법은 나름대로의 장단점이 있기 때문에 응용 분야에 따라 특징을 살려 사용하는 것이 바람직하다. 유압을 이용하는 경우에는 다음과 같은 장점이 있다.

- 직선운동과 회전운동이 용이하고 소형으로 큰 힘을 낼 수 있다.
- 힘과 속도를 무단으로 조절할 수 있다.
- 원격제어가 가능하고 전기와의 조합으로 자동제어가 가능하다.
- 전부하 상태에서 시동이 가능하다.
- 과부하에 대한 방지 대책이 간단하다.
- 유압에너지의 축적이 가능하다.
- 윤활성과 방청성이 좋다.
- 정확한 위치제어를 할 수 있다.

그러나 다음과 같은 단점도 갖고 있다.

- 유압유의 온도가 변화하면 점도가 변하여 정밀한 위치제어와 속도제어에 영향을 준다.
- 누유로 인하여 주변 환경이 지저분해진다.
- 이물질에 민감하다.
- 고압 사용으로 인한 위험성이 있다.

이와 같은 단점들은 유압장치를 신중하게 설계, 제작하고 사용자도 세심한 주의를 하여 사용하면 충분히 극복할 수 있다. 유압은 기계 장치와 전기를 조합시키면 보다 우수한 장치로 개량될 수 있으므로 산업 전반에 걸쳐 광범위하게 사용되고 있다.

예로부터 작동유체로서 물과 공기도 사용되어 왔다. 물은 구입이 용이하고 약간의 누설이 생기더라도 화재나 공해에 별문제가 없으나 얼거나 끓기 쉽고, 배관과 기기에 부식을 야기하며, 윤활성이 없기 때문에 접촉면에서 큰 마찰이 생기는 결점이 있다. 공기는 압축성이 크므로 고압이 되면 폭발의 위험과 함께 체적이 증가하므로 보통 10kg/㎠ 이하에서 사용한다. 공압은 취급이 간편하고 누설되더라도 해가 없으며, 복귀관이 필요 없는 등의 장점이 있어서 자동화의 수단으로 많이 사용한다. 유압유는 부식을 방지하고 윤활성도 양호하지만 누설되면 주변을 오염시키고 화재를 일으킬 위험이 있다. 따라서 수압시험과 같이 정적인 힘을 가하거나 유량을 많이 사용하여야 하는 경우에는 물이나 물과 기름의 혼합유체를 사용한다.

12.4 압력

모든 물체는 그 밑면에 압력(pressures)을 받고 있고 그 값은 몸체의 중량에 따른 힘 F와 힘이 작용하는 면적 A의 크기에 따라 달라진다. 그림 12.5에서 서로 다른 밑면적을 갖는 두 개의 물체가 있다. 질량은 서로 같고 따라서 밑면에 작용하는 중량에 따른 힘도 같다. 그러나 압력은 밑면적의 크기에 따라 달라진다. 중량에 따른 힘은 같아도 그 힘이 작용하는 면적이 작을수록 높은 압력이 형성된다. 이를 식으로 표현하면 다음과 같다.

$$p = \frac{F}{A}$$

여기에서 p : 압력 (kgf/cm^2)

F : 힘 (kgf)

A : 면적 (cm^2)

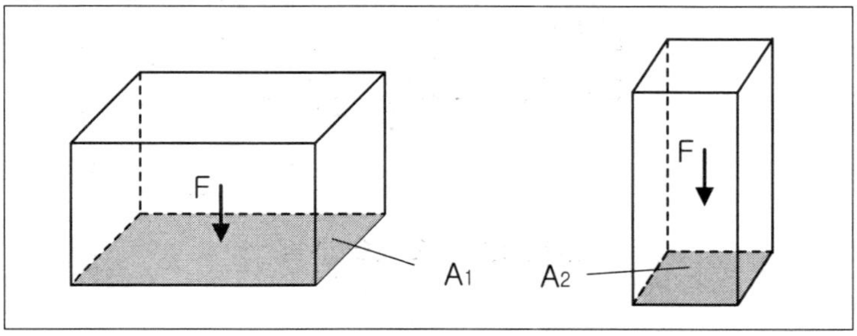

그림 12.5 힘과 면적

여러 가지 산업분야에서 사용되는 용도별 사용압력은 그림 12.6과 같다.

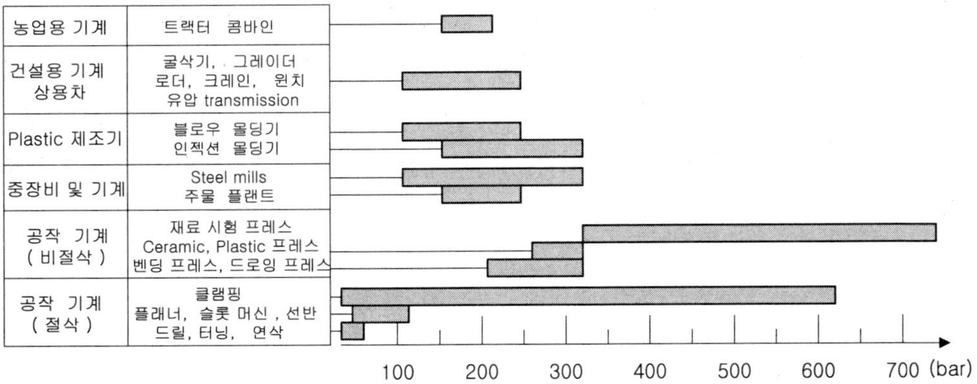

그림 12.6 용도별 사용압력

12.5 압력의 전달

힘 F가 밀폐된 유체의 면적 A에 작용하면 압력 p가 발생되고 이는 유체의 전체로 전달된다(파스칼의 법칙). 이 압력은 밀폐된 시스템 내부의 모든 면에 동일하게 수직으로 작용한다.

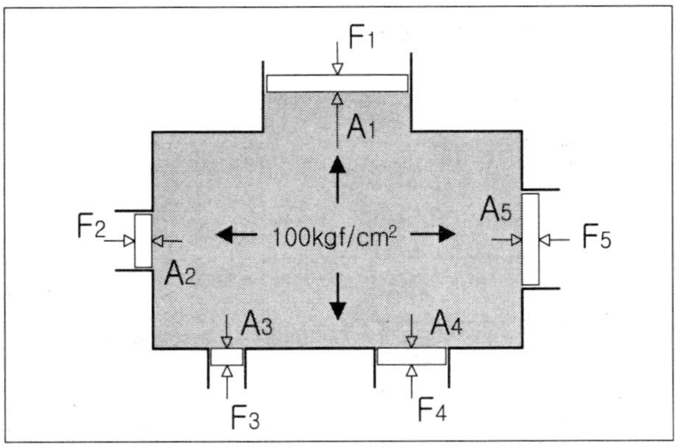

그림 12.7 압력의 전달

유압시스템은 매우 높은 압력에서 작동되며 유체의 정압은 무시된다. 유체의 압력계산은 단지 외력에 의해서 발생되는 것만 계산한다. 따라서 면적 A_2, A_3에 작용하는 압력은 면적 A_1에서의 압력과 같다.

12.6 힘의 전달

밀폐된 유체시스템에 외력이 작용하면 모든 곳에 압력이 동일하게 전달되므로 유압유를 담고 있는 용기(container)의 모양은 문제가 되지 않는다. 그림 12.8과 같은 장치가 구성되어 있을 때 힘을 전달하는 것이 가능하다. 그림 12.8에서 압력은 다음과 같이 결정된다.

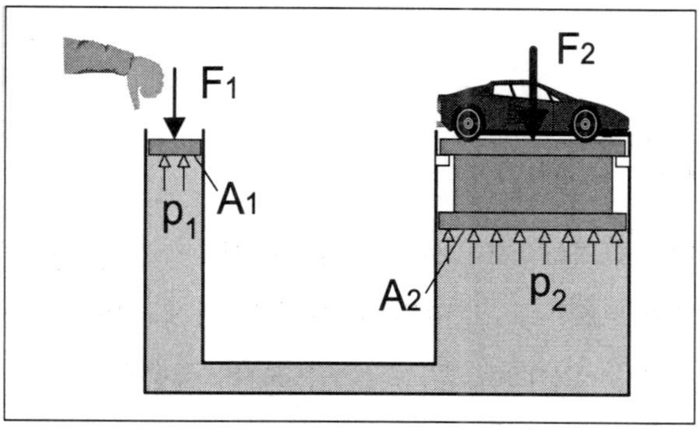

그림 12.8 힘의 전달

$$p_1 = \frac{F_1}{A_1}, \qquad p_2 = \frac{F_2}{A_2}$$

시스템이 평형상태를 이루면 $p_1 = p_2$가 되므로 다음 식이 성립한다.

$$\frac{F_1}{A_1} = \frac{F_2}{A_2}$$

따라서 이식을 이용하면 F_1, F_2, A_1, A_2의 값을 계산할 수 있다.

압력 피스톤 측의 작은 힘은 넓은 작업 피스톤 면에서 큰 힘을 발휘할 수 있다. 이것이 유압잭이나 승강대 등의 유압시스템에서 작용되는 기본원리이다. 힘 F_1은 부하에 의한 저항을 이길 수 있는 충분한 유체의 압력을 형성시켜야 한다.

이와 같은 원리를 이용하여 무거운 물체를 들어 올릴 수 있다. 그림 12.9는 유압 잭의 원리를 보여 준다.

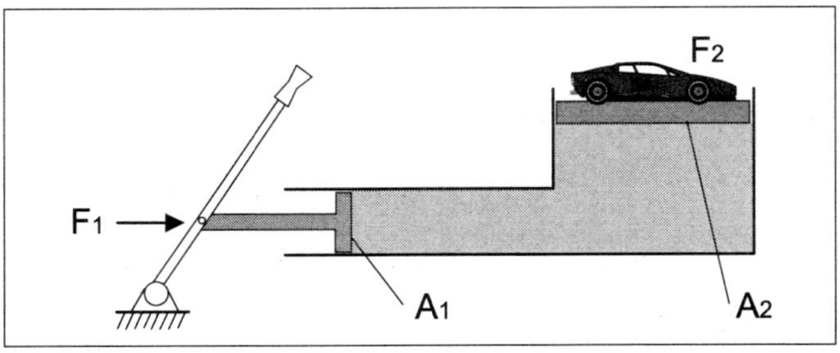

그림 12.9 유압잭의 원리

12.7 변위의 전달

밀폐된 시스템에서 외력이 작용하면 모든 곳에 압력이 동일하게 전달된다. 그리고 외력이 작용하여 어떤 곳에 변위의 차이가 발생되면 그 차이만큼 다른 곳에 영향을 주게 된다. 그림 12.10에서 보면 힘 F_1이 작용하여 s_1만큼의 변위 차이가 발생되면 이는 피스톤2를 s_2만큼 이동시키게 된다.

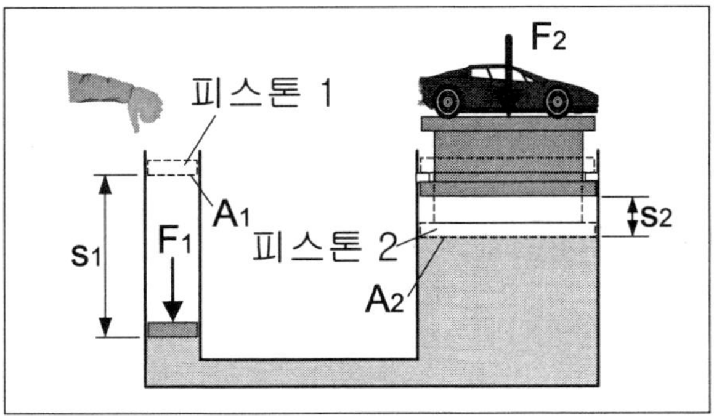

그림 12.10 변위의 전달

12.8 압력의 증가

그림 12.11의 압력증폭기에서 유체의 정압 p_1이 면적 A_1에 대하여 힘 F_1을 발생시키고 이 힘은 연결된 피스톤 로드를 통하여 작은 피스톤에 전달된다. 따라서 힘 F_1은 면적 A_2에 작용하고 이는 유체의 정압 p_2를 발생시킨다. 피스톤 면적 A_2는 피스톤 면적 A_1에 비하여 작고 따라서 압력 p_2는 압력 p_1보다 커지게 된다. 힘 F_1과 힘 F_2에 대하여 각각 다음과 같은 식이 성립된다.

$$F_1 = p_1 \cdot A_1 \qquad F_2 = p_2 \cdot A_2$$

두 힘 F_1과 F_2는 같으므로 위 식은 다음과 같이 쓸 수 있다.

$$p_1 \cdot A_1 = p_2 \cdot A_2$$

이 식을 이용하여 p_2 또는 A_2를 결정할 수 있다.

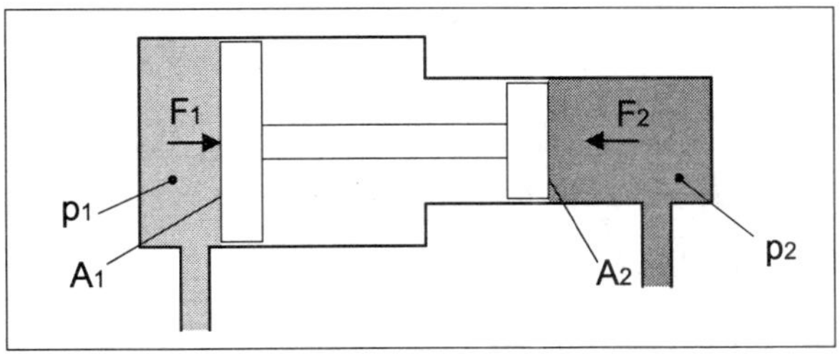

그림 12.11 압력의 증가

12.9 유량

유량(flow-rate)은 정해진 시간동안 배관을 통하여 흐르는 유체의 체적으로 정의된다. 예를 들어 수도꼭지로부터 양동이에 1분 동안 10ℓ의 물이 채워졌다면 유량은 10ℓ/min가 된다. 유압에서 유량은 Q로 표시하고 다음과 같은 식으로 표현된다.

$$Q = \frac{V}{t}$$

여기에서 Q : 유량 (ℓ/min)

V : 체적 (ℓ)

t : 시간 (min)

12.10 연속의 법칙

유량의 식에서 체적 V를 면적 A와 거리 s의 곱으로 표현하면 다음과 같은 식이 얻어진다.

$$Q = V / t = (A \cdot s) / t = A \cdot (s / t) = A \cdot v$$

여기에서 Q : 유량 (ℓ/min)

A : 단면적 (cm^2)

v : 유체의 속도 (cm/s)

유량을 계산하는 이 식으로부터 배관의 단면적이나 유체의 속도를 구할 수 있다.

단위시간당의 체적으로 표시되는 유량은 단면이 변하는 파이프 내를 통과할 때 파이프 내의 어느 곳이던지 같다. 따라서 단면적이 작은 곳에서는 단면적이 큰 곳보다 유체의 속도가 빠르다는 것을 알 수 있다. 한 배관에서 유량 Q는 같으므로 다음과 같은 연속방정식이 성립된다.

$$Q = A_1 \cdot v_1 = A_2 \cdot v_2 = A_3 \cdot v_3 = \cdots$$

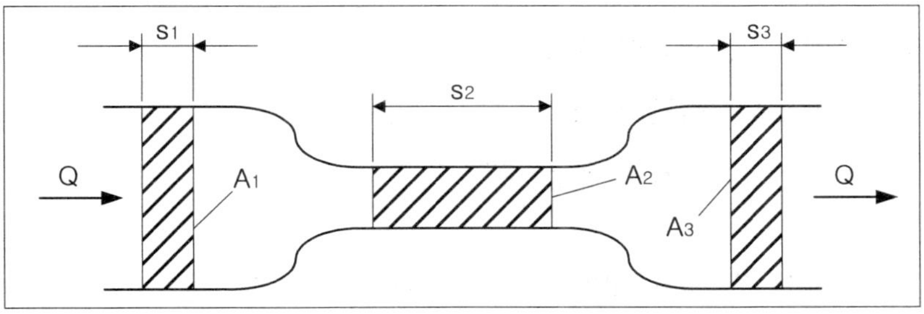

그림 12.12 연속의 법칙

12.11 층류와 난류

유체의 흐름에는 층류(laminar flow)와 난류(turbulent flow)가 있다. 층류의 경우에 유압유는 원통형의 층을 이룬 형태로 배관 내를 흐르게 된다. 이때 유체의 안쪽 층의 속도가 바깥쪽보다 빠르다. 그러나 유압유의 유속이 정해진 어떤 속도(임계속도)보다 빨라지면 유체 분자들은 층을 이루며 운동하는 형태를 벗어나게 된다. 배관 중앙의 유체 분자들은 바깥쪽으로 회전하게 되며 결국 유체 분자들은 서로 얽히게 되고 소용돌이가 생긴다. 이것을 난류라 하며 유체의 원활한 흐름을 방해한다.

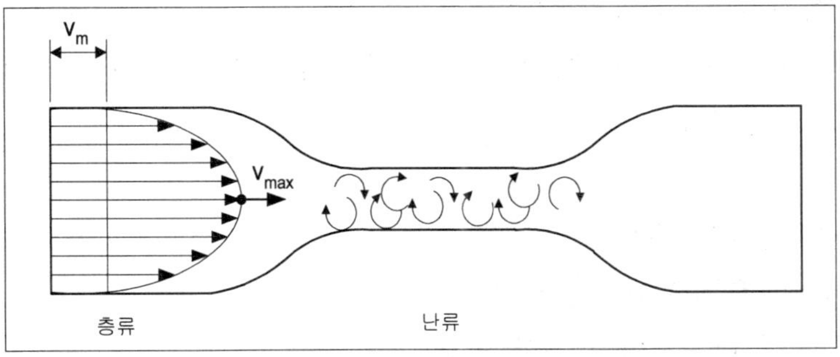

그림 12.13 층류와 난류

배관 내에서 유체의 흐름의 형태는 레이놀즈 수(Reynold's number)로 결정되며 다음과 같은 식으로 표현된다.

$$Re = \frac{v \cdot d}{\nu}$$

여기에서 v : 유체의 속도 (m/s)

d : 배관경 (m)

ν : 동점도 계수 (m^2/s)

레이놀즈 수 2300은 배관 내에서의 임계 레이놀즈 수인데 레이놀즈 수가 2300 이하인 경우는 층류로, 2300 이상인 경우에는 난류로 판단한다. 난류의 상태에서 유체의 속도가 떨어져서 레이놀즈 수가 2300 이하가 되더라도 바로 층류로 바뀌지는 않으며 임계 레이놀즈 수의 거의 1/2 이하로 떨어져야 층류가 가능해진다. 유압시스템에서 마찰손실 등에 의한 난류 형성을 방지하기 위하여 임계 레이놀즈 수를 초과하지 않도록 하여야 한다.

12.12 압력강하

마찰은 유체가 통과하는 모든 시스템 및 부품에서 발생된다. 마찰은 주로 배관벽과 유체의 마찰(외부마찰)을 뜻하나 유체간의 마찰인 내부마찰도 있다.

유압유가 통과하는 부품에서도 마찰이 생기고 이는 열을 발생시킨다. 이 열로 인해 유압시스템의 압력이 떨어지고 작동부에서의 힘도 작아지게 된다.

압력강하의 값은 유압시스템의 내부저항에 따라 달라지며 다음의 내용에 따라 영향을 받는다. 유속은 저항이 속도의 제곱에 비례하기 때문에 내부저항에 가장 큰 변수로 작용한다.

- 유속(단면적, 유량)
- 유체의 흐름(층류, 난류)
- 배관 내 단면적의 축소와 교축부의 개수(교축부, 오리피스)
- 유체의 점도(온도, 압력)
- 배관의 길이와 유체의 분기
- 표면 거칠기
- 배관의 배열

12.13 캐비테이션

캐비테이션(cavitation; 空洞現象)의 어원은 라틴어의 cavitare로서 '도려내다' 라는 뜻을 갖고 있으며 물질의 표면으로부터 아주 작은 입자가 분리되는 현상을 말한다. 유압시스템에서의 캐비테이션은 펌프나 밸브 등의 control edge에서 발생된다. 이와 같은 물질의 침식은 국부적인 피크 압력과 높은 온도에 기인한다.

유압시스템에서 유로의 단면이 좁아진 부분에서는 유체의 속도가 빨라지므로 베르누이 정리에 의하여 운동에너지가 증가하는 대신에 압력에너지가 감소하게 된다. 이에 따라 좁은 단면에서의 압력강하는 진공의 범위에 속하게 되고 게이지 압력이 $-0.3\,\text{kgf/cm}^2$ 이하가 되면 공기의 분리가 촉진된다. 즉 기포가 발생된다. 속도의 감소에 따라 압력이 증가하면 기포도 소멸된다. 좁은 단면을 지나면 압력이 상승하고 기포는 폭발하며 다음과 같은 캐비테이션 영형을 발생시킬 수 있다.

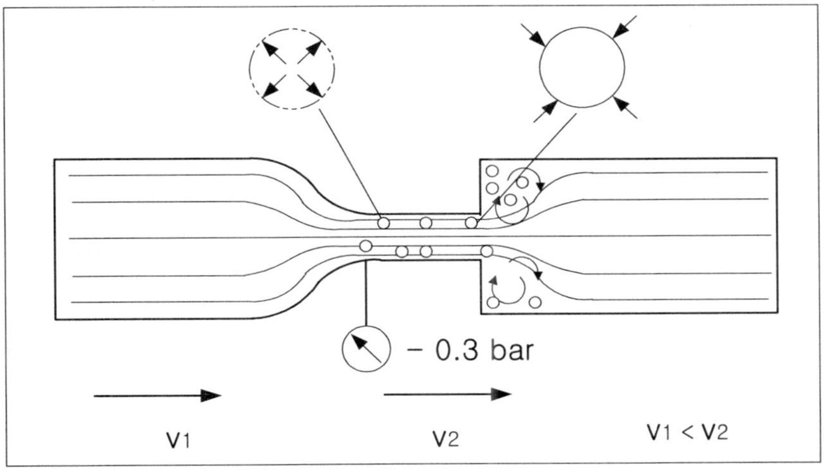

그림 12.14 캐비테이션 현상

■ 금속 표면의 침식

작은 기포들은 배관의 단면이 커지는 부분에서 배관 벽을 침식시키거나 펌프의 흡입구 쪽에서 마모를 촉진시킨다. 이로 인해서 재료는 피로하게 되거나 파괴되며, 캐비테이션이 계속해서 발생되면 펌프 수명을 단축시킬 수 있다.

■ 유압유-공기 혼합물의 자연 발화

기포가 폭발하면 유압유가 공기가 없어진 부분을 채워주게 된다. 유체가 좁은 단면을 지난 후 압력이 상승하게 되면 공기의 압축으로 인하여 높은 온도가 형성되고 기포가 폭발한다. 즉 디젤 엔진에서와 같이 기포 내의 유압유-공기 혼합물에서 자연 발화가 되는데 이를 마이크로-디젤 효과(micro-diesel effect)라고 한다.

■ 기타

분리된 기포가 유압유와 유압기기와의 사이에 존재하므로 윤활 효과를 감소시키며 유체의 흐름을 방해하여 압력손실이 커지며 유압유의 온도를 상승시킨다.

캐비테이션 현상이 발생한 경우에는 공동의 연속적인 붕괴로 인한 소음이나 진동을 유압시스템으로 전달하게 된다. 또는 펌프에서 새된 소리를 발생시킨다.

13 유압 동력부

유압의 동력 공급부는 구동 모터의 기계적인 에너지를 유압에너지로 변환시켜 유압시스템에서 필요한 유압에너지를 공급해주며 구동장치, 펌프, 압력 릴리프 밸브, 커플링, 기름 탱크, 필터, 냉각기(cooler), 가열기(heater) 등으로 구성되어 있다. 동력공급부에서 가장 중요한 장치는 유압 펌프이다. 유압펌프는 기름 탱크의 유압유를 배관을 통하여 필요한 곳까지 저항을 극복하며 공급하게 된다. 압력은 유체가 저항을 만날 때에만 형성된다. 동력공급부에는 기계적인 마모, 유압유 자체 또는 외부의 환경적인 요인에 의하여 유압시스템에 형성되는 불순물을 정화하기 위한 장치가 포함되기도 한다. 유압유로부터 이물질에 함유된 물과 가스도 시스템에 악영향을 미치게 되므로 이를 제거하기 위한 방안도 강구되어야 한다. 그리고 모니터링 장치, 안전장치 등이 포함되어 있고 각 유압 부품은 배관으로 연결되어 있다.

13.1 구동 장치

유압펌프는 전기모터나 내연기관에 의하여 구동된다. 일반적으로 고정 유압장치에서는 전기모터로 기계적 동력을 유압펌프로 전달시켜 주며, 반면에 이동 유압장치에서는 내연기관이 주로 사용된다. 큰 기계나 시스템에서는 유압원이 보다 중요시되는 데 이러한 유압시스템에서는 한 개 또는 여러 개의 동력원을 갖거나 저장탱크도 여러 개인 경우가 있다. 유압시스템에서의 모든 액추에이터들은 공동의 압력관을 통하여 에너지가 공급된다. 유압 저장탱크는 필요한 유압유를 저장하게 된다. 압력관, 복귀관, 누유관에 각각 공동배관을 사용하게 되면 공간 및 필요 동력의 절감을 가져올 수 있다.

13.2 유압 펌프

유압시스템에서의 펌프는 구동장치의 기계적 에너지를 유압에너지(압력에너지)로 전환시켜 준다. 펌프는 유압유를 유입하여 유압시스템으로 토출시켜 준다. 유압펌프에 의해서 발생된 유체에너지는 관로를 따라 액추에이터에 전달되고 액추에이터를 통하여 사람이 원하는 기계적인 에너지로 사용되며, 이때 유압유는 압력이 떨어지게 되고 드레인 된 유압유는 탱크로 되돌아오게 된다. 유압시스템에서의 압력은 유압유가 흘러갈 때의 저항으로 형성된다. 압력의 크기는 내외의 저항 및 유량으로 인한 저항이 합쳐진 것과 같게 된다. 그러므로 유압시스템에서의 압력은 펌프로부터 결정되는 것이 아니고 저항의 크기에 따라 결정된다. 따라서 저항이 지극히 크게 되면 압력도 따라서 크게 되어 유압부품이 손상을 입게 되는데 실제로는 이와 같은 경우를 예방하기 위하여 압력 릴리프 밸브를 펌프 다음에 설치하거나, 최대 작동 압력이 설정된 압력 릴리프 밸브를 펌프 하우징 내에 설치한다.

제조공장에서 응용되는 유압시스템은 대부분 교류전동기에 직결되어 운전되므로 유압펌프는 1200 rpm이나 1800 rpm으로 구동된다. 건설기계나 병기, 자동차 등에 응용되는 유압시스템은 내연기관에 직결되거나 변속장치에 연결되어 운전된다. 이때 유압펌프는 보통 3600 rpm까지 변속하여 구동한다. 비행기나 우주선과 같이 가볍고 소형이 요구되는 유압시스템에서는 회전수를 크게 하여 운전한다. 이때 사용되는 유압펌프는 직류전동기에 직결시켜 12000 rpm으로 운전된다.

유압펌프의 출력은 유압시스템에서 마찰과 열손실이 따르기 때문에 액추에이터에서 외부로 한 일은 유압유가 펌프로부터 받은 에너지보다 훨씬 적다. 따라서 유압펌프를 선정할 때에는 압력, 액추에이터의 운전속도, 운전력, 효율, 설비비, 운전비, 보수 등의 운전 특성을 고려하여 액추에이터와 조화시켜서 선정하여야 하며 펌프의 소음, 진동, 고유 진동수, 흐름 특성 등도 고려하여야 한다.

유압펌프는 이송체적을 근간으로 두 가지 형태로 구별한다.

■ **고정용량형(constant capacity) 펌프**

물리적으로 펌프의 이송체적을 변경시킬 수 없으므로 가격이 저렴하고 설계도 복잡하지 않다. 토출량을 변경시키려면 구동장치의 회전수를 변경시켜야 하나 산업현장에서는 일정한 회전수의 전동기를 사용하므로 고정용량형 펌프의 토출량은 항상 일정하다고 가정한다.

■ **가변용량형**(variable capacity) **펌프**

가변용량형 펌프는 압력, 유량, 동력에 의해서 이송체적의 조절이 가능하므로 여러 가지 장점을 제공한다. 이송체적의 변경은 단순한 조정에 의해서 이루어질 수도 있고 컴퓨터 프로그래밍과의 인터페이스를 통하여 완전히 자동화시켜 이송체적을 변경시킬 수도 있다. 가변용량형 펌프의 사용은 적용 영역에 따라서 다양한 선택이 가능하므로 충분한 검토가 필요하다.

유압펌프의 종류는 매우 다양하지만 원리는 체적의 이송으로 귀결되는데 체적 이송은 피스톤, 베인, 스크류, 스핀들 등에 의하여 이루어진다. 그림 13.1은 유압 펌프의 종류를 보여 준다.

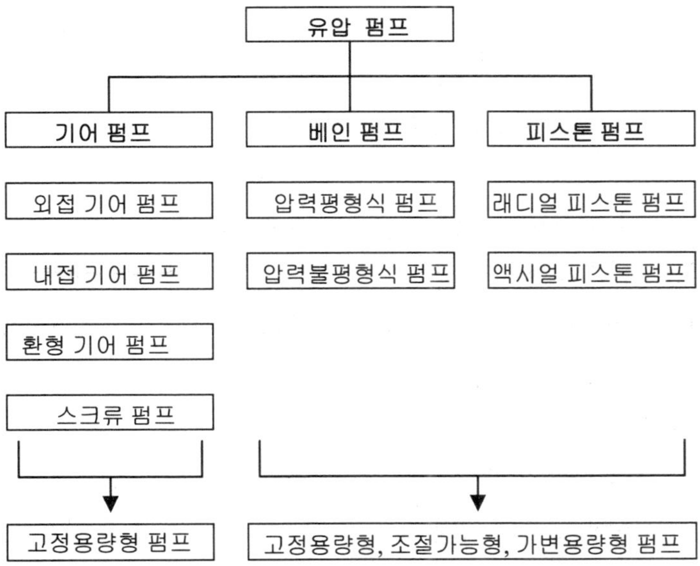

그림 13.1 유압펌프의 종류

13.2.1 기어 펌프(gear pump)

기어 펌프는 이미 1593년에 프랑스의 Serviere에 의하여 원리가 고안되었으나 많이 이용되지 못하다가 근래에 이르러 유압용으로 급속히 발달하였다. 기어 펌프는 구조가 간단하고 신뢰도가 높으며 운전과 보수가 용이하다. 그리고 가격이 비교적 저렴한 장점이 있다. 토출 압력은 35 ~ 175 kgf/cm^2, 토출량은 300 ℓ/min 정도의 기어 펌프가 많이 사용되고 있다. 기어 펌프는 기어와 하우징 사이의 틈새에 의해서 결정된 이송체적이 조절될 수 없으므로 고정용량형 펌프가 된다. 그림 13.2는 외접형 기어 펌프의 단면을 보여준다.

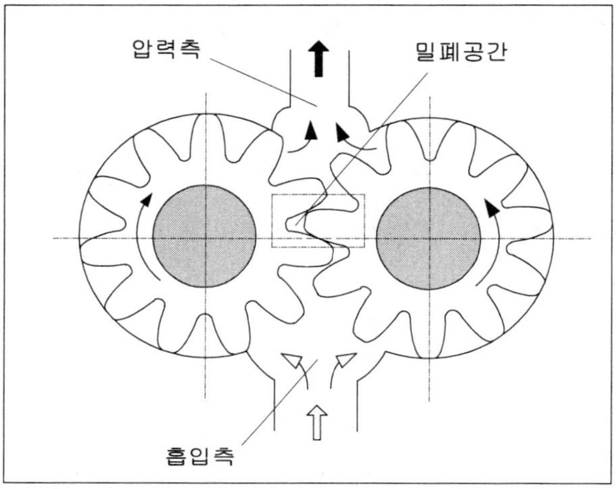

그림 13.2 외접형 기어 펌프

그림 13.2의 기어 펌프에서 흡입구는 기름 탱크와 접속되어 있다. 한 쪽 기어는 구동장치와 연결되어 있고 다른 한 쪽은 맞물린 기어에 의하여 회전하게 된다. 기어가 맞물리면서 회전하면 흡입측의 압력이 낮아지게 되고 유압유가 이곳을 채우게 된다. 채워진 유압유는 하우징 주위를 돌아 압력측 출구로 이송되어 압력관으로 토출된다.

펌프 내에서의 누유량은 하우징과 기어의 간극에서 발생되는 데 기어의 오버랩, 회전속도, 작동유의 점도 등의 영향을 받는다. 이러한 누유량 때문에 이론 토출량이 달라진다. 최소 허용 유속 때문에 흡입관은 압력관보다 직경이 더 크다. 흡입관의 단면적이 작아지면 유속이 증가하게 되고 결국 압력에너지는 운동에너지와 열에너지로 치환되며 흡입부에서 압력강하를 가져온다. 압력강하는 캐비테이션을 발생시킬 수 있으므로 흡입부의 압력이 0.7 kgf/cm^2 이하가 되지 않도록 하고 유속은 0.5 ~ 1.5 m/s를 유지할 수 있도록 흡입관 직경을 결정하여야 한다.

■ 기어 펌프의 밀폐 현상

압력측 까지 운반된 유압유의 일부는 그림 13.2에서 보듯이 기어의 두 치형 사이의 틈새에 가두어지게 된다. 가두어진 유압유는 기어가 회전함에 따라 가두어진 상태로 그 용적이 좁아지기도 하고 넓어지기도 하여 유압유의 압축, 팽창이 반복된다. 이 현상을 기어펌프의 밀폐 현상 또는 폐입 현상이라 부르며, 밀폐 현상이 생기면 유압유는 고압측에 있어서 온도 상승이 되고 계속되어 발생되는 캐비테이션 때문에 기화하여 거품이 많이 발생하고 축동력의 증가, 기어의 진동, 소음의 원인이 된다. 이러한 현상을 방지하기 위하여 가장 간단하고, 널리 이용되는 방법은 측판에 도출 홈을 파서 밀폐용적이 감소되고 있을 때 유압유를 토출측으로 통하게 하고 밀폐용적이 중앙 위치로부터 팽창되는 과정에서는 유압유를 흡입측과 통하도록 하는 것이다.

13.2.2 스크류 펌프(screw pump)

스크류 펌프에는 스크류의 축 수에 따라 1축, 2축, 3축 스크류 펌프로 구분하며 사출성형기나 프레스, 공작기계, 유압 엘리베이터 등에도 사용하고 있다. 또한 토출량의 범위가 넓어 윤활유 펌프나 각종 액체의 이송 펌프로도 사용되고 있다.

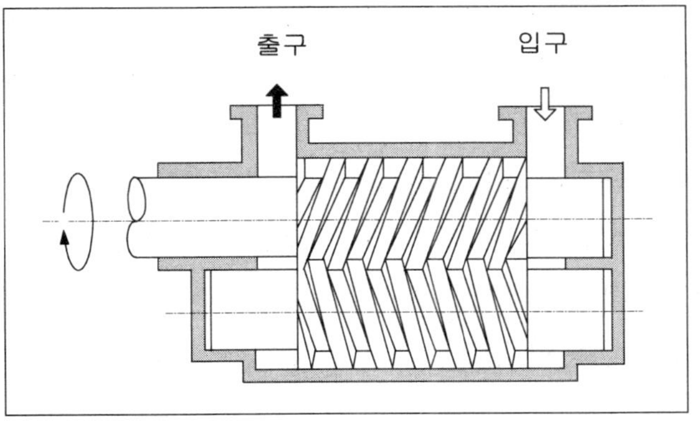

그림 13.3 스크류 펌프

스크류 펌프는 유체를 보내는 과정에서 폐입 현상이 없고 펌프 내부에서의 압력상승도 완만하여 소음이 발생하지 않는다. 최근에 유압펌프로도 많이 사용하고 있으며 최고 압력 250 kgf/cm^2까지 실용화되고 있다. 펌프 성능을 향상시키기 위해서는 저점도 영역에서는 3600 rpm 정도의 고속회전으로, 고점도 영역에서는

1200 rpm 정도의 저속회전으로 사용하는 것이 바람직하다.

13.2.3 베인 펌프(vane pump)

이탈리아의 Ramelli가 로터리 펌프로 고안한 것을 Vickers가 1925년 압력 평형식 베인 펌프로 발전시켜 공업적으로 그 가치가 인정되었다. 베인 펌프는 공작기계, 프레스, 사출성형기 등을 비롯하여 산업기계로는 차량용으로 널리 사용되고 있다. 현재 일반 산업용으로 사용하는 베인 펌프는 토출 압력이 1단에서 70 kgf/cm^{2}를 표준으로 하나 최고 고성능 펌프에서는 1단에서 105 ~ 140 kgf/cm^{2}의 압력을 생성하는 펌프도 있으며 토출량은 보통 4 ~ 450 ℓ/min 정도가 많이 사용된다.

베인 펌프의 장점으로는 기어 펌프나 피스톤 펌프에 비하여 토출 압력의 맥동이 거의 없기 때문에 원활한 운동을 할 수 있고 소음도 적으며, 베인의 선단이 마모되어도 베인과 캠 링은 항상 접촉하게 되므로 압력이 떨어질 염려가 없다. 단점으로는 베인, 로터 및 캠 링이 서로 접촉하여 미끄러지므로 가공에 정밀도가 요구되며 유압유의 점도, 청정도 등에 세심한 주의를 필요로 한다.

베인 펌프를 구성하는 기본 요소는 흡입구, 토출부, 구동 로터, 미끄럼 베인, 캠 링 및 케이싱이다. 베인은 로터에 파놓은 홈 속에서 미끄러지면서 캠 링의 형상에 따라 베인과 캠 링 및 로터에 둘러싸인 공간을 변화시킨다. 이 공간이 증가하는 동안 유압유가 흡입되어 흡입실로 들어간다. 베인이 최대로 돌출한 다음은 점차 공간이 감소되면서 공간에 있던 유압유는 압축되어 고압 토출실로 이송되어 토출구로부터 배출된다.

압력 불평형식(pressure unbalanced) 베인 펌프는 그림 13.4와 같으며 이 펌프는 한 쪽에서 토출하는 압력에 비례하는 정압력의 불평형분의 하중이 베어링에 작용하게 된다. 따라서 베어링은 이 힘을 충분히 견딜 수 있는 충분한 강도가 요구된다. 압력 불평형식 베인 펌프는 고정용량형 펌프이다.

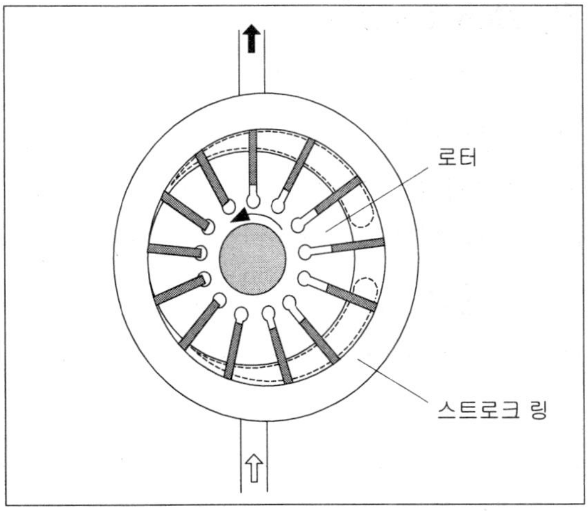

그림 13.4 압력 불평형식 베인 펌프

압력 평형식(pressure balanced) 베인 펌프는 그림 13.5와 같이 흡입구와 토출부가 각각 로터에 대하여 서로 대칭되는 위치에 배치되어 있다. 캠 링은 타원형으로 되어 있으며 로터에 대하여 대칭되는 점의 압력은 크기가 같고 방향이 반대로 분포되어 완전한 유압 평형이 이루어진다. 따라서 하중은 압력 불평형식 베인 펌프에 비하여 현저하게 경감되고 구동하중만 고려하여 설계하면 된다. 압력 평형식 베인 펌프는 고정용량형 펌프이다.

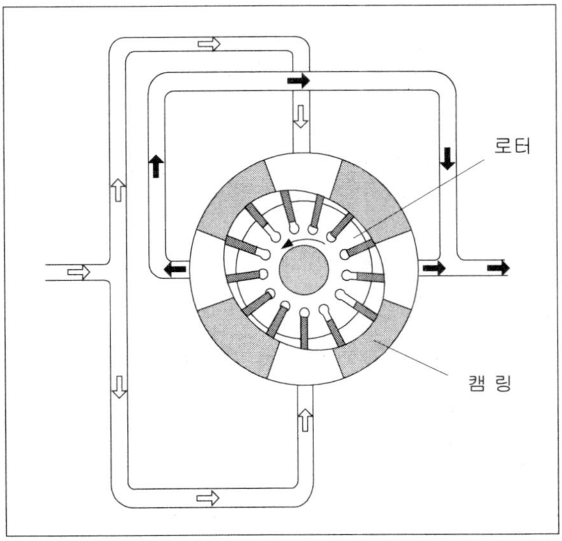

그림 13.5 압력 평형식 베인펌프

13.2.4 피스톤 펌프(piston pump)

피스톤 펌프는 왕복 부분의 질량이 극히 작으므로 고속운전이 가능하다. 따라서 비교적 소형으로서 고압·고성능의 펌프를 얻을 수 있고, 동력에 대하여 비교적 설치 면적이 적으므로 유리하다. 다수의 피스톤으로 고속 운전하여 토출압의 맥동이 극히 작고 진동도 작아서 원활한 운전을 할 수가 있다. 피스톤의 지름은 비교적 작고 행정도 짧아서 공작 정도를 얻기 쉬우므로 높은 체적효율을 얻을 수 있으며, 토출 압력은 100 ~ 300 kgf/cm^2, 토출량 10 ~ 50 ℓ/min 정도의 펌프가 사용된다.

액시얼 피스톤(axial piston) 펌프는 회전축에 의해 피스톤을 회전시키면서 블록 내를 왕복 운동하도록 한다. 토출량을 변화시키는 가변형 피스톤 펌프는 회전축과 실린더 블록 축과의 각도를 바꾸는 사축식과 회전축과 실린더 블록 축을 동일 축상에 배치하고 회전축에 직각인 경사판의 각도를 임의로 바꿀 수 있도록 하여 피스톤 행정을 변화시키는 사판식이 있다. 그림 13.6은 액시얼 피스톤 펌프를 보여 준다.

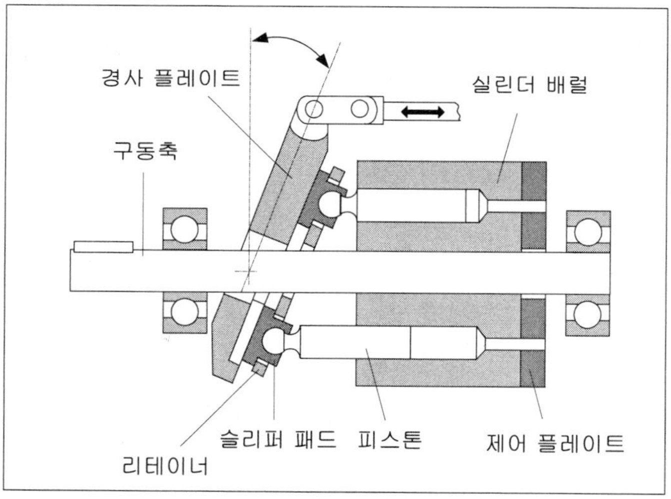

그림 13.6 액시얼 피스톤 펌프

고정 실린더식 레디얼 피스톤(radial piston) 펌프는 실린더마다 흡입 밸브와 토출 밸브를 갖고 로터에 고정된 캠에 의하여 왕복 운동을 하는 방식으로 고압하에서 무리가 없이 작동할 수 있다. 회전 실린더식 레디얼 피스톤 펌프는 피스톤을 내장한 실린더 블록이 흡입 토출 밸브의 작용을 하는 고정된 핀틀을 중심으로 하여 회전하면서 레디얼 방향으로 배열된 피스톤이 왕복 운동을 하는 형식의 펌프로서 그림 13.7은 레디얼 피스톤 펌프를 보여 준다.

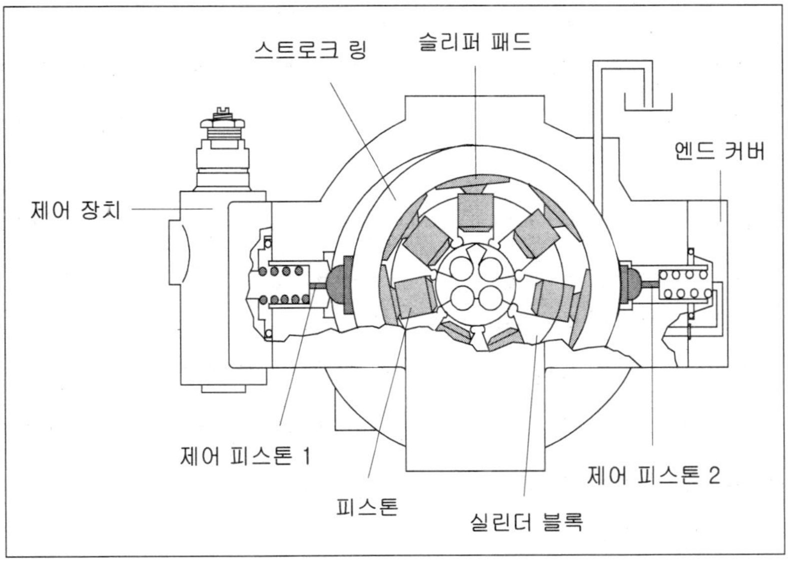

그림 13.7 레디얼 피스톤 펌프

13.3 효율과 동력

기계적 동력은 펌프에 의해서 유압동력으로 전환되는 데 이 과정에서 동력손실이 발생되고 이는 효율로서 표현될 수 있다. 펌프의 전효율 η_{tot}을 계산할 때에는 용적효율 η_v와 기계적 효율 η_{hm}을 고려하여야 한다.

13.3.1 용적효율 η_v(volumetric efficiency)

체적효율이라고도 하며 이론적인 펌프의 토출량에 대한 실제 토출량의 비를 의미하며 다음과 같이 계산된다.

$$\eta_v = \frac{Q}{Q_{th}} \times 100\ \%$$

여기에서 η_v : 용적효율

Q : 실제 토출량 (ℓ/min)

Q_{th} : 이론 토출량 (ℓ/min)

압력에 대한 토출량 곡선을 펌프 특성도라고 하며, 펌프 특성도에서는 압력이 증가할수록 토출량이 감소하는 경향을 보인다. 실제 토출량은 펌프에서의 누유량을 배제한 값으로서 누유량이 적을수록 좋으나 펌프의 윤활 때문에 최소의 누유는 필요하게 된다.

펌프 특성도로부터 압력이 0에서는 펌프가 전토출량을 공급하고 압력이 상승함에 따라 펌프의 토출량은 누유량 만큼 감소되어 공급된다. 일반적으로 압력이 0일 때의 펌프 토출량을 이론 토출량으로 대체한다. 그리고 펌프 특성도에서는 펌프의 용적효율 η_v에 대한 정보도 제공하는 데 펌프 특성도를 이용하여 펌프의 용적효율 η_v를 계산할 수 있다. 펌프를 바르게 사용하기 위해서는 펌프의 특성곡선과 특성치를 잘 알고 있어야 하며 이러한 정보를 바탕으로 유압부품과 적절한 펌프를 선정할 수 있게 된다.

13.3.2 기계적 효율 η_m(mechanical efficiency)

펌프가 축을 통하여 구동장치로부터 받은 동력 중 일부는 기계 손실로 잃게 되고 나머지 에너지를 유압유에 주게 된다. 따라서 구동장치로부터 받은 동력에 대한 펌프가 유압유에 준 이론 동력의 비를 기계적 효율이라고 정의하고 다음과 같이 계산한다.

$$\eta_m = \frac{L_{th}}{L_s} \times 100\ \%$$

여기에서 η_m : 기계적 효율

L_{th} : 펌프가 유압유에 준 이론 동력

L_s : 구동장치로부터 받은 동력(소요 동력)

13.3.3 전 효율 η_{tot}(total efficiency 또는 η)

유압펌프는 구동장치로부터 축을 통하여 받은 에너지의 전부를 유압유에 주는 것이 아니고 일부는 손실로 소멸되고 나머지의 에너지만 유압유가 가지고 나간다. 그러므로 펌프가 축을 통하여 받은 에너지를 얼마만큼 유용한 에너지로 전환시켰는가의 정도를 척도로서 효율을 정한다. 펌프의 전 효율은 펌프 동력의 축동력에 대한 비로 정의하고 용적 효율과 기계적 효율로 표현하면 다음과 같다.

$$\eta_{tot} = \eta_v \cdot \eta_m$$

여기에서 η_{tot} : 전 효율

η_v : 용적효율

η_m : 기계적 효율

유압펌프에서의 효율이라고 하면 대부분의 경우 전 효율을 나타내며 구동장치에 대한 소요 동력은 다음과 같은 식으로 구할 수 있다.

$$L_S = \frac{p \cdot Q}{612 \cdot \eta}$$

여기에서 L_S : 소요동력 (kW)

p : 토출압력 (kgf/cm^2)

Q : 토출량 (ℓ/min)

η : 전 효율

또는

$$L_S = \frac{p \cdot Q}{450 \cdot \eta}$$

여기에서 L_S : 소요동력 (HP)

p : 토출압력 (kgf/cm^2)
Q : 토출량 (ℓ/min)
η : 전 효율

그러나 계산된 소요 동력과 일치하는 출력의 전동기를 구할 수는 없으므로 표 13.1을 이용하여 계산된 소요 동력보다 한 단계 큰 전동기를 사용하면 된다.

표 13.1 모터의 출력표

kilo Watt (kw)	0.2	0.1	0.75	1.5	2.2	3.7	5.5	7.5	11
마력 (HP)	1/4	1/2	1	2	3	5	7.5	10	15
kilo Watt (kw)	15	18.5	22	30	37	45	55	75	
마력 (HP)	20	25	30	40	50	60	75	100	

13.4 기름 탱크

기름 탱크의 기능을 나열하면 다음과 같다.

- **유압유의 저장** : 유압회로의 작동유를 저장한다.
- **열의 발산** : 유압시스템에서 동력 손실은 열로 변환되어 유압유를 덥히게 되고, 이 유압유는 기름 탱크로 복귀하게 된다. 기름 탱크는 탱크 벽을 통하여 열을 발산시키므로 충분한 크기의 용량이 필요하고 탱크 설치장소도 잘 선정하여야 하며, 제약이 따르면 냉각시스템을 설치하여야 한다.
- **공기의 제거** : 기포는 유압시스템에서 소음과 손상을 가져오고 특히 펌프에서 캐비테이션 현상을 일으키며 유압유의 압축성을 증가시킨다. 기름 탱크의 넓은 표면은 공기 분리 효과를 증대시켜 준다. 유압유가 탱크에 오래 머물수록 공기 분리 효과는 더욱 커진다.
- **오염물질의 침전** : 시간이 지남에 따라 만들어지는 생성물과 극히 미세한 오염 입자는 필터로 제거되지 않는다. 따라서 이러한 이물질은 기름 탱크에서 침 전시켜 한 곳으로 모이게 해야 한다. 이를 위하여 기름 탱크의 바닥은 경

사지게 만든다.

- **응축수의 제거** : 외기와 기름 탱크 내부의 온도차이로 수분이 응축되어 유압유에 섞이게 된다. 물은 유화되거나 바닥에 고이게 되는 데 이를 주기적으로 제거 해 주어야 한다. 응축수의 제거를 위하여 기름 탱크에는 드레인 탭이 마련되어 있다.
- **펌프, 모터, 밸브의 설치장소 제공** : 펌프, 모터, 밸브의 설치장소를 제공하기 위하여 튼튼하게 만들어져야 하며 소음감소 역할도 한다.

기름 탱크의 크기는 열의 발산, 공기 분리를 위해서 크면 클수록 좋지만 설치장소, 유압유의 비용, 이동성 등에 따라서 크기의 제약을 받는다. 기본적으로 유압시스템 내의 유압유가 전부 기름 탱크 안에 모이더라도 넘쳐흐르지 않을 정도의 충분한 크기여야 한다. 탱크의 이상적인 크기는 유압유가 시스템 내에 모두 차있는 상태에서, 고정식 유압의 경우 그 장치가 필요로 하는 매분 펌프 토출량의 3 ~ 5배 정도로 하고 이동식 유압의 경우는 1배 정도로 한다. 그리고 유압유 체적의 10 ~ 15 %를 크게 하여 공기 쿠션 장치를 제공하도록 한다.

기름 탱크의 모양은 열의 대류와 발산을 위해서는 바닥 면적이 좁고 키가 큰 형태가 바람직하지만 공기분리 효과 및 펌프, 구동장치의 설치장소 측면에서는 바닥 면적이 큰 형태가 유리하다. 따라서 어느 형태가 좋다고 결정할 수는 없지만 이동형 유압시스템의 경우에는 유압유가 이리저리 쏠리므로 키가 큰 형태를 취하고 고정식 유압시스템의 경우에는 면적이 어느 정도 큰 형태의 모양을 취하게 된다.

기름 탱크는 다음과 같이 여러 가지의 장치로 구성된다.

- **흡입관 및 복귀관** : 유압유의 효과적인 순환을 위해서는 흡입관과 복귀관은 가능한 한 멀리 떨어져 있어야 한다. 두 관의 출입구는 모두 공히 유면 밑에 위치해야 하고 관끝은 기름탱크의 바닥으로부터 관경의 2 ~ 3배 이상 떨어져야 이물질의 혼입이나 이물질이 바닥에서 일어남을 방지할 수 있다. 관끝은 저항을 작게 하기 위하여 45° 정도로 절취하고 반대편으로 향하게 한다. 관내의 유속은 1 ~ 2 m/s로 잡는다.
- **분리판(baffle plate)과 공기분리기(air separator)** : 유압시스템에서 돌아오

는 유압유와 펌프 흡입구로 흘러가는 유압유를 분리시켜 유압유가 펌프의 벽을 따라 흐르도록 하여 유압유에 혼입되어 있는 물이나 기포가 분리될 수 있게 한다. 분리판은 유압유의 냉각효과를 증진시키며 유압유가 머무르는 시간을 지연시켜 이물질의 제거를 돕는다. 공기분리장치는 0.5 mm 직경의 메쉬 스크린(mesh screen)이다.

- **드레인**(bottom drain) : 탱크 내에 머물러 있는 물이나 침전물을 제거하기 위하여 탱크 바닥에는 적당한 경사를 주고, 가장 낮은 곳에 드레인을 설치한다. 드레인 할 때에는 용기를 넣어 받아낼 수 있을 정도의 공간이 필요하므로 탱크 바닥과 지면 사이에 150 mm 정도의 여유를 두는 것이 좋다. 때때로 드레인 스크류에는 자석 막대가 달려 있어 금속 부스러기를 제거한다.
- **유면계**(oil level gauge) : 유압시스템 운전 중에도 유면의 최고, 최저 위치를 직접 확인할 수 있게 하여 작동시 적합한 유면을 유지하도록 한다. 유압유의 양은 외부에서 확인할 수 있어야 하며 유압유의 오염을 방지하기 위하여 계량봉(dip stick)은 사용하지 않는다.
- **공기 필터**(breather air filter) : 기름 탱크의 유면은 유압시스템의 실린더가 동작할 때마다 올라갔다 내려왔다 하므로 유면 위에 항상 대기압이 작용할 수 있도록 통기구멍이 필요하고 통기구멍에는 공기필터를 부착하여야 하는데 여과 입도는 5 ~ 600 ㎛ 정도이다.
- **주유구**(filler spout) : 유압유를 주유할 때 유압유의 오염을 방지하기 위하여 스트레이너(filling strainer)를 거치도록 한다.
- **청소용 측판**(clean-out cover) : 탱크 속을 청소할 때 손이 들어갈 수 있도록 가급적 큰 측판을 손쉽게 떼었다 붙였다 할 수 있도록 제작하여 청소를 하거나 스트레이너를 쉽게 교체할 수 있게 한다.
- **탱크 커버**(tank cover) : 탱크 커버의 설계는 그 위에 무엇이 설치될 것인가에 따라 달라진다. 예를 들어 펌프가 탱크 안에 설치되는 경우에는 커버는 제거될 수 있어야 한다. 구동장치가 설치될 경우에는 커버에 소음 생성을 제한하기 위하여 진동방지요소를 설치해야 한다. 보수유지 측면에서 복귀관은 탱크 커버에 설치되는 것이 좋다.

먼지나 높은 습도의 환경이나 이동식 유압장치에서는 오염방지 목적으로 밀폐된 기름 탱크가 사용될 수 있는 데 이때에는 환기가 불필요하다. 이러한 경우에는 질소

가스로 충진된 신축성 있는 블래더가 탱크 내에 설치되어 있어 과압 (overpressure)을 걸어 캐비테이션을 방지한다. 그러나 공기와 물과의 접촉으로 인한 오염의 문제와 유압유의 조기 산폐 위험이 따른다.

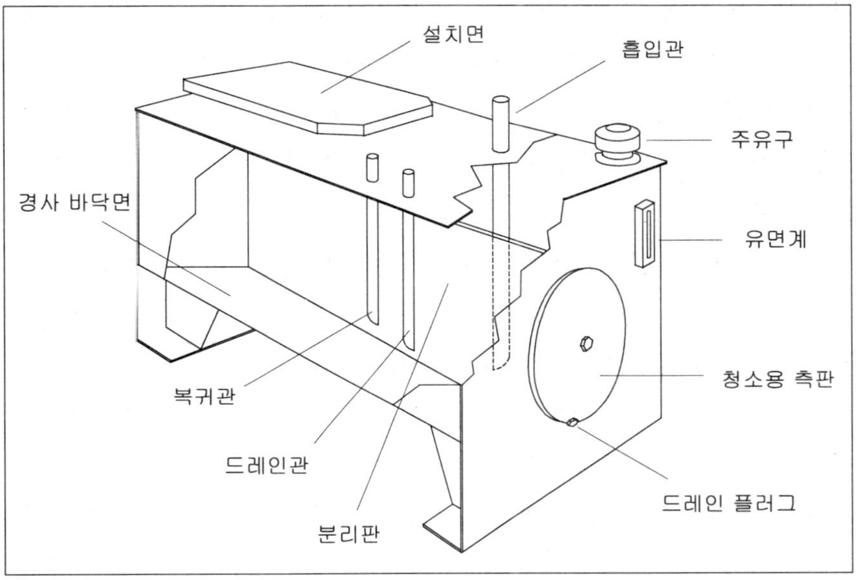

그림 13.8 기름 탱크의 구조

13.5 필터

유압유를 깨끗하게 하여 불순물로 인한 장애를 받지 않도록 유지하는 것은 아무리 강조해도 지나치지 않는다. 유압시스템에서의 스트레이너(strainer)와 필터(filter)는 불순물은 제거하는 데 사용되는 데 유압부품의 내구수명과 신뢰도에 직접적인 영향을 디친다. 스트레이너와 필터는 같은 기능을 갖고 있어 그 의미가 같은 뜻으로 사용되기도 한다. 공업에서는 이 두 가지의 요소를 기본적 구조의 차이에 의해서 구분하고 있다. 스트레이너는 직선 경로를 따라 흐르는 고형물에 저항을 주어 유체로부터 고형물은 제거하는 장치로 정의하고, 필터는 비비꼬인 곡선 경로를 따라 흐르는 고형물에 저항을 주어 유체로부터 고형물을 제거하는 장치로 정의하고 있다.

조립된 유압시스템 내부에는 유압기기의 제작 과정 중에 단조, 용접, 열처리 등에서 발생한 산화물 스케일 또는 주물이나 샌드 블라스트의 모래가루, 밸브 피팅(fitting)에 사용된 래핑 분말 등이 남아 있을 수 있으며 회로의 조립 과정에서 생겨난 금속 부스러기들이 플래싱에 의해서도 완전히 제거되지 않고 남아 있게 된다. 이러한 찌꺼기들이 회로가 작동하고 있는 동안에 떨어져 나와 유압유를 오염시키는 원인이 되고 공기 중의 먼지가 유압유에 침입하여 오염되기도 하며 유압유가 펌프를 통과하는 동안 마찰로 인하여 금속가루가 유압유를 오염시키기도 한다. 이러한 오염물질들은 베어링, 펌프, 유압모터, 피스톤 로드, 부싱 등에 영향을 주고 밸브에서 간극(clearance)을 크게 하여 내부 누유를 증가시키고 마모를 촉진하며 펌프 토출량의 감소, 온도 상승 등에 의한 원인이 된다. 또한 오염물질들이 파이로트 작동형 릴리프 밸브나 압력보상형 유량제어밸브 등의 파이로트 오리피스에 모이게 되면 파이로트 통로가 막히게 되어 유압유가 더 이상 메인 포펫으로 흐를 수 없게 된다. 이 경우 밸브를 쉽게 분해하여 재조립하여 사용하면 부품 자체는 물리적으로 큰 손상을 입지 않으나 생산의 다운타임(downtime)을 생각하면 엄청난 손실이 된다. 50 ㎛ 이상의 오염물질은 돌발고장(catastrophic failure)을 일으켜 시스템의 정지를 발생시키고 10 ㎛ 이하의 오염물질은 유압요소의 점진적인 마모와 손상을 야기하는 성능저하 고장(degradation failure)을 일으킨다. 특히 최근에는 유압펌프가 고압으로 설계되므로 오염물질에 보다 민감하다.

과도한 오염물질로부터 유압부품을 보호하기 위하여 일정 수준 이하로 오염물질을 제거하는 것이 필터의 역할이다. 필터를 사용할 때에는 오염측정기를 이용하여 필터의 효율을 측정해 보는 것이 바람직하다. 유압시스템 설치 시에도 반드시 필터를 사용한 세관을 하여 이물질을 제거토록 하고 유압부품의 민감도에 기초하여 필터의 선정 및 설치가 이루어지도록 한다.

필터는 설치되는 장소에 따라 흡입 필터, 복귀 필터, 압력 필터로 분류한다.

13.5.1 흡입 필터(suction filter)

흡입 필터는 펌프의 흡입관에 설치된다. 유압유는 기름 탱크로부터 흡입 필터를 거쳐 펌프로 들어가게 되므로 여과된 유압유만이 시스템에 공급된다. 흡입 필터로는 여과 등급이 25 ~ 238 ㎛인 스트레이너를 달기도 한다. 스트레이너는 일반적으로 가는 눈의 철사망으로 되어 있으며 필터에 비하여 미세한 여과 작용을 하지 않는다. 따라서 유동저항은 비교적 적다. 스트레이너 사용 중 이물질이 구멍을 막게 되면 압력이 한계 이하로 떨어지게 되고 그러면 펌프에서 캐비테이션 현상이 발생될 수 있다. 따라서 한 개의 스트레이너로 충분하지 않은 경우에는 여러 개의 스트레이너를 설치할 수 있다. 스트레이너는 정기적으로 청소가 가능하도록 손의 힘만으로 조여서 장착할 필요가 있고, 이음부는 항상 유면 아래에 잠겨 있도록 하고 기름 탱크 밑바닥으로부터는 3인치 이상 떨어뜨려 설치하여 밑바닥의 오염물질의 흡입을 방지하도록 한다. 설치 위치상 서비스하기가 곤란할 경우에는 바이패스 체크밸브가 내장된 필터를 설치하여 캐비테이션을 방지하고 가능하면 펌프 입구 쪽에 진공압력계를 설치하여 주기적으로 감시하도록 한다.

13.5.2 복귀 필터(return filter)

복귀 필터는 복귀관에 설치된다. 복귀 필터의 하우징과 필터 삽입부는 유량이 큰 밸브가 갑자기 전환되거나 응답이 빠른 바이-패스 밸브를 통하여 유압유가 직접 탱크로 귀환될 때 발생될 수 있는 피크 압력을 견딜 수 있도록 설계되어야 한다. 복귀되는 유량은 필터를 거쳐 기름 탱크로 귀환되어야 하는 데 복귀유량이 공동배관으로 집중되지 않으면 복귀 필터는 복귀되는 일부 유량에만 사용될 수 있다. 그러나 대부분의 경우 모든 기름이 복귀 필터를 거치도록 한다. 복귀 필터는 압력관에서의 필터보다 값이 싸다. 복귀 필터의 작업압력은 설계에 따라 다르나 최고 30 kgf/cm^{2}까지 사용될 수 있고 통과 유량은 복귀 필터가 탱크에 설치된 경우 1300 ℓ/min, 배관에 설치되는 큰 직립 필터의 경우 3900 ℓ/min까지이다. 복귀 필터의 여과등급은 5 ~ 40 ㎛ 정도가 사용된다.

복귀 필터를 두 개 사용하면 필터의 보수 시 발생되는 비가동시간을 피할 수 있다. 이중(dual) 필터는 병렬로 설치되는 데 만약 유압시스템이 두 번째 필터로 전환되면 오염된 필터는 유압시스템의 정지 없이 제거될 수 있다.

13.5.3 압력 필터(pressure filter)

압력 필터는 유압시스템의 압력관이나 이물질에 민감한 유압부품 앞에 설치한다. 예를 들어 펌프의 압력포트나 유량제어밸브의 앞과 같은 장소이다. 압력필터는 최고 작업 압력을 받기 때문에 강성설계를 하여야 한다. 압력 필터는 바이-패스 밸브를 갖지 않고 오염 정도를 나타내는 지시기를 갖는다. 작업압력은 420 kgf/cm^{2}까지이며 통과유량은 330 ℓ/min까지이다. 압력 필터의 여과등급은 3 ~

40 ㎛ 정도가 사용된다. 압력 필터는 간접작동형 밸브나 서보 밸브를 사용할 때 필히 부착하여야 하며, 압력이 높은 곳에서 사용되므로 내압(pressure proof) 하우징이 사용되어 가격이 비싸다.

13.5.4 부분 여과(partial filtration)

상대적으로 작은 필터가 사용될 경우에는 부분 여과를 적용시키기도 하는 데 이는 유압유가 순환되다 보면 통계적으로 필터를 거칠 것이라는 가정에 기초한다. 부분 여과는 부스터 라인이나 유압 트랜스미션(hydro-static transmission)에 적합하다. 큰 유압시스템에서는 여러 개의 펌프를 사용하여 시스템을 운전하는데 그 중 한 개의 펌프로는 계속 부분 여과 작업을 시키도록 하는 경우도 많이 있다.

필터의 계속 사용여부는 오염 지시기(clogging indicator)를 점검함으로서 결정할 수 있는 데, 필터의 오염도는 압력강하를 측정함으로서 이루어진다. 오염이 심하면 필터 앞쪽의 압력이 상승하고 이 압력이 작은 단동실린더를 동작시켜 피스톤을 밀게 된다. 또 다른 방법으로는 피스톤의 동작을 보여주는 것 이외에 압력스위치의 전기 접점을 이용하여 전기적, 시각적 지시계로 바꾸어 주는 것이다. 그림 13.9는 오염지시기의 원리를 보여준다.

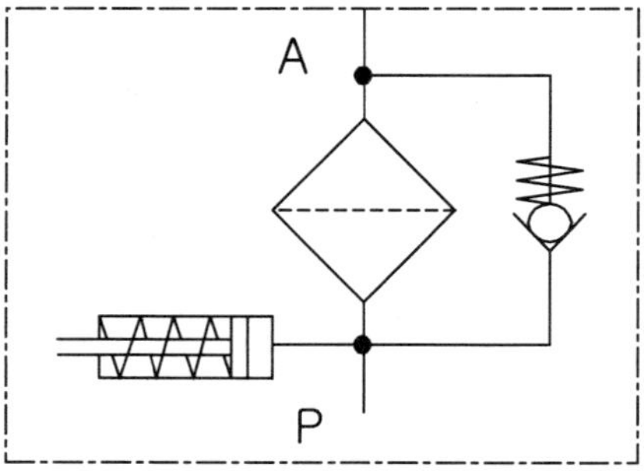

그림 13.9 오염지시기의 원리

13.6 냉각 장치

유압시스템에서의 마찰은 유압유가 배관이나 유압부품을 통하여 흐를 때 에너지 손실의 원인이 되고 유압유의 온도를 상승시키게 된다. 열은 저장탱크, 배관, 유압부품 등을 통하여 외부로 발산된다. 유압시스템에서의 작업온도는 50 ~ 60 ℃ 이상을 초과하지 않도록 한다. 온도가 너무 높으면 유압유의 점도가 너무 떨어지게 되고 산화 현상을 가속시키며 실링의 내구수명을 단축시킨다. 이는 결과적으로 작업의 정밀도를 떨어뜨리고 누설을 증가시키며 유압유의 성질을 변화시키므로 유압유의 온도는 항상 일정하게 유지되어야 한다. 유압시스템 자체의 냉각기능이 떨어지면 냉각장치(cooler)를 가동시켜 일정범위 내로 유압유의 온도를 유지시켜 주어야 하는 데, 냉각장치는 온도 조절 장치에 의하여 작동된다. 냉각장치에는 수냉식과 공냉식이 있는 데 공냉식은 온도 차이가 25 ℃까지, 수냉식은 온도차이가 35 ℃까지일 때 사용하고, 많은 양의 열을 분산시킬 때에는 팬-쿨러(fan-cooler)를 사용한다. 수냉식 냉각기는 통 속에 여러 개의 관을 묶어서 넣고 관속에는 냉각수가 흐르고 관 주위에는 유압유가 흘러 지나가면서 냉각된다. 냉각관의 주위에는 배플(baffle)을 설치하여 유압유의 유로를 복잡하게 함으로서 냉각효과를 높여준다. 냉각기는 유압회로 중에서 압력이 낮은 쪽에 설치하는 것이 좋으며 발열원 가까운 쪽에 설치하는 것이 좋다. 유온을 조절하고자 할 경우에는 냉각수 유입관의 유온에 따라 냉각수의 양이 조절되게 하는 온도조절용 서머스텃(thermostat) 장치를 설치하기도 한다. 공냉식 냉각기는 유압유가 흐르는 관주위에 핀을 붙이고 그 사이를 공기가 통과하도록 팬을 돌려서 냉각하는 방식으로 물을 이용하기가 곤란한 경우에 사용된다. 대부분의 팬은 전기모터로 구동되나 간편 설계를 위하여 펌프 축에 커플링을 이용하여 팬을 설치하기도 한다. 이동식 유압장치에서는 상대적으로 기름 탱크가 작으므로 시스템에서 유입되는 열을 분산시키기 위해서 냉각장치가 설치된다.

수냉식 냉각기와 공냉식 냉각기를 비교 정리하면 표 13.2와 같다.

표 13.2 냉각장치의 비교

	공냉식 냉각기	수냉식 냉각기
설명	• 팬에 의하여 식혀진 유압유는 배관을 통하여 복귀관으로 돌아간다.	• 냉각수에 의해서 유압유가 식혀진다.
장점	• 운전비용이 적다. • 설치가 쉽다.	• 대용량의 냉각작용이 가능하다. • 소음이 작다.
단점	• 소음이 크다.	• 운전비용이 비싸다. • 냉각수의 오염 및 부식발생 위험이 있다.

13.7 가열 장치

추운 환경에서 유압시스템이 시동될 경우나 유압유의 점도를 최적으로 도달시키고 싶을 때, 즉 최적의 작업온도를 빨리 얻고자 할 때 히터(heater)가 사용된다. 일반적으로 유압유의 점도가 500 ~ 1000 mm^2/s(허용한도) 보다 클 때 히터가 사용될 수 있으며, 히터가 없고 구동장치로 내연기관을 사용할 경우에는 펌프를 천천히 시동시킨다. 예열과정은 펌프 유량을 압력 릴리프 밸브를 통과시키면 가속된다. 일반적으로 전기적 침하형(electrical immersion type) 히터가 사용되며 부분적으로 과열이 되지 않도록 주의한다. 이를 위하여 히터는 기름 탱크 바닥쪽에 설치하여 대류작용을 이용하는 것이 바람직하다. 히터제어는 서머스텃을 이용하며 최대 열용량이 2 W/cm^2을 넘지 않도록 한다.

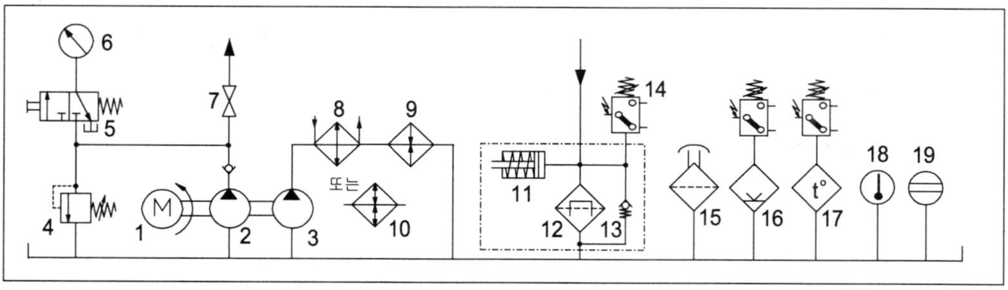

그림 13.10 유압 파워팩

13.8 유압유

원칙적으로 모든 유체는 압력에너지를 전달할 수 있다. 그러나 유압유로 사용되기 위해서는 제약이 따르게 된다. 만약 유압유로서 물을 사용하게 되면 부식, 비등, 결빙, 낮은 점도로 인한 누설 등이 문제가 된다. 유압유로는 일반적으로 광물성유가 가장 보편적으로 사용되며 광물성유는 유압시스템에서 요구하는 대부분의 필요조건을 만족시키고 있다. 그리고 화재의 위험성이 높은 유압시스템에서는 높은 인화점을 갖는 유압유가 사용되어야 한다. 예를 들어 광산 장비, 다이캐스팅 기계, 단조 프레스, 발전소 터빈의 제어 유닛, 제강 기계 등에는 극도로 가열된 금속 부품으로 인하여 유압유가 인화될 수 있는 위험성이 있다. 따라서 이러한 곳에서는 기존의 유압유 대신에 수분이 함유된 유압유나 합성유압유가 사용된다.

13.8.1 유압유의 작용

유압시스템에서의 유압유는 동력 전달을 하는 매체로 이용될 뿐만 아니라 기기 마찰부분의 윤활작용, 실(seal) 작용 및 방청 작용을 하는 중요한 구실을 하는 구성요소로서 다음과 같은 다양한 기능을 만족시켜 주어야 한다.

- 압력에너지의 이송
- 습동부의 윤활
- 열에너지의 분산 즉 냉각작용
- 이상 압력의 감소
- 부식의 방지
- 마모 입자의 제거
- 신호 전달

13.8.2 유압유의 필요 조건

유압시스템을 유효하고 경제적으로 운전하려면 적정한 유압유를 선택하여 사용하여야 한다. 일반적으로 유압기기용으로 사용되는 유압유는 정제된 질이 좋은 기름을 사용하는 것이 바람직하나, 같은 성질의 터빈유로 대용하여도 무방하다. 물, 원유, 수용성유, 동식물성유 등을 사용하여서는 안 되며 구입이 쉽다는 이유로 유압유의 성질을 모두 구비하고 있지 않은 기계유 등을 사용하면 효율이 저하되거나 기계의 수명을 단축시키는 결과가 발생되므로 피하는 것이 좋다.

유압시스템에서 우수한 성능의 유압유를 얻기 위해서는 먼저 유압유의 성질을 잘 알아두어야 한다. 그렇지 않으면 장치에 적합한 유압유를 고를 수 없기 때문이다. 물리적 성질로는 비중, 비열, 점도, 압축성, 인화점, 잔류탄소, 색, 유동점 및 공기분리 압력 등이 있으며, 화학적 성질로는 점도의 온도 의존성, 산화 안정성, 항유화성, 녹 및 내식성 등이 있다. 이와 같은 성질들은 유압시스템의 원활한 작동을 위하여 고려해야 할 사항들이다.

유압유는 유압시스템에서 흐르는 사이에 압력, 온도, 속도 등의 변화에 의한 영향을 받아서 유압유의 성질이 열화 되므로, 유압유의 선택에는 충분한 검토와 주의가 필요하다. 유압유로서 필요한 조건을 간추려 보면 다음과 같다.

- 확실한 동력을 전달하기 위하여 비압축성이고 유동성이 좋을 것
- 온도변화에 대하여 점도변화가 적을 것
- 습동 부위의 마모를 방지하고 끼워 맞춤이나 틈새에서 누유가 발생되지 않을 정도의 점도가 유지될 것
- 오랫동안 사용하여도 물리적으로나 화학적으로 안정성이 클 것
- 녹이나 부식 발생 등이 방지될 것
- 열을 전달시킬 수 있을 것
- 유압시스템의 구성요소(실, 패킹 및 금속)에 대하여 적합성이 양호할 것
- 외부로부터 침입한 불순물을 쉽게 침전, 분리시킬 수 있고, 특히 유압유 중의 공기를 속히 분리시킬 수 있을 것
- 투명도가 높고 독특한 색을 가질 것
- 거품이 일지 않을 것
- 수분을 쉽게 분리시킬 수 있을 것
- 화재의 위험이 없을 것

이상과 같은 좋은 성질을 갖는 유압유를 선택하면 효율을 높일 수 있고 수명을 연장시킬 수 있음은 물론 유압유의 내구성도 증가하므로 가격에 구애받지 않고 유압유를 선택하는 것이 바람직하다.

13.8.3 유압유의 종류

유압유에는 석유계 유압유와 난연성 유압유로 크게 분류할 수 있다.

■ 석유계 유압유

일반 산업용으로 사용되는 유압유는 앞에서 기술한 유압유의 필요조건을 대부분 만족시키고 구입도 용이하기 때문에 대부분 석유계 유압유(petroleum-base hydraulic fluid)가 사용된다. 석유계 유압유는 원유로부터 정제한 윤활유의 일종으로 성상(性狀)은 원유의 종류, 정제 방법에 따라 다르다. 석유계 유압유는 주로 파라핀기(paraffin基) 원유를 증류, 분리하여 정제한 것으로 산화방지, 방청 등의 첨가제를 첨가한 것이다. 석유계 유압유는 고온에서 열화성이나 휘발성 문제가 따르기 때문에 사용 온도가 100 ℃ 이상이거나 발화의 위험이 있는 곳에서의 사용은 피하여야 한다.

■ 난연성 유압유

석유계 유압유에 비하여 내화성이 우수한 유압유를 난연성 유압유(fire-resistant fluid)라고 한다. 석유계 유압유는 유압유로서의 필요조건을 대체로 만족하고 있으나 화재의 위험이 크다. 특히 고압력의 장치나 화기가 있는 장소에서 유압시스템의 운전 중 누설된 유압유는 사고의 원인이 되므로 화재의 위험이 있는 곳에서는 난연성 유압유를 사용하는 것이 바람직하다. 난연성 유압유는 불연성과 어느 정도의 가연성이라 할지라도 인화된 후 불꽃이 번지지 않으면 되는 것으로 분류하는데, 이는 각 제조업체에 따라 특성이 다르다. 따라서 사용하는 기기와 장소에 적합한 유압유를 신중히 고려하여 선택할 필요가 있다.

일반적으로 난연성 유압유는 다음과 같은 특징을 갖고 있다.

- 일반적으로 점도가 낮아 누유가 많으며 윤활 특성도 떨어진다.
- 합성형 유압유의 어떤 종류는 비중이 1보다 큰 것도 있다.
- 윤활 특성이 떨어지므로 베어링의 내구수명이 감소된다.
- 화학적으로 실, 개스킷, 비철금속의 부식을 가져온다.
- 증기압이 약 0.2 kgf/cm^2(절대압력)이므로 어떤 교축장소에서는 캐비테이션이 발생될 수 있다.

- 주기적으로 화학변화를 체크하여야 한다.

13.8.4 첨가제의 종류와 작용

유압유로서 물리화학적인 제반 성질을 향상시켜 양질의 유압유로 유지하기 위하여 다음과 같은 첨가제를 사용한다.

■ 점도지수 향상제(VI제)

유압유를 광범위하게 사용하기 위해서는 점도지수가 큰 것이 좋다. 유압유의 본질적인 성질을 변화시키지 않고, 본래의 방향족 성분을 제거함으로써 점도지수를 향상시킬 수 있는 데, 원유에 따라 경제적인 한도가 있게 된다. 따라서 어떤 종류의 고분자중합체로 된 점도지수 향상제를 사용하게 된다. 특히 큰 전단(剪斷)을 받으면 점도지수가 VI제를 첨가한 것보다 더 떨어질 수도 있으므로 주의하여야 한다.

■ 산화 방지제

산화 방지제는 유압유 속에서의 산의 생성을 억제함과 동시에 금속의 표면에 부식 억제 피막을 형성하여 산화물질이 금속에 직접 접촉하는 것을 방지한다. 또한 금속이 산화촉진 촉매로 작용하는 것도 방지해 준다. 유압유의 산화는 공기 중의 산소와 유압유의 반응으로 발생되며, 유압유가 산화하면 점도가 증가하고 부식성의 산화 생성물을 만들게 된다. 산화가 더 진행되면 용해되지 않는 슬러지(sludge)를 석출하게 된다. 유압유의 산화는 다음과 같은 세 가지 요인에 의하여 증가될 수 있다.

- 높은 유압유의 온도
- 구리, 철, 납과 같은 금속 촉매의 역할
- 산소 공급의 증가

이러한 산화를 방지하기 위한 첨가제를 산화 방지제라고 하며 이온 화합물, 인산 화합물, 아민 및 페놀 화합물 등이 있다.

■ 마찰 방지제

마찰 방지제는 금속의 고체 마찰을 방지하고, 눌러 붙음(seizure)을 방지하여 윤활성의 향상을 도모하는 것이다. 경계 마찰면에 극성분자(極性分子)를 배열시켜 강인한 흡착막을 만들고 금속끼리의 마찰을 방지하여 마찰계수를 저하시키는 것으로서 에스테르류의 극성 화합물이 사용된다. 마찰면의 금속과 화학적으로 반응하여 화합물의 피막을 만들고, 금속의 직접 접촉을 막는 융착 방지제로서는 인, 염소 등의 유기 화합물이 사용된다.

마모 방지제는 온도 상승에 따라 흡착 유막이 융해 또는 분해되어 기능을 잃게 되는 것이 문제이며, 사용 조건이 까다롭고 마모 방지제로 충분하지 못한 경우는 극압제를 첨가한다.

■ 소포제

소포제는 유압유가 거품을 일으킬 때 거품을 빨리 유면으로 뜨게 하여 거품을 없애는 것으로서, 공기와 경계막의 평형을 불안정하게 하여 거품을 없앤다. 소포제로는 실리콘유 또는 실리콘의 유기 화합물 등이 효과가 있다.

■ 방청제

방청제는 유압유에 섞인 수분에 의하여 금속 표면에 녹이 생기는 것을 방지하기 위하여 사용된다. 방청제는 금속 표면에 단단하게 붙고, 조밀하게 퍼져서 수분이 통과하여 금속 표면에 접촉하는 것을 방지한다. 방청제에는 금속면에 강한 흡착력을 가진 유기산 에스테르, 지방산염 및 유기인 화합물 등이 사용된다.

■ 유동점 강하제

유압유에 포함된 파라핀이 저온이 되면 결정을 만들고 흐름을 방해한다. 유동점 강하제는 이 결정의 성장을 방지하고, 낮은 온도에서도 흐름을 용이하게 만들어 준다.

13.8.5 유압유의 물리적 성질

■ 비중

같은 조건에서 유압유의 비중이 커지면 열용량이 커지게 되며, 비중은 화학적인 구성과 균일성을 알아내는 데 도움이 된다. 일반적으로 같은 점도의 유압유는 비중이 클수록 나프텐계에 가깝고, 비중이 작을수록 파라핀계에 가깝다. 석유계 유압유의 비중은 대략 0.85 ~ 0.95, 합성 유압유의 비중은 1.25 정도이다.

■ **점도**

점도란 흐름에 대한 저항으로 정의되는 데, 그 유체의 내부마찰을 의미하며 유체 내의 인접한 두 층이 흐르기 위해 서로 극복해야 할 저항을 말한다. 따라서 점도란 어떤 유체가 얼마나 쉽게 흐를 수 있는가에 대한 척도가 된다. SI 단위계에서는 점도를 동점도 계수(kinematic viscosity)로 정의하고 단위는 mm^2/s를 사용한다. 동점도를 결정하기 위해서 볼(ball) 점도계가 사용될 수 있는 데 이 점도계는 광범위한 영역에서 정밀한 측정을 할 수 있다. 측정치는 중력이 작용하는 유체 내에 강구가 하강하는 속도를 측정함으로서 얻을 수 있다. 동점도는 이 측정치를 유체의 밀도로 나눔으로서 결정할 수 있다.

유압유는 펌프, 밸브, 액추에이터 등의 기기 사이를 적당히 밀봉할 수 있는 충분한 점도를 가져야 한다. 그러나 점도가 너무 크면 효율이 떨어지고 소음이 발생된다. 또한 마찰저항이 증가하여 펌프의 송출 압력이 커지고 밸브의 응답속도가 늦어진다. 유압유의 점도는 유압시스템의 설계, 운전 압력, 운전 온도 및 시스템의 규모에 따라 결정되는 데 실제로는 경험으로 구해진 펌프 제조업체의 추천 점도에 따르는 경우가 많다.

일반적으로 유압유의 점도는 운전 온도에서 13cSt(70SSU) 이상이어야 한다. 만일 이보다 낮아지면 작동하는 기기들 사이의 실과 윤활 효과를 충분히 얻을 수 없다. 또한 유압펌프를 시동할 때 탱크 속의 유압유의 점도는 880cSt(4000SSU) 이하이어야 한다. 점도가 이 이상이 되면 유압유의 흐름이 어려워져 펌프 입구에서 캐비테이션이 발생한다.

점도에 따른 유압시스템에의 영향을 좀 더 상술하면, 유압유의 점도가 너무 낮은 경우에는 누유가 많아지고, 유막이 얇아져서 윤활 작용이 소홀해지며 결과적으로 마모가 상대적으로 커지게 된다. 그러므로 점도가 어느 정도 있는 유압유가 선호되는 데 그 까닭은 작은 마찰로 인한 압력손실 및 동력손실이 적기 때문이다. 점도가 증가하면 유압유의 내부마찰이 증가하며 열에 의한 압력손실 및 동력손실도 증가한다. 고점도의 작동유는 과도한 압력손실을 야기하는 마찰을 증가시키고 특히 교축부에서 열을 발생시킨다. 또한 유압장치의 시동과 유압유에 포함된 공기를 분리시키는 것도 상대적으로 어렵기 때문에 캐비테이션을 유발시키게 된다. 이를 정리하면 표 13.3과 같다.

표 13.3 점도의 성질

낮은 점도	높은 점도
• 누유가 많다. • 윤활효과가 적다. • 흐름에 대한 저항이 적다. • 토출시키기가 쉽다. • 신호에 대한 응답이 빠르다. • 유압유 중의 공기배출이 쉽다.	• 유체저항으로 인한 압력손실이 크다. • 토출시키기가 어렵다. • 윤활 특성이 우수하다. • 유압유 중의 공기배출이 어렵다. • 누유가 적다. • 신호에 대한 응답이 느리다.

■ **인화점과 연소점**

유압유를 차차 가열하면 일부가 증발되어 공기와 혼합하여 인화성을 가지게 된다. 이때 다른 불꽃을 접근시키면 순간적으로 섬광을 내면서 인화하였다가 꺼지게 된다. 이때의 온도를 인화점이라고 한다. 다시 가열을 하면 증기의 발생은 한층 격렬해지고, 화염을 가까이 하면 연소가 계속된다. 이때의 온도를 연소점 또는 발화점이라고 한다. 석유계 유압유의 인화점은 180 ~ 240 ℃의 범위에 있으며 연소점은 이보다 20 ~ 40 ℃ 정도 높게 된다. 난연성 유압유에서는 규정된 것은 없으나 인화성 가스를 방출하는 온도를 나타내는 시험법이 채용되고 있다.

■ **압축성**

유압시스템의 압력은 부하에 의하여 결정되나 고압(300 kgf/cm^2 이상)을 사용하면 유압장치가 소형, 경량화된다. 또한 구동력을 크게 하려면 고압 이용이 불가피한 데 고압을 사용할 때 압축성이 큰 문제가 된다. 유압유 중에 공기가 혼입되면 압축률은 크게 변한다. 따라서 유압시스템에서는 공기가 혼입되지 않도록 특히 주의하여야 한다. 일반적으로 유압유의 체적변화율은 온도가 상승할수록, 압력이 증가할수록 증가한다. 유압유에 녹지 않은 기포가 포함되어 있으면 체적변화는 한층 커지게 된다.

13.8.6 유압유의 실용적 성질

■ **온도에 따른 점도 변화**

유압유의 점도는 유압시스템에 직접적인 영향을 미치므로 점도는 유압유 중에서 가장 중요한 성질이다. 보통 유압유의 점도 결정은 사용하는 펌프 형식에 따라 37.8℃(100℉)의 온도를 기준으로 선택을 하지만, 유압유의 점도는 온도에 따라 크게 변한다. 또한 유압시스템도 사용온도의 변화가 크다. 따라서 상온에서의 점도와 시동할 때의 점도는 물론 운전 중의 점도도 알 필요가 있다. 실제로 운전온도에서의 점도는 매우 중요하다. 그러므로 유압시스템 전체의 효율을 향상시키기 위하여 요구되는 점도는 실용적인 시험에 의하여 결정하는 것이 보통이다.

■ **점도지수**

유압유의 점도가 온도의 영향을 받으므로 점도-온도 특성을 어떤 값으로 표시할 수 있다면 매우 편리할 것이다. 이 값으로 여러 가지의 지수가 제안되고 있으나 가장 널리 사용되는 것으로 점도지수(viscosity index; VI)가 있다.

일반적으로 유압유의 점도지수는 90～120 정도이며 점도지수가 크면 클수록 온도변화에 대한 점도변화가 적어진다. 따라서 유압유로서는 점도지수가 큰 것을 선정하는 것이 유리하다. 점도지수가 작은 유압유를 사용하면 저온에서 점도가 증가하여 시동이 어려워지며 정상운전 까지 예비운전이 길어져 경제적 운전이 될 수 없을 뿐만 아니라 흡입 측에서 캐비테이션을 일으키고, 배관 속의 마찰로 인한 압력손실이 크게 된다. 또한 정상운전이 되더라도 높은 온도에서는 점도가 떨어지므로 누유가 증가하고 압력유지가 곤란하며, 마모가 촉진되고 효율이 떨어지므로 주의가 필요하다.

■ **압력에 의한 점도 변화**

유압장치의 발달과 함께 작동압력이 점차 높아져 같은 용량의 장치로 큰일을 하고자 하는 경향이 있다. 점도는 압력이 올라가면 지수 함수적으로 증가한다. 따라서 압력이 점차 높아짐에 따라 압력과 점도 사이의 관계도 상당히 중요하게 되었다. 압력이 유압유에 미치는 영향은 100 kgf/cm^2까지는 근소하여 고려할 필요가 없으나 200 kgf/cm^2 이상의 압력이 되면 점도의 변화가 커지고 400 kgf/cm^2에서는 점도가 2배 정도로 증가하므로 주의를 요한다.

■ **산화 안정성**

산화 안정성(oxidation stability)이란 유압유의 산성을 나타내는 척도로서 1g의 유압유 속에 존재하는 산을 중화시키는 데에 필요한 가성 칼륨으로 산가를 표시하며, 유압유의 수명을 예측하는 수단으로 사용된다. 양질의 유압유는 낮은 산가를 갖는다. 일반적으로 유압유의 온도가 40 ℃까지는 산화속도가 별로 문제되지 않으나 그로부터 온도가 10 ℃씩 올라갈 때마다 산화속도는 약 2배로 빨라진다. 유압유의 추천 온도는 고정식 유압장치의 경우 기름 탱크에서 35 ~ 55 ℃이고 이동식 유압장치의 경우 기름 탱크에서 45 ~ 65 ℃이다. 유압유가 50 ℃ 이하에서는 산화속도가 비교적 완만하지만 70 ℃ 이상에서는 그 속도가 급속히 진행되어 유압유의 열화가 격심해지므로 주의하여야 한다. 특히 구리, 아연, 청동 등은 산화할 때 촉매작용을 하게 되므로 찌꺼기, 물, 녹 등은 더럽혀진 유압유와 함께 충분히 주의하여 계획적으로 제거하여야 한다.

■ **혼입공기**

유압회로 속에 여러 가지 원인에 의하여 기포로 된 미세한 공기가 섞여 있는 상태를 혼입공기(aeration)라 하고, 이것은 유압시스템의 기능을 떨어뜨리는 원인이 된다. 물속에 용해되어 있는 공기는 대기 중에서 체적비율로 2 % 정도인 데 비하여 유압유 속에는 5 ~ 10 %의 공기가 용해되어 있다. 더구나 혼입공기량은 헨리의 법칙에 따라 압력이 증가하면 공기의 용해량도 증가하게 되고 유압유의 온도가 상승되어도 증가한다. 이러한 유압유를 고속 교반시키든가 압력을 떨어뜨리면 용해된 공기가 분리되어 기포로 출현하게 된다. 이 기포는 유압유의 손실을 초래하며 심지어는 펌프의 운전을 어렵게 한다. 유압유 속에 공기가 들어가면 윤활작용을 감소시키고 산화를 촉진시킨다. 또한 압축성이 증대되어 유압기기의 작동을 불규칙하게 만들고 기기를 손상시킨다.

혼입공기량을 감소시키기 위해서는 기름 탱크에서 일어나는 소용돌이 흐름을 줄여주고 회로 중에서 압력이 떨어지는 부분에 주의를 하고, 압력 배관 중에서 패킹이나 개스킷 등에서의 누설을 충분히 고려하여야 한다. 그리고 유압시스템에서 공기가 고일만한 곳에 공기 드레인을 설치하여 공기를 완전히 빼낼 수 있도록 세심한 주의를 하여야 한다.

■ **유압유 중의 수분**

유압유 중에 수분이 포함되면 윤활작용, 밀봉작용 등의 효과가 감소되고 금속 촉매작용을 활성화시킨다. 잘 정제된 유압유는 수분이 침입하면 곧 수분을 침전시켜 분리하나 산화 안정성이 나쁜 유압유는 수분을 분리하지 못하고 유화유(乳化油)가 된다. 유화방지를 위해서는 유압시스템 속으로 수분이 들어갈 수 없도록 적극적으로 방지하여야 하며, 유압유에 수분이 들어오더라도 기름 탱크 속에서 빨리 분리시켜 유화물을 만들 수 없도록 산화 안정성이 좋은 유압유를 선택하여야 한다. 일반적으로 유압유 중에 수분의 허용한도는 0.2% 정도이다.

14 | 유압 실린더

유압 실린더는 유압에너지를 기계적 에너지로 변환시켜서 선형운동을 하는 유압요소로서 압력과 유량을 제어하여 추력과 속도를 조절할 수 있다.

14.1 단동 실린더

단동 실린더(single acting cylinder)에서는 피스톤 측 면적으로만 유압이 작용하므로 부하에 대하여 한 방향으로만 일을 할 수 있게 된다. 단동 실린더의 구조는 그림 14.1과 같다.

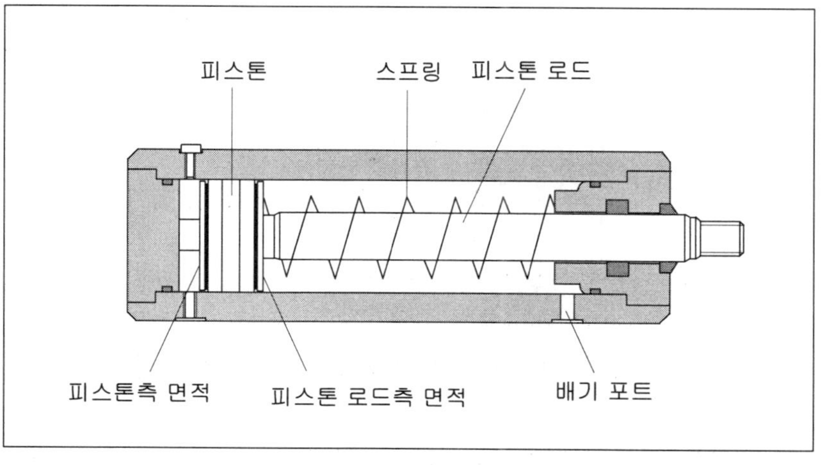

그림 14.1 단동 실린더의 구조

단동 실린더의 동작원리는 유압유가 피스톤 측으로 흘러 들어가면 부하로 인하여 압력이 상승하게 되고 이 압력으로 인한 힘이 부하를 이기고 피스톤을 전진운동 시키게 된다. 후진운동 시에는 피스톤 측이 방향제어밸브를 통하여 탱크와 연결된다. 후진행정은 스프링이나 외력 또는 작은 지름의 보조 실린더에 의하여 이루어진다. 물론 이러한 힘들은 실린더, 배관, 밸브 등의 마찰력 합보다 커야만 한다. 보통 피스톤 로드의 단면적은 실린더의 1/2 이상이다.

단동 실린더는 유압 동력이 한 쪽 방향으로만 필요한 경우인 리프팅(lifting) 작업, 공작물의 클램핑 작업 등에 사용된다.

플런저(plunger) 실린더는 램형(ram type) 실린더라고도 하며 피스톤과 로드가 한 유닛을 형성한다. 텔레스코픽(telescopic) 실린더는 1조의 유압 실린더 내부에 다시 별개의 실린더를 내장하여 유압유가 순차적으로 실린더가 이동하는 것으로

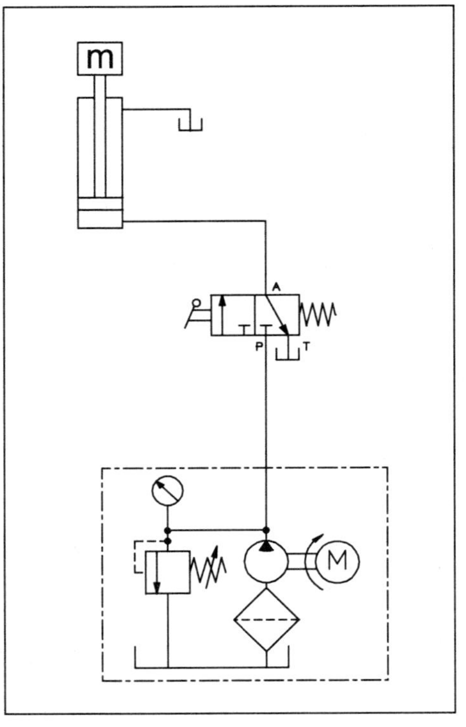

그림 14.2 단동 실린더의 제어(3/2-way 밸브 사용)

서, 매우 긴 행정을 요하는 엘리베이터나, 미사일 발사대, 부하가 초기에 큰 힘을 필요로 하고 행정이 진행됨에 따라 점점 감소하는, 예를 들어 덤프트럭 같은 경우에 사용된다.

피스톤의 후진운동이 외력에 의해서 이루어질 때에는 단동실린더는 수직방향으로 설치되고, 수평으로 설치될 경우에는 스프링에 의하여 복귀된다. 큰 유압프레스에서는 후진운동이 보조 실린더인 풀-백(pull-back) 실린더에 의해서 이루어진다.

14.2 복동 실린더

복동 실린더(double acting cylinder)의 경우에는 피스톤 양측에 압력이 걸릴 수 있다. 그러므로 양쪽 방향으로 일을 할 수 있게 된다. 그림 14.3은 복동 실린더의 구조를 보여준다.

유압유가 피스톤 측면적으로 흘러 들어가서 피스톤에 압력을 가하게 되고 압력과 면적의 곱인 추력이 형성된다. 이 힘이 외력 및 마찰력을 극복하게 되면 피스톤 로드가 전진운동을 하게 된다. 유압 에너지가 기계적 에너지로 변경되고 그 결과가 최종 부하에 작용한다. 후진작업의 경우도 마찬가지로 작동된다. 피스톤이 전진운동을 할 경우에는 피스톤 로드 측의 유압유가 탱크로 귀환되고, 후진 운동할 경우에는 피스톤 측의 유압유가 탱크로 귀환된다.

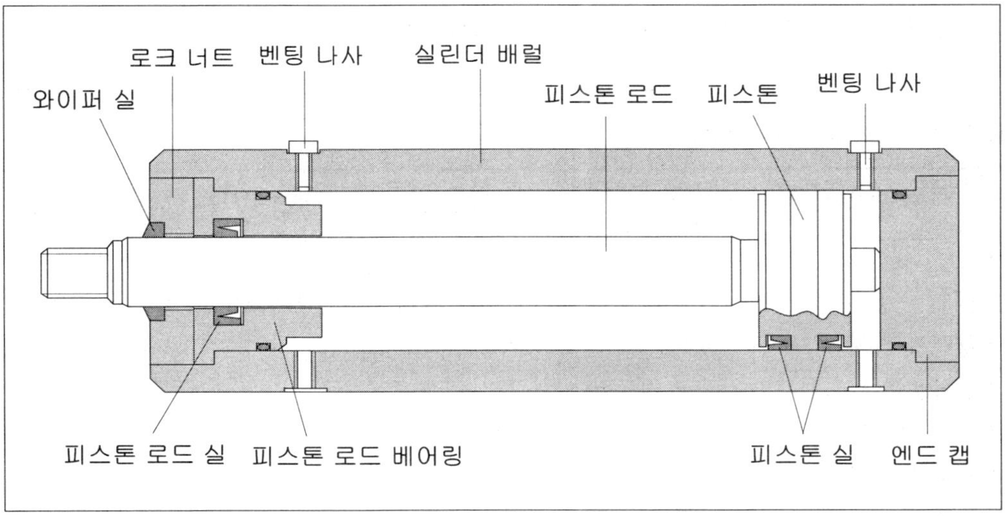

그림 14.3 복동 실린더의 구조

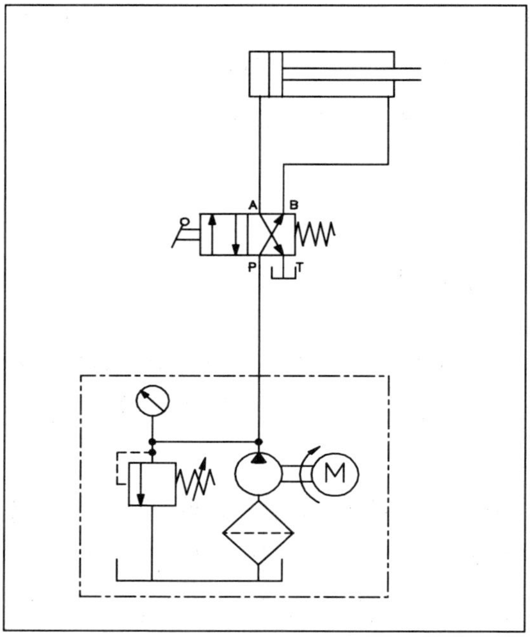

그림 14.4 복동 실린더의 제어

유압 복동 실린더는 실린더 통(cylinder barrel), 피스톤과 피스톤 로드, 엔드 캡(end cap), 유압유 포트(port) 및 실(seals)로 구성되어 있다.

복동실린더의 대표적인 사용처와 사용부위는 표 14.1과 같다.

표 14.1 복동 실린더의 사용처

공작기계	핸들링 장치 및 호이스트	이동장치	항공장치	조선
• 공구 및 작업 대상물의 이송운동 • 클램핑 장치 • 절삭운동 관련기계 • 충격 테스트 기계 • 브로우칭 기계 • 프레스 • 프린팅 기계 • 인젝션 몰딩 기계	• 틸팅(tilting) • 리프팅 • 선회운동 • 포크 리프터 • 트럭 등	• 굴삭기 • 파우어 로더 • 트랙터 • 포크 리프터 • 트럭	• 랜딩기어 • 비행기 날개운동	• 방향타 조정 • 프로펠러 조정

14.3 실린더의 쿠션

쿠션(cushion)이 내장된 실린더는 큰 부하가 매달려 있거나 피스톤의 속도가 빠를 때 전후진 완료위치에서의 큰 충격을 방지하기 위한 것이다. 쿠션은 실린더의 속도가 6 m/min(10 cm/s) 이하일 때는 필요치 않으나 실린더 속도가 6 ~ 20 m/min(10 ~ 33.3 cm/s)의 경우에는 브레이크 밸브나 교축요소를 통하여 쿠션을 줄 수 있다. 속도가 20 m/min(33.3 cm/s) 이상인 경우에는 특별한 쿠션이나 브레이크 장치가 필요하게 된다. 피스톤이 전후진 완료위치에 다가서면 정상적으로 복귀되던 유량이 일부만 복귀되고 일부는 압력 릴리프 밸브를 통하여 탱크로 귀환된다. 이러한 방법으로 피스톤 속도가 감소되어 고속으로 인한 충격 위험을 방지하게 된다. 쿠션은 전진위치, 후진위치, 또는 전후진 위치에 각각 설치될 수 있다. 한 가지 분명한 것은 쿠션이 작용하려면 반드시 압력 릴리프 밸브가 사용되어 유량이 나누어져야 한다는 것이다. 실린더에는 전후진 위치에 모두 쿠션 기능을 갖춘 실린더도 있는데 이 실린더는 전후진 시에 모두 갑작스러운 충격을 방지할 수 있다. 그림 14.5는 쿠션부를 보여 준다.

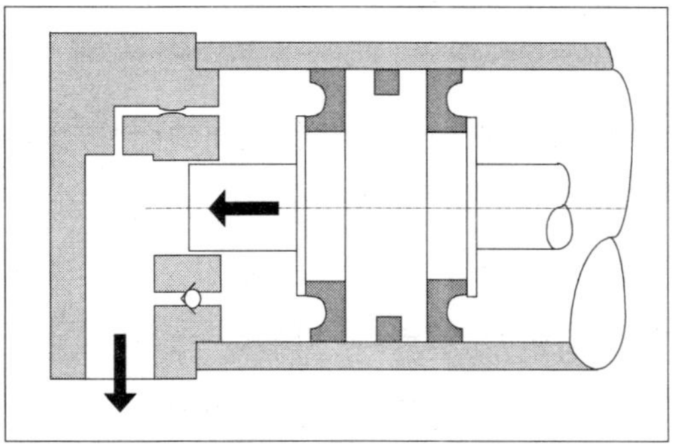

그림 14.5 실린더의 쿠션

14.4 실린더의 추력

실린더는 부하 F에 맞도록 선택하여야 한다. 사용되는 압력 p가 결정되어 있으면 다음 식에 의하여 실린더 직경을 구할 수 있다.

$$F = \eta \cdot p \cdot A$$

또는

$$d = \sqrt{\frac{4 \cdot F}{\eta \cdot \pi \cdot p}}$$

여기에서 F : 추력(kgf)
η : 기계적 효율
p : 압력(kgf/cm^2)
A : 가압 면적(cm^2)
d : 피스톤 직경(cm)

여기에서도 마찬가지로 기계적 효율 η 이 고려되어야 하는데 이 효율은 실린더 배럴, 피스톤 로드, 실링 시스템의 거칠기에 따라 좌우된다. 효율은 압력이 증가할수록 좋아지는데 대체로 0.85~0.95 사이의 값을 갖는다. 체적 효율은 피스톤 실에서의 누유를 고려한 것인데 실링이 완전한 경우에는 1이 될 것이고 그렇지 않다고 판단될 경우에는 체적 효율을 고려해주어야 한다. 그러나 대부분의 경우 실린더에서의 체적 효율은 고려하지 않고 있다. 표 14.2는 압력과 실린더의 기계적 효율을 보여준다.

표 14.2 압력과 실린더의 기계적 효율

압력 p(kgf/cm^2)	20	120	160
기계적 효율 η	0.85	0.90	0.92

경우에 따라서 하중 압력 계수를 정의하기도 하는 데, 다음과 같은 식으로 정의되고 계산 결과는 기계적 효율과 같다.

$$\lambda = \frac{F}{p \cdot A}$$

여기에서 λ : 하중 압력 계수
F : 하중(kgf)
p : 작동압력(kgf/cm^2)
A : 피스톤의 유효 단면적(cm^2)

실린더의 내경, 피스톤 로드경, 공칭압력은 ISO 3320/3322에 표준화되어 있는데 이를 소개하면 다음과 같다.

표 14.3 실린더 내경(mm)

	12	16	20		25		32		40	50	63	80
100	125	160	200	220	250	280	320	360	400			

표 14.4 피스톤 로드경(mm)

8	10		12	14	16	18	20	22	25	28	32	36	40	45	50	63	70	80	90
	100	110	112	140	160	180	200	220	250	280	320	360							

표 14.5 공칭압력(bar ≒ kgf/cm^2)

25	40	63	100	160	200	250	315	400	500	630

표 14.5의 공칭압력에서 밑줄 친 값들은 추천치이다.

피스톤 행정에 관한 추천 영역은 ISO 4393에 명시되어 있고, 피스톤 로드 부위의 나사에 대해서는 ISO 4395에 명시되어 있다. 예를 들어 행정거리의 경우 160 bar에서 100, 125, 160, 200, 250, 320, 400, 500 mm 등이 표준행정인 데 실제 문제의 해결 시에는 제품 카탈로그를 참조하여 결정하여야 한다.

14.5 면적비

유압실린더에서 면적비라 함은 피스톤 측 면적 A_P(area of piston)를 환형의 피스톤 로드 측 면적 A_{PR}(area of piston rod)로 나눈 것으로서 다음과 같이 정의한다.

$$\psi = \frac{A_P}{A_{PR}}$$

여기에서 A_P : 피스톤 측 면적
A_{PR} : 피스톤 로드 측 면적

면적비가 1.25인 경우의 실린더를 표준형(C형)이라고 하고 면적비가 1.45인 실린더를 강력형(B형)이라고 한다.

14.6 마운팅

실린더의 마운팅(mounting)을 지지방법에 의하여 분류라면 풋형(foot type), 플렌지형(flange type), 트러니언형(trunnion type), 클레비스형(clevis type) 및 볼형(ball type) 등이 있다. 그림 14.6은 이들을 그림으로 표시한 것이다.

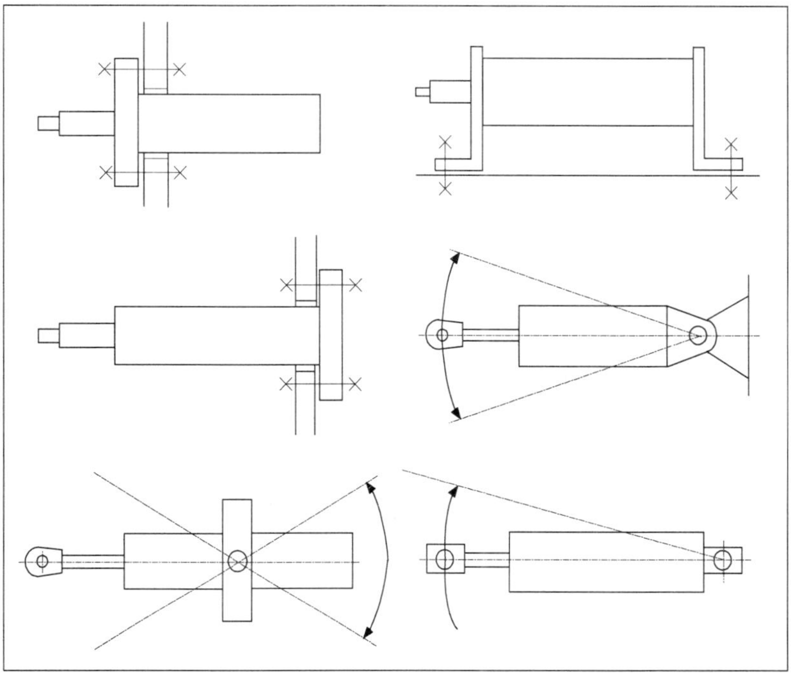

그림 14.6 마운팅 방법

풋형은 고정형 중의 하나로서 축방향과 평행하게 장치하는 축방향형과 축방향에 수직으로 장치하는 축직각형이 있다. 이들을 장착할 때에는 볼트를 사용하며 실린더 중심에 대하여 장치면을 평행하게 하여 설치한다.

플렌지형도 고정형 중의 하나로서 플렌지가 있는 방향에 따라 로드 측과 헤드 측으로 구분된다. 이들을 장착할 경우에는 항상 실린더 축과 수직으로 설치한다.

트러니언형은 요동형 중의 하나로서 실린더 축과 수직인 피봇(pivot)으로 지지되고 실린더 자체가 피봇 핀을 중심으로 요동한다. 덤프 트럭의 리프트 실린더 대부분이 이 형식으로 되어 있다.

클레비스형도 요동형 중의 하나로서 클레비스란 U자형 연결기를 뜻한다. 요동각은 가능한 한 최소로 하여야 하며 로드의 끝은 트러니언형과 같이 핀을 중심으로 요동한다. 이 방식은 건설장비에 많이 사용된다.

볼형은 실린더 본체를 자유로이 움직일 수 있도록 실린더 커버 뒤에 볼을 장치한 것이다.

15 | 유압 방향 제어 밸브

방향 제어 밸브는 유압시스템에서 유압유의 흐름을 전환, 개방, 폐쇄시켜서 유압유의 흐름 방향을 제어하고 유압 모터, 유압 실린더의 시동, 정지 및 운동 방향의 변환 등을 정확하게 제어하는 목적으로 사용되는 밸브이다. 이중에서도 전기 조작에 의한 전환 밸브는 자동적인 연속운동과 규칙적인 동작, 복잡한 운동 등의 원격 제어를 정확히 수행할 수 있다. 그림 15.1은 방향 제어 밸브의 기능을 보여준다.

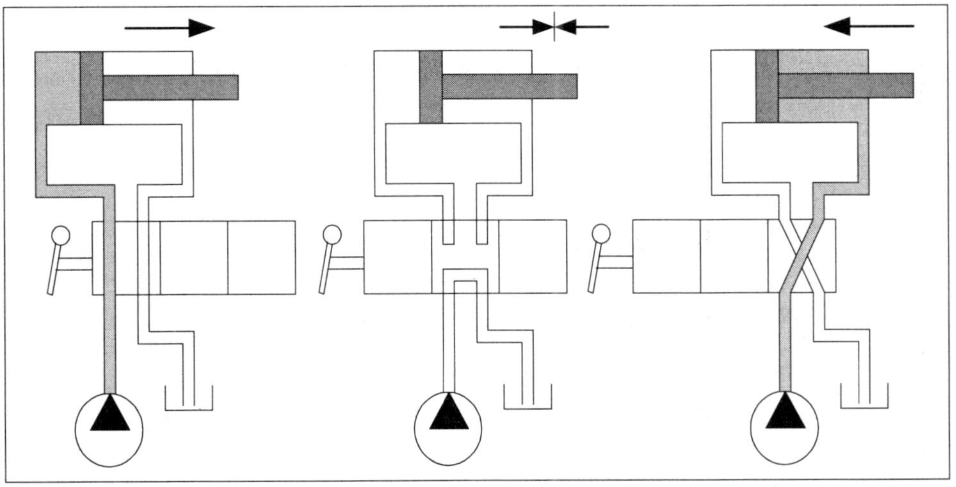

그림 15.1 방향 제어 밸브의 기능

15.1 방향 제어 밸브의 기호

방향 제어 밸브를 기호로 표현하기 위해서 다음과 같은 규칙이 적용된다.

- 각각의 제어위치는 사각형으로 나타낸다.
- 흐름의 방향은 화살표로 표시한다.
- 차단위치는 사각형 안에서 직각으로 표시한다.
- 직선은 유로를 나타내며 화살표는 유체의 흐르는 방향을 나타낸다.
- 누유라인은 L로 표시하고 점선으로 나타낸다.
- 제어위치는 왼쪽으로부터 오른쪽으로 a, b, …로 표시하며 세 개의 제어위치를 갖는 밸브에서는 중립위치를 0으로 표시한다.

위에서 설명한 내용을 정리하여 그림으로 표현하면 그림 15.2와 같다.

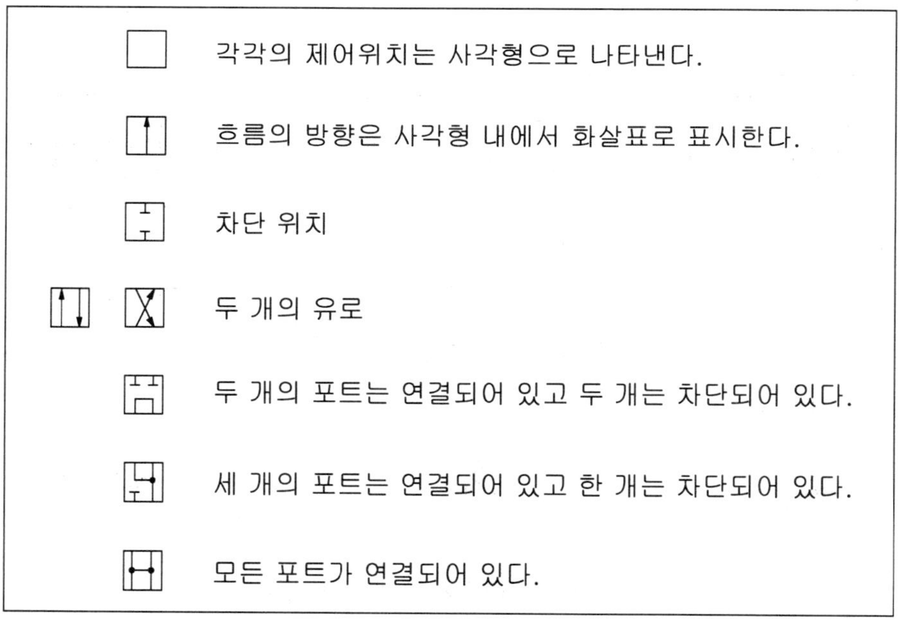

그림 15.2 제어 위치의 표현

방향 제어 밸브는 밸브가 갖고 있는 연결구의 수와 제어 위치의 수로 표현된다. 방향 제어 밸브는 적어도 두 개의 제어 위치와 두 개의 연결구가 있어야 한다. 이와 같은 밸브를 2/2-way 밸브라고 하는데 그림 15.3에는 방향 제어 밸브의 표현법과 연결구 표시법을 보여주고 있다.

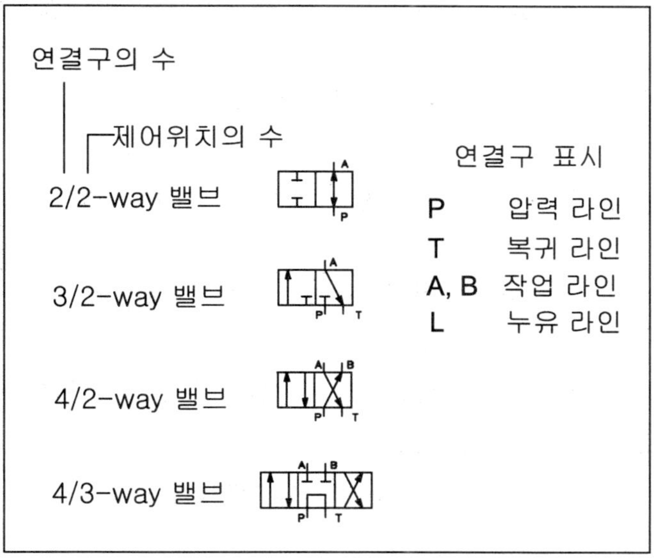

그림 15.3 방향 제어 밸브의 표현

방향 제어 밸브의 제어위치를 변경하는 데에는 여러 가지 작동방법이 사용되고 있다. 방향 제어 밸브의 기호에는 그 밸브를 동작시키는 작동방법이 표시되어야만 밸브의 기호가 완성된다. 자주 사용되는 작동방법에는 누름 버튼(push button), 페달(pedal), 롤러 레버(roller lever), 스프링, 솔레노이드 코일 등이 있다. 그림 15.4에는 여러 가지의 밸브 작동방법이 표시되어 있다.

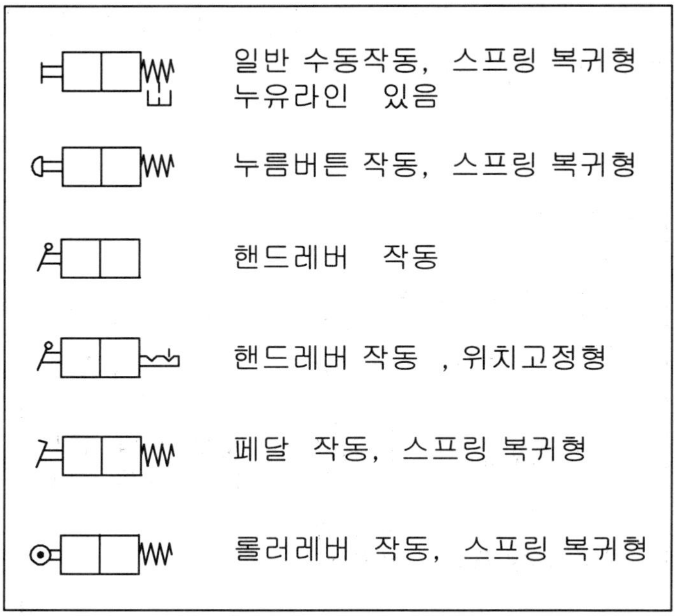

그림 15.4 밸브의 작동방법

■ **방향 제어 밸브의 정상위치(normal position)**

스프링 복귀형 2/2-way 밸브나 3/2-way 밸브는 정상상태 열림(normally open)이나 정상상태 닫힘(normally closed) 위치를 갖는다. 정상상태라 함은 밸브에 어떠한 외력이 가해지고 있지 않은 상태를 의미한다. 정상상태 열림 위치에서는 연결구 P에서 작업라인 A로 유로가 열려 있는 상태이고, 정상상태 닫힘 위치에서는 연결구 P에서 작업라인 A로 유로가 닫혀 있는 상태이다. 스프링 복귀형의 방향 제어 밸브가 회로에 사용되는 경우에는 밸브의 정상위치가 표시되어야 한다. 그림 15.5에 방향 제어 밸브의 정상위치가 표현되어 있다.

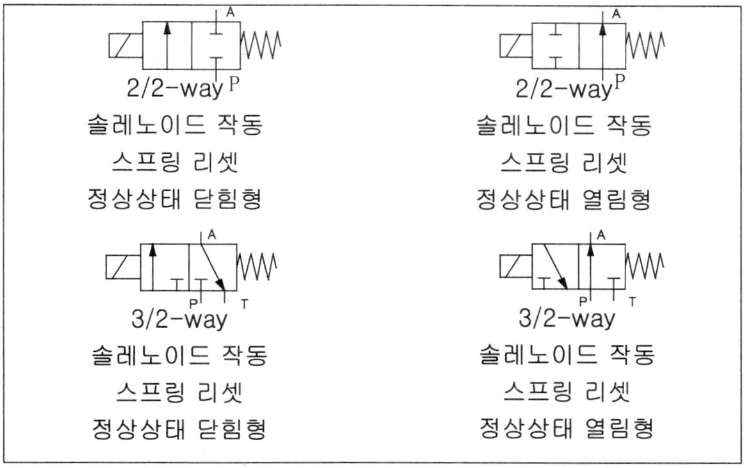

그림 15.5 방향제어밸브의 정상위치

15.2 설계 방식에 의한 밸브의 분류

밸브는 설계 방식에 따라 포펫(poppet) 형태의 밸브와 슬라이드(slide) 형태의 밸브로 구분되며 그림 15.6과 같은 구조적 특성을 보인다.

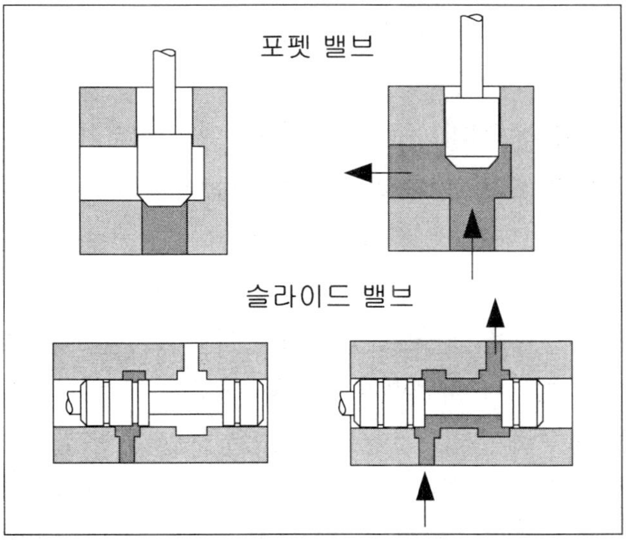

그림 15.6 포펫 밸브와 슬라이드 밸브

포펫 밸브는 밸브 하우징(housing) 안에 볼(ball), 콘(cone), 때로는 디스크(disk)를 사용하여 시트(seat)부를 가압하는 구조로 이루어져 있다. 따라서 포펫 형태의 밸브는 밀봉이 극히 우수한 장점이 있다. 그러나 작동력이 크고 통과 유량이 적으며 복잡한 밸브의 구조에는 부적합한 단점이 있다. 그림 15.7에서는 포펫 밸브의 형태를 보여준다.

밸브 형태	단면도	장단점 및 사용처
볼 내장 밸브	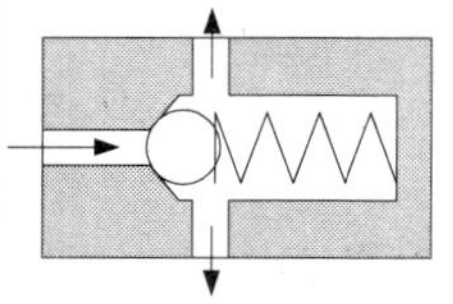	• 단순 제작이 용이 • 유압유가 흐를 때 볼이 진동하는 경우가 있어 소음 발생 우려 • 논-리턴 밸브에 사용
콘 내장 밸브	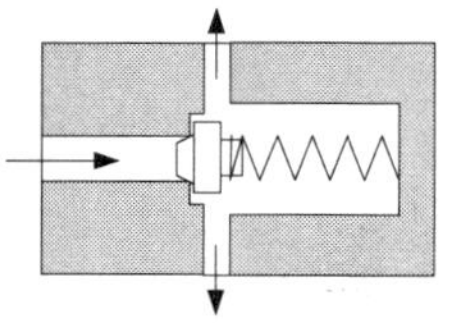	• 제작 시 상당한 정밀도가 요구됨 • 양호한 밀폐 특성 • 방향제어밸브에 사용
디스크 내장 밸브	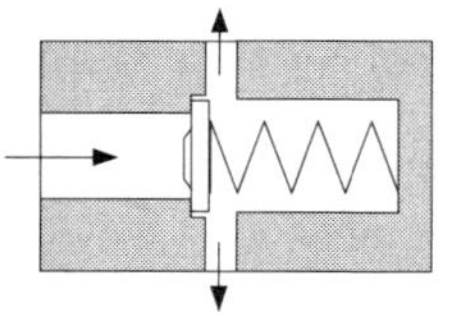	• 이동거리가 짧다. • 셧-오프 밸브

그림 15.7 포펫 밸브의 형태

포펫 밸브에서는 최대 3개의 유로가 제어요소에 의해서 다른 장치로 연결될 수 있으며 항상 네거티브 오버랩(negative overlap)을 갖는다. 따라서 3개 이상의 유로가 있는 밸브는 여러 개의 제어요소에 의해 조립된다는 것을 뜻한다. 예를 들어 포펫 형태의 4/2-way 밸브는 내부적으로 3/2-way 밸브 두 개로 구성된다.

포펫 형태의 밸브인 경우 작동력은 압력과 면적에 의해서 결정되는데, 사용 압력이 높은 경우에는 밸브의 작동력이 상당히 커질 수도 있다. 이러한 점을 피하기 위하여 압력을 보상해 주어야 한다. 그림 15.8에서는 작동력을 감소시키기 위한 방법을 보여주고 있는데 왼쪽 그림에서는 유압유의 압력이 포펫 밸브의 작동 피스톤 전면적에 작용하므로 밸브의 작동력이 크게 된다. 반면에 오른쪽 그림에서는 통로를 통하여 유압유가 작동 피스톤의 양쪽에 작용하게 되므로 실제로 밸브를 동작시키는 데 필요한 힘은 작동 피스톤 로드에 해당하는 면적과 압력의 곱으로 나타나므로 상대적으로 적은 힘으로 밸브를 작동시킬 수 있다.

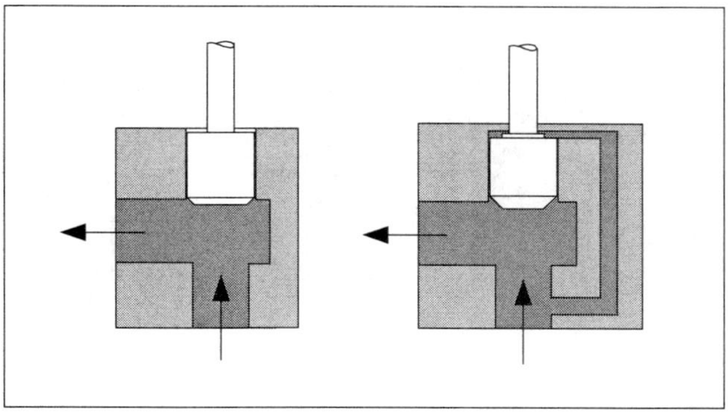

그림 15.8 포펫 밸브의 작동력

어쨌든 대부분의 경우에 포펫 밸브를 설계하는 데 있어서 압력 보상을 구체화하여 설계하는 것이 쉽지 않으므로 밸브를 전환시키는 데에 큰 힘이 필요하게 되고 이 때문에 레버를 이용하거나 간접작동 방식으로 밸브를 동작시키는 방법들이 사용된다.

밸브의 가장자리는 유압유에 의해서 오염입자들이 제거되는 데 이러한 현상을 자기 정화 효과라고 한다. 그러므로 포펫 형태의 밸브는 상대적으로 이물질에 대하여 덜 민감하다. 그러나 밸브 시트에 이물질이 축적되면 밸브가 부분적으로만 닫히므로 캐비테이션을 야기할 수 있다.

슬라이드 밸브는 평 슬라이드 밸브와 로터리 슬라이드 밸브로 구분되며 평 슬라이드 밸브는 하우징에 스풀(spool)이 결합된 형태로 구성되며 로터리 슬라이드 밸브는 주로 수동 작동형으로 로터리 스풀을 회전시켜 작동시킨다. 그림 15.9는 평 슬라이드 밸브의 구조를 보여준다.

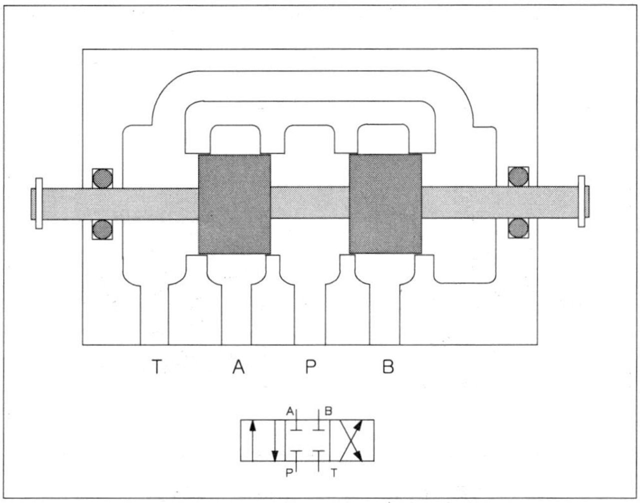

그림 15.9 평 슬라이드 밸브

평 슬라이드 밸브는 하우징 안에 한 개 또는 그 이상의 피스톤으로 만들어진 스풀로 구성된다. 슬라이드 밸브 내에서 스풀이 이동함으로서 연결구가 닫히거나 열릴 수 있으며 외부 유로와 연결된다.

슬라이드 밸브는 포지티브 오버랩(positive overlap)과 네거티브 오버랩(negative overlap)이 모두 가능하다.

슬라이드 밸브가 동작되기 위해서는 작동력이 마찰력과 스프링 힘의 합보다 커야만 한다. 압력에 의해서 형성되는 힘 F_1과 힘 F_2는 서로 반대쪽으로 작용하므로 평형을 이루게 된다. 따라서 작은 힘으로 밸브를 동작시킬 수 있게 된다.

슬라이드 밸브에서는 하우징과 스풀 사이에 간극이 있어서 밸브 내부에서 계속적인 누유가 발생된다. 스풀이 하우징 벽에 압력을 가하지 못하므로 스풀의 피스톤 가장자리를 모따기 한다. 스풀이 이동될 때에만 유압유 마찰이 일어난다. 유압유가 오염되어 있으면 이물질이 스풀과 하우징 사이에 들어와 마모를 일으켜 내부 누유를 증대시키거나 심하면 고착시키게 된다.

포펫 밸브와 슬라이드 밸브의 특징을 정리하면 표 15.1과 같다.

표 15.1 포펫 밸브와 슬라이드 밸브의 특징

포펫 밸브	슬라이드 밸브
• 밀봉이 우수하다. • 이물질에 둔감하다. • 제어위치가 여러 개인 경우 구조가 복잡하다. • 압력보상이 이루어져야 한다. • 작동력이 크다. • 작동거리가 짧다.	• 누유가 발생한다. • 이물질에 민감하다. • 제어위치가 여러 개인 경우 구조가 간단하다. • 압력이 보상된다. • 작동력이 작다. • 작동거리가 길다.

15.3 4/3-way 밸브

4/3-way 밸브를 포펫 형태의 밸브로 만들려면 매우 복잡해지므로 간단한 구조를 갖는 슬라이드 밸브의 형태로 만든다. 4/3-way 밸브는 제어위치가 세 개인데 중립위치를 빼고는 유로의 형성이 4/2-way 밸브와 동일하다. 4/3-way 밸브는 다양한 중립위치(neutral position)를 갖는 데 대표적인 중립위치를 기술하면 그림 15.10과 같다.

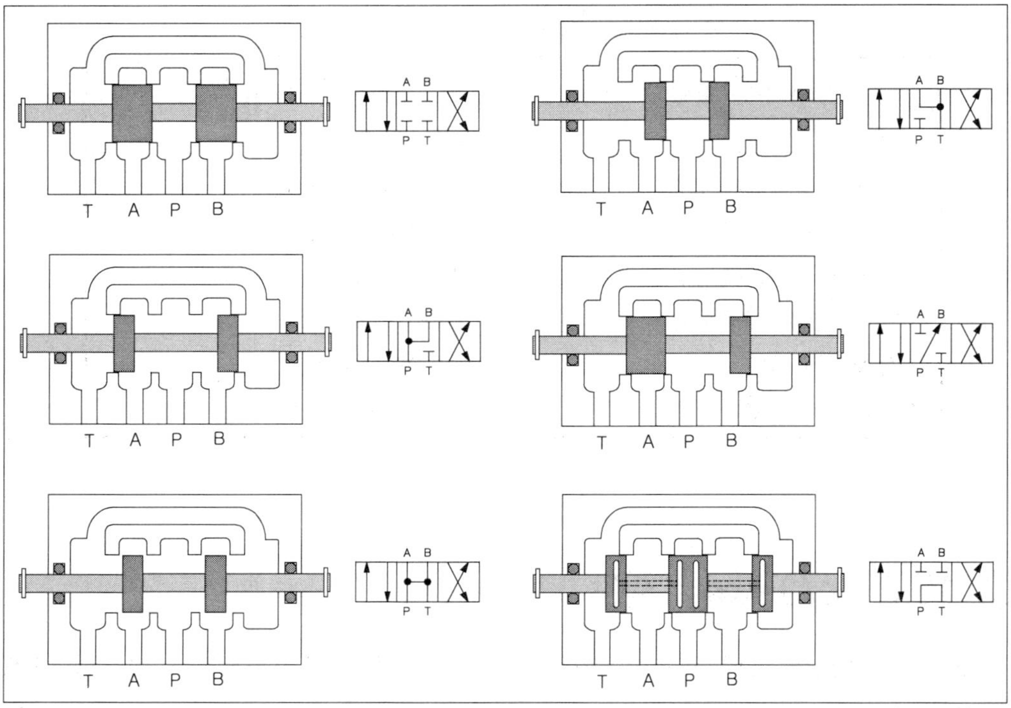

그림 15.10 다양한 4/3-way 밸브의 중립위치

15.4 밸브의 내부 누유

방향제어밸브는 구조상 스풀 형태의 밸브가 많이 사용되는 데 스풀과 하우징의 공칭 간극(clearance)의 범위는 8~10미크론 정도이다. 스풀이 밸브 하우징 안에 조립되었을 때 하우징 내부 구멍과 스풀 외경 사이의 반지름 측 간극은 4~5미크론 정도가 된다. 이 간극을 통하여 누유가 발생되는 데 스풀의 랜드는 한 연결구로부터 다른 연결구로 간극 크기 이상의 물질 이동을 방지해 준다.

밸브에서의 내부 누유는 이러한 간극의 크기뿐만 아니라 압력차이, 유압유의 점도에 의해서도 달라진다. 시스템의 지배 압력을 쉽게 변경할 수는 없으므로 대부분의 경우 밸브의 오리피스 크기와 형태에 따라서 누유 특성이 달라지고 스풀과 밸브 하우징 구멍의 동심도, 랜드의 오버랩 길이도 영향을 미치게 된다. 그림 15.11에는 밸브의 간극과 오버랩에 따른 누유량의 예를 보여 준다.

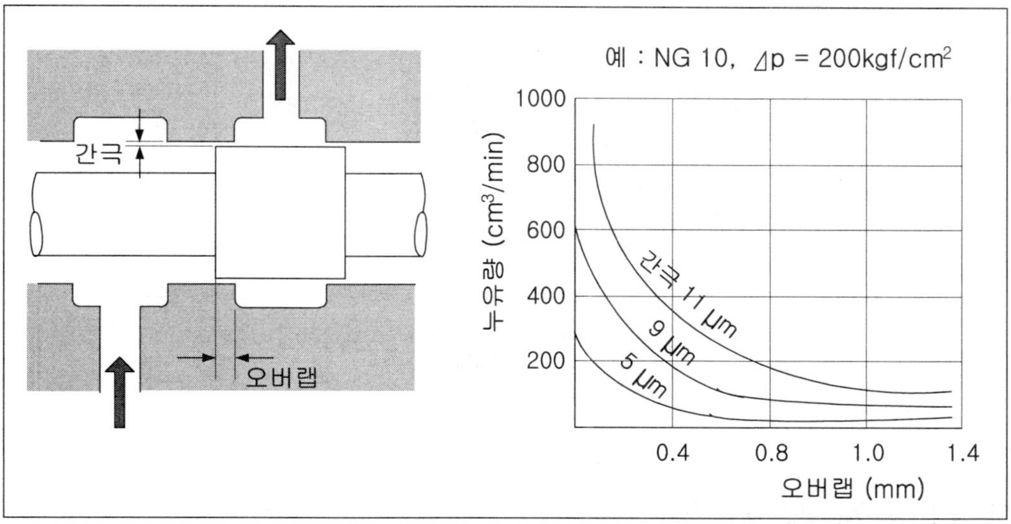

그림 15.11 간극과 오버랩에 따른 누유량의 예

밸브 생산 시 밸브 하우징 내부의 구멍과 스풀의 동심도를 2미크론 정도로 유지하여야 한다. 동심도가 커지게 되면 누유량은 상당히 증가하게 된다. 밸브의 내부 누유는 속도제어와 열 발생에 큰 영향을 미치므로 유압시스템에 사용되는 방향제어밸브를 선정할 때에 각별한 주의를 요한다.

15.5 밸브의 오버랩

밸브의 전환 특성은 오버랩(overlap)에 의하여 결정된다. 오버랩의 종류에는 포지티브(positive), 네거티브(negative), 제로(zero) 오버랩이 있다. 오버랩의 형태에 따라 스풀의 가장자리 모양도 달라진다. 그림 15.12에는 오버랩의 종류를 보여준다.

스풀과 밸브 하우징 사이의 간극뿐만 아니라 오버랩의 형태에 따라서도 내부누유가 영향을 받는다. 밸브에서의 오버랩은 매우 중요하므로 다음에 그 특징을 기술하였다.

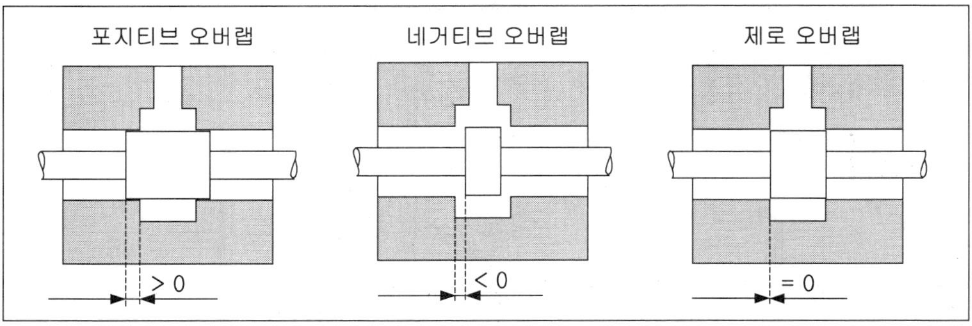

그림 15.12 오버랩의 종류

15.5.1 포지티브 오버랩

밸브 전환 시 잠시 동안 밸브의 연결구가 모두 차단된다. 따라서 압력이 떨어지지 않는다. 이 때문에 액추에이터는 밸브 전환 시 표류하지 않는다. 반면에 밸브의 전환 시 잠시 동안 펌프로부터 토출된 유압유가 갈 곳이 없게 된다. 밸브 전환 시간이 압력 릴리프 밸브를 동작시키는 데 필요한 시간 보다 적은 경우에는 피할 수 없는 서지(surge) 압력이 발생된다. 때에 따라서는 이러한 현상이 귀로 들을 수 있는 압력 노크(knock)로 나타난다. 서지 압력은 스풀 랜드의 미터링 노치(metering notch)를 통하여 감소될 수 있고 유압 호스가 이러한 현상을 감쇄시켜 주기도 한다.

15.5.2 네거티브 오버랩

밸브 전환 시 잠시 동안 밸브의 연결구가 모두 연결된다. 밸브 전환 시 펌프로부터 토출된 유량은 연결구 A나 B로 연결되므로 최소한의 저항 통로가 형성된다. 유량이 결코 차단되지 않으므로 서지 압력이 발생되지 않고 따라서 부드럽고 조용한 밸브 전환이 가능해진다. 결과적으로 서지 압력으로 인한 유압시스템과 유압 부품의 손상을 방지할 수 있다. 반면에 밸브 전환 시 잠시 동안 압력이 붕괴되므로 액추에이터가 표류될 수 있다. 이러한 현상을 방지하기 위해서 네거티브 오버랩의 밸브를 사용하는 경우에는 카운터 밸런스(counter balance) 밸브나 파이로트 작동형 체크밸브와 함께 사용하기도 한다.

15.5.3 제로 오버랩

제로 오버랩은 밸브 전환 시 포지티브 오버랩과 네거티브 오버랩 사이에 존재하는 경계 영역의 오버랩이다. 제로 오버랩의 밸브에서는 펌프로부터 토출된 유압유가 연결구 B로 흐르다가 밸브 전환과 동시에 연결구 A로 흐르게 된다. 말할 필요도 없이 제로 오버랩을 구현하기 위해서는 높은 정도의 가공이 필요하게 되며 가공비도 매우 비싸지게 된다. 따라서 제로 오버랩을 갖는 경우는 주로 서보(servo) 밸브에서이다.

16 유압 논-리턴 밸브

논-리턴(non-return) 밸브는 한 쪽 방향의 흐름은 차단하고 그 반대 방향의 흐름은 허용하는 밸브이다. 유압유 흐름의 차단 시에 누유가 발생되어서는 안 되기 때문에 논-리턴 밸브는 항상 포펫 형태로 만들어진다. 일반적으로 볼(ball)이나 콘(cone)인 밀봉요소가 유압유에 의해서 시트(seat)에 압력을 가하게 되면 유로가 막히게 된다. 반대 방향의 흐름에 대해서는 시트로부터 밀봉 요소가 들려져서 유압유의 흐름을 허용하게 된다. 논-리턴 밸브의 종류는 다음과 같다.

기호	설명
	체크 밸브, 스프링 없음
	체크 밸브, 스프링 내장형
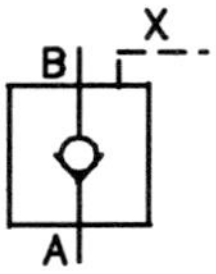	파이로트 작동형 체크 밸브 (파이로트 신호에 의하여 닫히는 경우)
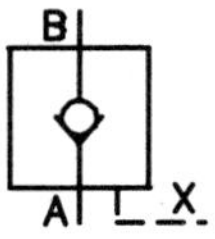	파이로트 작동형 체크 밸브 (파이로트 신호에 의하여 열리는 경우)
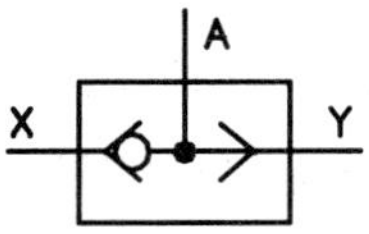	셔틀(shuttle) 밸브
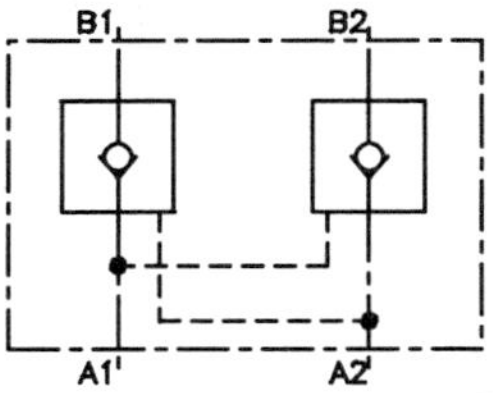	이중 파이로트 작동형 체크 밸브

그림 16.1 논-리턴 밸브의 종류

16.1 체크 밸브

체크(check) 밸브는 한 쪽 방향으로만 흐름을 허용하는 밸브이다. 그리고 흐름의 차단 시 누유를 허용하지 않으므로 포펫 형태로 구성된다. 체크 밸브에 사용되는 스프링은 매우 약한 스프링이다. 그림 16.1은 스프링 내장형 체크 밸브의 구성을 보여준다.

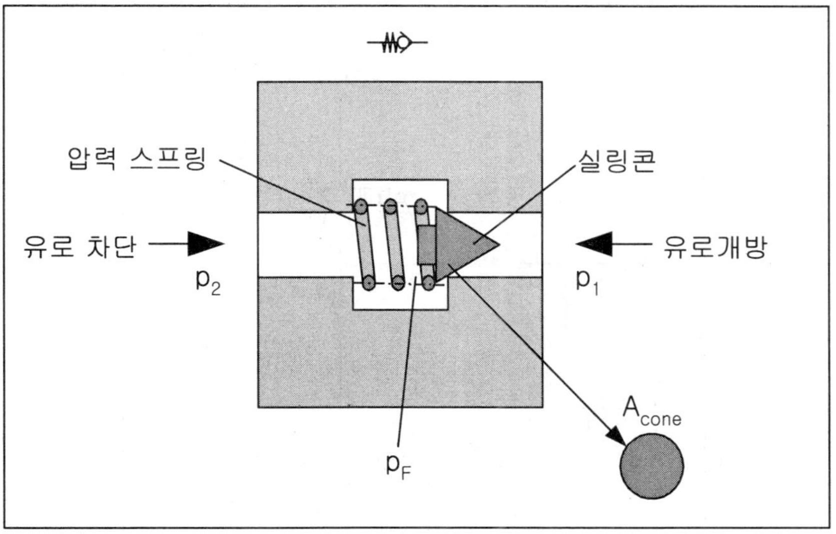

그림 16.2 스프링 내장형 체크 밸브

체크 밸브가 스프링이 내장되어 있지 않을 경우에는 압력 p_1이 실링 콘에 작용하여 반대 압력 p_2를 극복하고 들어 올려 유로를 개방시킨다. 스프링이 내장되어 있을 경우에는 실링 콘에 작용하는 스프링 힘이 압력 p_2에 의한 힘과 합해지게 된다. 이때에는 $p_1 > p_2 + p_F$가 만족되어야만 유로가 개방될 수 있다. 스프링에 대한 압력은 다음의 식으로부터 얻어진다.

$$p_F = \frac{F_{spring}}{A_{cone}}$$

그림 16.3은 체크 밸브가 펌프 보호에 사용된 예인데 전기 모터의 동작이 중단되면 부하로 인해서 펌프가 반대 방향으로 회전하는 것을 방지해 준다. 또한 시스템에서 발생되는 피크(peak) 압력이 펌프에 영향을 미치지 못하도록 방지하고, 피크 압력을 압력 릴리프 밸브로 전환시켜 준다.

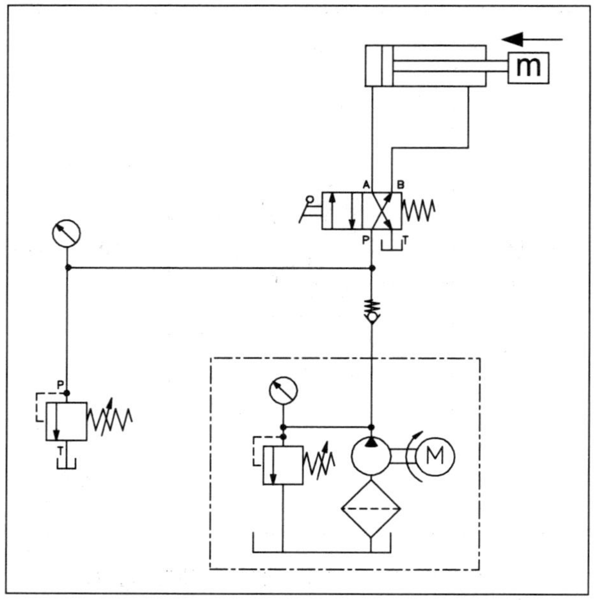

그림 16.3 펌프의 보호회로

그림 16.4는 체크 밸브가 사용되는 여러 가지 응용 예를 보여준다.

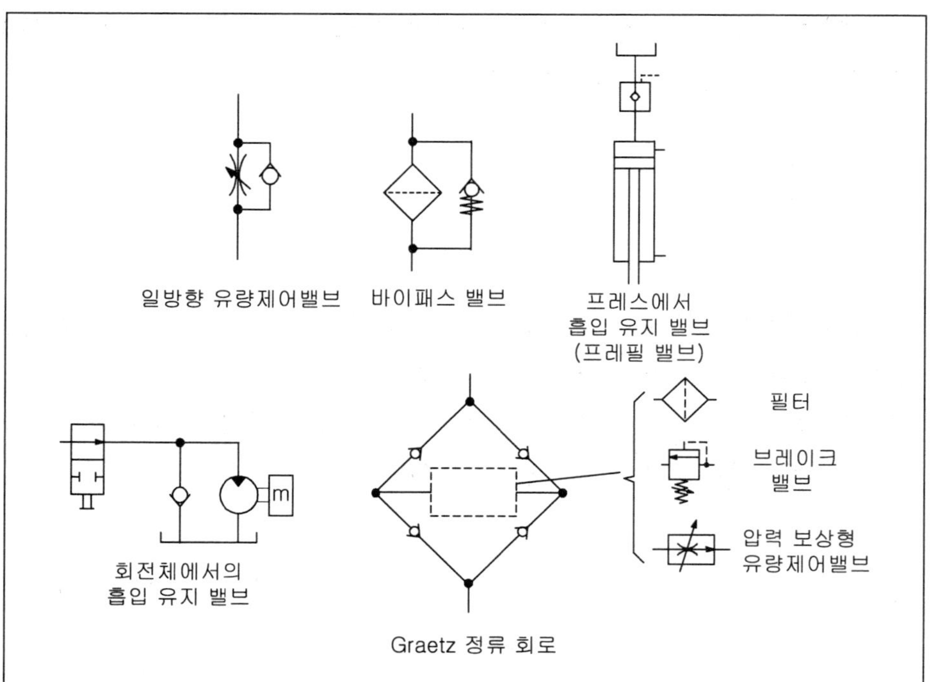

그림 16.4 체크 밸브의 응용

16.2 파이로트 작동형 체크 밸브

파이로트 작동형 체크 밸브(pilot operated check valve)에서 파이로트 라인에 압력이 가해지고 있지 않은 상태에서는 한 방향으로만 유압유의 흐름을 허용하고 그 반대 방향으로의 흐름은 차단한다. 따라서 이 경우에는 보통의 체크 밸브와 똑 같이 작동한다. 그런데 파이로트 라인에 압력이 가해지면 체크 밸브가 해제되어 반대 방향으로도 유압유의 흐름을 허용한다. 그림 16.5에서는 파이로트 작동형 체크 밸브의 동작을 보여준다.

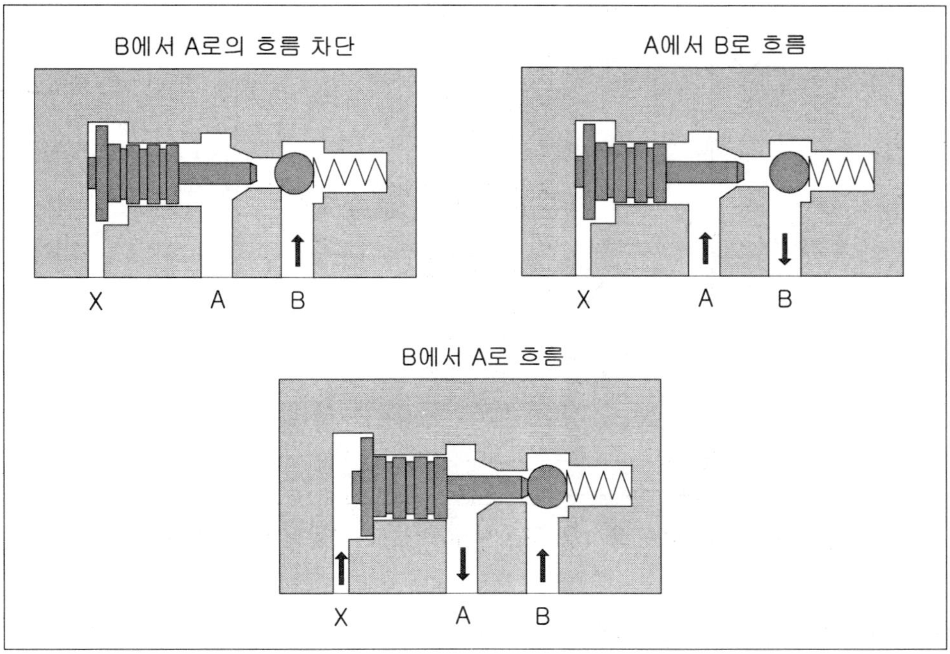

그림 16.5 파이로트 작동형 체크 밸브의 동작

이 밸브는 보통의 체크 밸브와 마찬가지로 A에서 B로는 자유롭게 유압유가 흐를 수 있다. B에서 A로의 통로는 평상시에는 막혀 있으나, X에 파이로트 압력이 작용하면 파이로트 피스톤이 시트로부터 밸브 포펫을 들어올려 B에서 A로 유압유가 흐를 수 있게 된다. 이때 파이로트 압력 p_X와 파이로트 피스톤 면적을 곱한 힘은 연결구 B의 압력 p_B와 밸브 포펫의 유효면적을 곱한 힘과 스프링 힘을 더한 것보다 커야만 한다.

파이로트 작동형 체크 밸브가 확실하게 작동하기 위해서는 파이로트 피스톤 측의 유효면적이 밸브 포펫의 유효면적보다 커야만 한다. 일반적으로 그 면적비는 5 : 1이다.

유압시스템에서 파이로트 작동형 체크 밸브가 어떻게 사용되는지를 회로도를 통해서 알아보면 우선 그림 16.6과 같이 파이로트 작동형 체크 밸브를 동작시킬 수 있다.

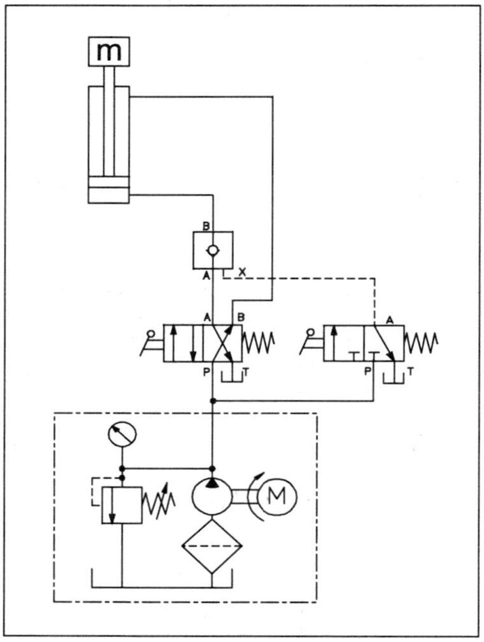

그림 16.6 3/2-way 밸브를 이용한 파이로트 작동형 체크 밸브의 제어

3/2-way 밸브는 정상위치에서 유압유의 흐름을 차단하고 있다. 4/2-way 밸브에서는 유압유가 복동실린더의 피스톤 로드 측으로 흘러 들어간다. 피스톤 로드는 파이로트 작동형 체크 밸브에 의해서 후진될 수 없다. 일단 3/2-way 밸브가 작동되면 파이로트 피스톤이 압력을 받아 파이로트 작동형 체크 밸브 포펫을 들어 올려준다. 그러면 실린더의 피스톤 측의 유압유가 4/2-way 밸브를 통해서 기름 탱크로 귀환된다. 4/2-way 밸브가 작동되면 유압유가 파이로트 작동형 체크 밸브를 통하여 실린더 안으로 흘러 들어가므로 피스톤이 전진하게 된다.

파이로트 작동형 체크 밸브의 포펫이 다시 닫히기 위해서는 파이로트 라인에 가해지던 유압유가 빠져 주어야 한다. 이러한 이유로 파이로트 작동형 체크 밸브가 4/3-way 밸브와 같이 사용될 경우에는 특별한 중립위치가 요구된다. 즉, 그림 16.7에서와 같이 중립위치 차단형의 4/3-way 밸브와 함께 파이로트 작동형 체크 밸브를 사용하면 파이로트 라인에 가해지던 유압유가 제거되지 않기 때문에 파이로트 작동형 체크 밸브의 포펫이 즉시 닫힐 수 없으므로 4/3-way 밸브의 내부 누유를 통하여 실린더의 장시간 중간정지가 불가능하게 된다.

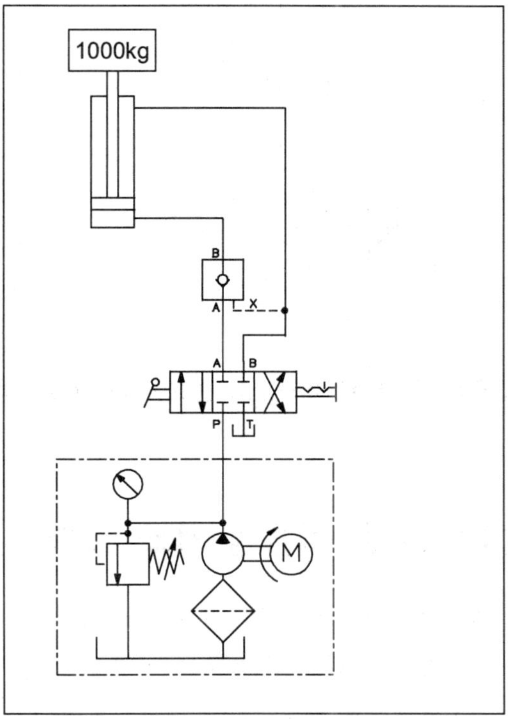

그림 16.7 차단형 중립위치 4/3-way 밸브와 파이로트 작동형 체크 밸브

따라서 4/3-way 밸브를 사용하여 실린더를 중간위치에서 장시간 중간 정지시킬 필요가 있는 경우에는 플로우팅 중립위치를 갖는 4/3-way 밸브를 사용하여야 한다. 플로우팅 중립위치에서는 A, B 포트가 T와 연결되어 있고 P는 막혀 있다. 따라서 파이로트 체크 밸브의 파이로트 라인의 압력이 제거되므로 포펫이 즉시 닫혀 중립위치에서 실린더의 중간위치 정지가 장시간 지속될 수 있다.

파이로트 작동형 체크 밸브를 사용하면 방향제어밸브 내의 누유가 있더라도 위치제어를 확실하게 해 줄 수 있다. 이러한 정위치 제어는 실린더가 지지되어 있는 경우에만 가능하고 실린더가 매달려 있다거나 양로드형 실린더일 경우에는 불가능하다.

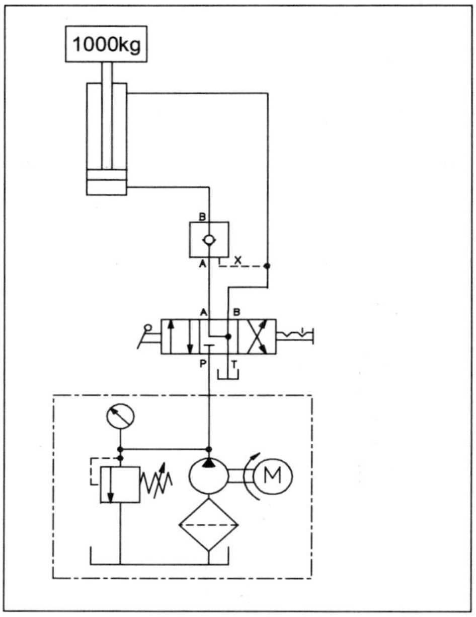

그림 16.8 플로우팅 중립위치 4/3-way 밸브와 파이로트 작동형 체크 밸브

16.3 더블 파이로트 작동형 체크 밸브

더블 파이로트 작동형 체크 밸브(double pilot operated check valve)는 부하의 정·역이 바뀌면서 중간정지가 필요한 경우에 사용되는 밸브이다. 이론적으로는 실린더의 양쪽에 파이로트 작동형 체크 밸브를 설치하면 되지만 배관이 복잡해지므로 두 개의 체크 밸브가 한 하우징 안에 내장되어 있는 더블 파이로트 작동형 체크 밸브를 사용한다. 그림 16.9는 더블 파이로트 작동형 체크 밸브의 기호를 보여주고 그림 16.10에서는 더블 파이로트 작동형 체크 밸브의 구조를 보여준다.

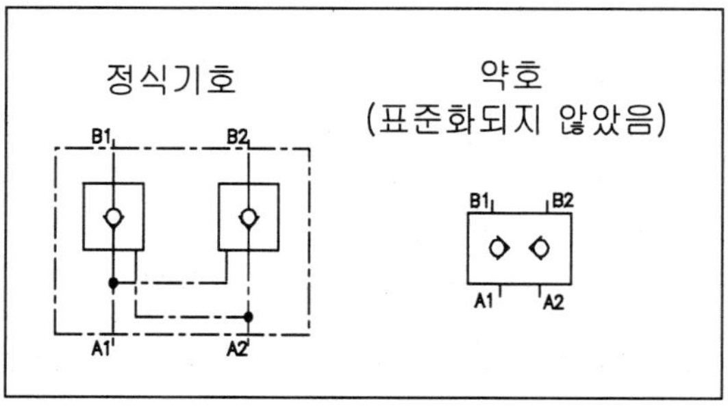

그림 16.9 더블 파이로트 작동형 체크 밸브의 기호

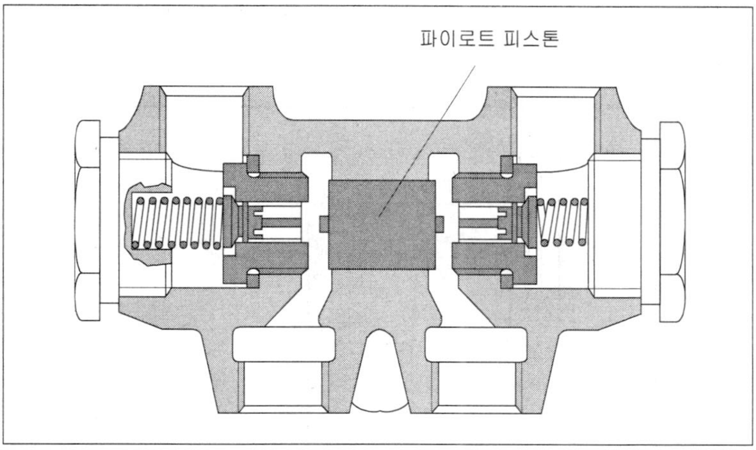

그림 16.10 더블 파이로트 작동형 체크 밸브의 구조

더블 파이로트 작동형 체크 밸브의 작동원리는 그림 16.11에서 보여주고 있다. 유압유의 흐름은 A_1에서 B_1으로 또는 A_2에서 B_2로 흘러갈 수 있고, B_1에서 A_1으로 또는 B_2에서 A_2로의 흐름은 차단된다. 만약 A_1에서 B_1으로 유압유가 흘러간다면 파이로트 피스톤이 오른 쪽으로 이동되어 시트로부터 포펫을 들어 올려주고, 그러면 B_2에서 A_2로 유압유가 흐를 수 있게 된다. 같은 방법으로 그 반대 동작도 가능하게 된다.

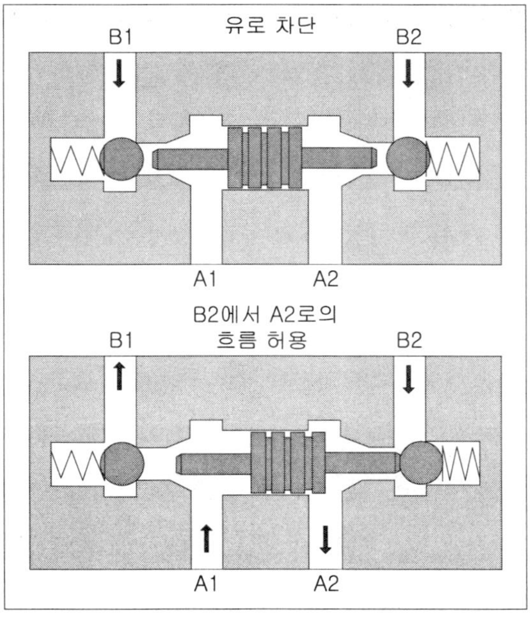

그림 16.11 더블 파이로트 작동형 체크 밸브의 작동원리

그림 16.12에는 더블 파이로트 작동형 체크 밸브가 사용된 회로도를 보여준다.

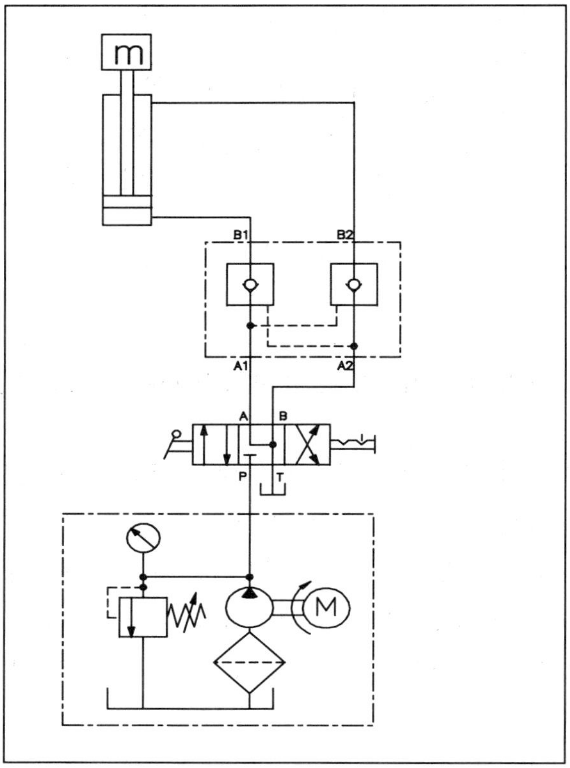

그림 16.12 더블 파이로트 작동형 체크 밸브의 응용

17 | 유압 유량 제어 밸브

유량 제어 밸브는 실린더의 속도나 모터의 회전수를 조절하는 데 사용된다. 실린더의 속도나 모터의 회전수는 유량에 의해서 결정되므로 유량 제어 밸브가 그 역할을 해주게 된다. 어쨌든 고정 용량형 펌프는 일정량의 유압유를 토출시키고 액추에이터로 공급되는 유량의 조절은 다음의 원리에 의해서 이루어진다.

유량 제어 밸브의 단면적을 감소시키면 유량제어밸브 앞 측의 압력이 상승하게 되고 이 압력이 압력 릴리프 밸브를 동작시켜 일부 유량을 탱크로 귀환시킨다. 따라서 실린더나 모터 측으로 흘러 들어가는 유량이 적어져서 속도나 회전수를 조절하게 되는 것이다. 그러나 이 방법은 상당한 에너지의 손실을 가져온다.

에너지를 절약시키기 위해서는 가변 용량형 펌프가 사용될 수 있다. 이 경우에는 압력이 상승하면 펌프의 토출량이 조절된다.

17.1 교축 및 오리피스 밸브

유량 제어 밸브에는 점도의 영향을 크게 받는 밸브와 그렇지 않은 밸브의 두 가지가 있다. 점도의 영향을 크게 받지 않는 것을 오리피스(orifices) 밸브라 하고 점도의 영향을 받는 것을 교축(throttle) 밸브라고 한다.

교축 밸브나 오리피스 밸브는 유체의 저항을 야기한다. 이 저항은 유량이 흘러가는 단면적과 기하학적인 모양, 그리고 유체의 점도에 따라 달라진다. 유량 저항 요소를 통하여 유체가 흐르면 마찰 및 유량의 속도 증가로 압력이 떨어지게 된다. 마찰에 의해서 야기되는 압력강하는 오리피스 모양을 변경해줌으로서 상당히 감소시킬 수 있다. 오리피스를 이용하여 저항을 증가시킬 때에는 속도의 증가로 인해 난류가 발생한다. 오리피스의 저항은 난류에 의해서 결정될 뿐 점도와는 무관하다. 따라서 오리피스 밸브는 온도와 무관한 곳, 즉 점도와 무관한 곳에 사용되며 대표적으로 유량 게이지를 들 수 있다. 반면에 많은 제어 시스템에서는 명시된 높은 압력강하가 요구되는 데 이러한 곳에서는 교축요소가 사용된다.

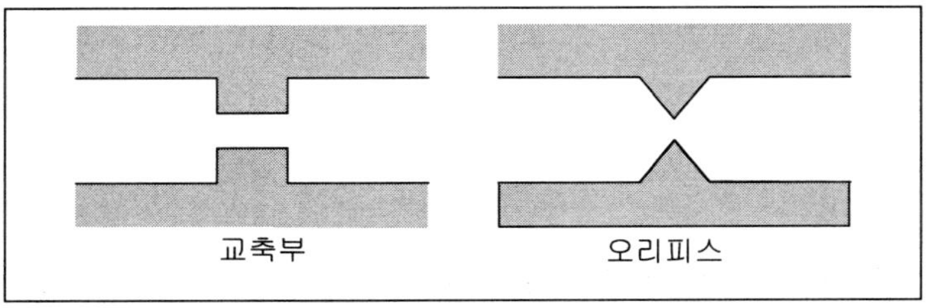

그림 17.1 교축 및 오리피스

교축 및 오리피스 밸브는 압력 릴리프 밸브와 함께 유량을 제어한다. 밸브의 저항은 밸브 앞 측의 압력을 상승시키게 된다. 압력 릴리프 밸브의 설정 압력보다 유량제어밸브로 인한 저항 압력이 더 커지게 되면 압력 릴리프 밸브가 동작하게 되고 그러면 유량이 나누어지게 된다. 일부의 유량은 액추에이터로 흘러 들어가고 나머지 유량은 최대 압력 하에서 압력 릴리프 밸브를 통하여 탱크로 귀환되는 데 많은 에너지 낭비가 병행된다.

압력강하 Δp에 의해서 교축 요소를 통하여 흐르는 부분 유량이 결정된다. 압력강하 Δp와 유량과의 관계는 다음과 같다.

$$Q \propto \sqrt{\Delta p}$$

유량 제어 밸브의 입구 압력은 압력 릴리프 밸브에 의해서 일정한 값을 유지한다. 따라서 압력강하 Δp는 액추에이터에 걸리는 부하의 변동에 의해서 변화된다. 그 결과 액추에이터로 흘러 들어가는 유량이 달라진다. 결론적으로 부하가 변화되는 경우에는 단순한 유량 제어 밸브가 일정한 유량을 통과시켜 주지 못한다.

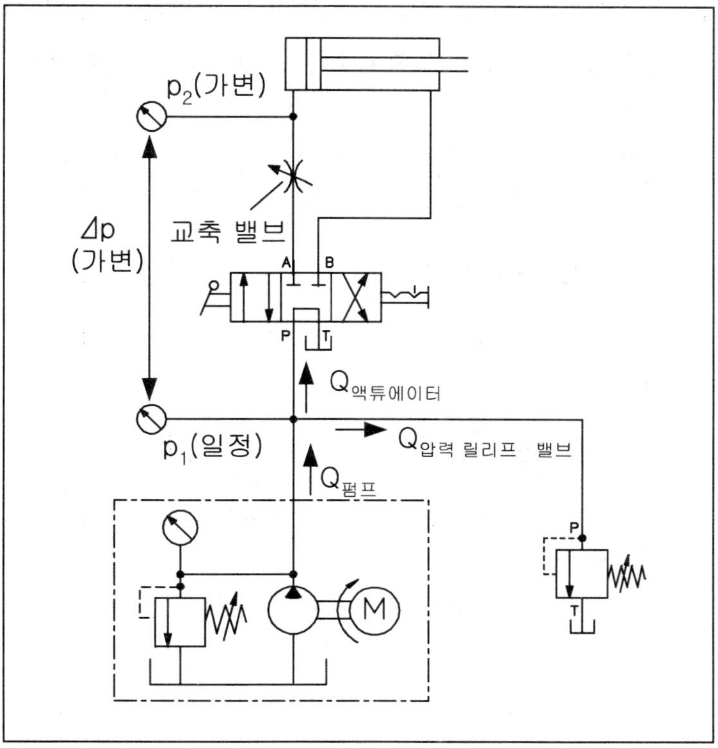

그림 17.2 속도제어의 원리

대부분의 경우 입력 압력 p_1은 압력 릴리프 밸브 때문에 일정하게 유지된다. 반면에 p_2는 부하에 따라 달라진다. 그러므로 단순한 교축요소가 사용되는 경우는 부하의 변동이 작아서 p_2 압력의 변화가 작고 속도가 그다지 중요하지 않을 때 사용한다.

조절 가능한 교축요소의 필요조건은 다음과 같다.

- 저항의 생성
- 유압유의 온도가 변하여도 일정한 저항을 유지할 것 즉, 가능한 한 점도에 영향을 주지 않을 것
- 유량이 흘러가는 교축 통로가 미세하게 조절될 수 있을 것
- 가격의 경쟁성이 있을 것
- 교축 통로가 원형이면서 거리가 짧을 것

조절 가능한 교축요소는 여러 가지 필요조건을 만족시켜 주기 위해서 다양한 형태를 지니고 있다. 그림 17.3은 교축요소와 오리피스에 대한 기호를 보여준다.

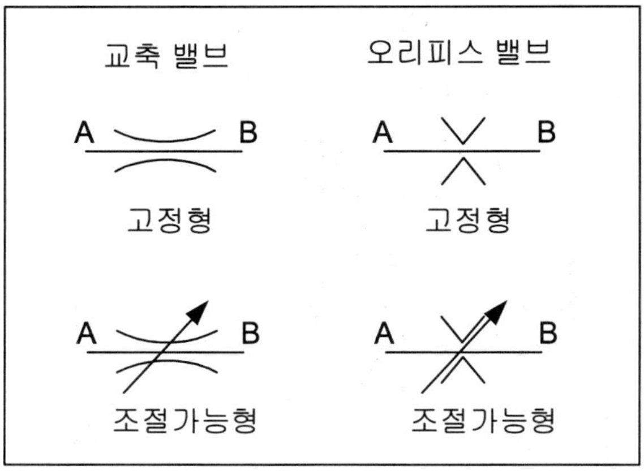

그림 17.3 교축요소와 오리피스 요소의 기호

17.2 일방향 유량 제어 밸브

일방향 유량 제어 밸브는 체크 밸브가 내장되어 있어 한 쪽 방향으로만 속도 조절이 가능하다. 교축요소는 한 쪽 방향의 유량을 제어해 준다. 그 반대 방향은 체크가 열리므로 저항 없는 흐름이 보장된다.

유량이 A에서 B로 흐를 때에는 교축된다. 따라서 유량이 분리되어 속도제어가 이루어진다. 유량이 B에서 A로 흐를 때에는 체크 밸브의 포펫이 열려 유량의 흐름이 자유롭다.

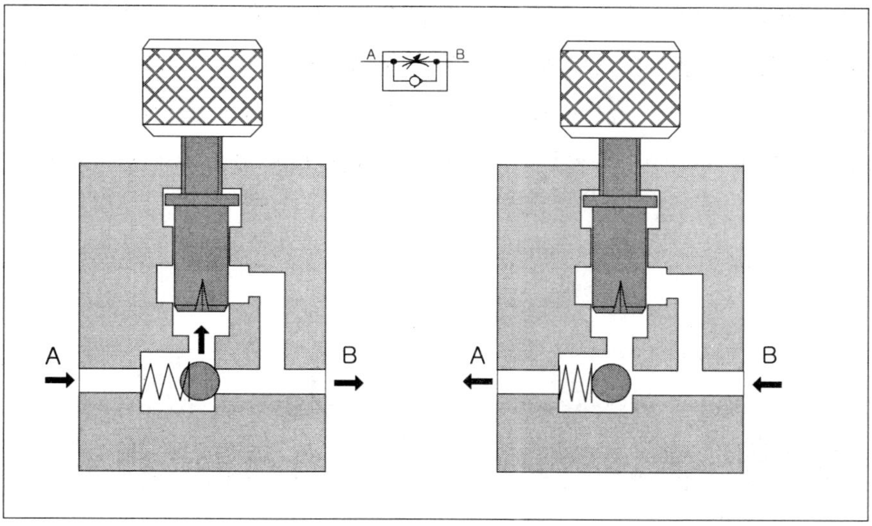

그림 17.4 일방향 유량제어밸브

일방향 유량 제어 밸브의 조절나사를 통하여 교축량을 확대하거나 축소시킬 수 있다. 어쨌든 일방향 유량 제어 밸브에서도 조절나사를 통하여 실린더의 속도를 일정하게 유지시키려 해도 부하에 의하여 Δp가 변하므로 속도가 변하게 된다. 따라서 일방향 유량 제어 밸브도 부하의 변동이 작아 압력의 변화가 작고 속도가 그다지 중요하지 않을 때 사용한다.

17.3 압력 보상형 유량 제어 밸브

앞장에서도 설명했듯이 압력강하 Δp와 유량 Q와는 비례 관계를 갖고 있다. 따라서 외부의 부하가 변하더라도 교축 요소를 통과함으로서 발생되는 압력강하 Δp를 일정하게 유지시킨다면 실린더의 속도를 일정하게 만들어줄 수 있다. 이와 같은 기능을 갖도록 만들어진 밸브가 압력 보상형(pressure compensated) 유량 제어밸브이며 유량 조정 밸브라고도 한다.

압력 보상형 유량 제어 밸브는 부하에 관계없이 일정한 속도를 얻고 싶을 때 사용하는 밸브이다. 그러나 부하에 전혀 무관한 것은 아니고 과부하로 Δp가 8 kgf/cm^2 이하가 되면 압력 보상 효과는 없어지게 된다. 그림 17.5에 2-way 압력 보상형 유량 제어 밸브의 구조가 나와 있다.

조절용 교축요소 2와 후방 교축요소 1(압력 밸런스 피스톤)이 함께 원하는 유량을 조절해준다. 이 교축요소들은 밸브의 입구와 출구에 존재하는 압력에 따라 저항을 변화시킨다. 압력 릴리프 밸브와 조합된 두 교축요소의 저항의 합이 유량을 분기시킨다. 압력 밸런스 피스톤 1은 조절용 교축요소 2의 전·후 어디에나 설치될 수 있다.

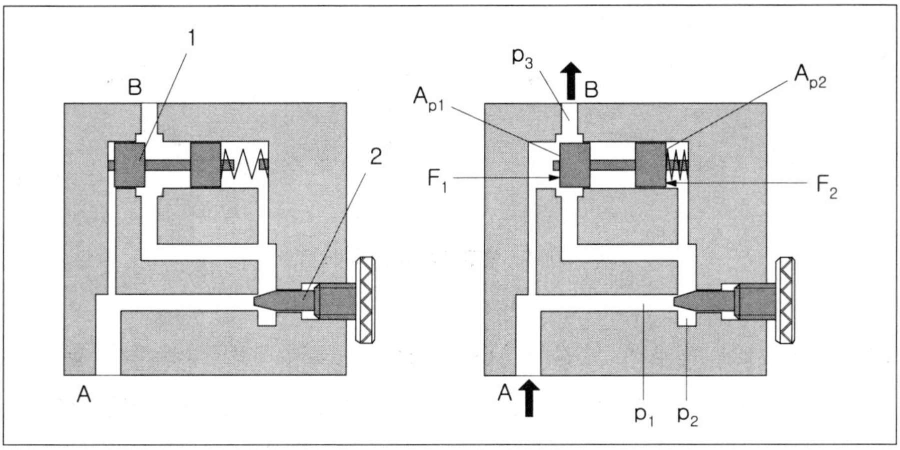

그림 17.5 2-way 압력 보상형 유량 제어 밸브

압력 보상형 유량제어밸브는 평상시 열려 있다. 유량이 밸브를 통과하면 입구압력 p_1이 조절용 교축요소 2 앞에서 형성된다. 그리고 압력강하 Δp가 발생되므로 $p_2 < p_1$이 된다. 압력 밸런스 피스톤이 평형을 유지하기 위해서 F_2 측에 스프링이 내장되어 있다. 스프링은 조절 가능한 교축요소를 통과하는 유량의 압력차이를 일정하게 만들어준다. 실린더로부터 부하가 걸려 밸브 출구의 압력이 높아지면 압력 밸런스 피스톤은 부하가 걸린 만큼 저항을 감소시키게 된다.

아이들링(idling) 상태에서는 스프링이 밸런스 피스톤을 평형으로 유지시켜 주고 밸브는 조절용 교축요소로 설정된 유량이 흘러들어 갈 수 있도록 저항을 유지시켜 준다. 밸브의 출구 측 압력이 증가하면 압력 p_2도 따라서 증가한다. 그 결과로 압력강하는 조절용 교축요소를 통하여 수정된다. 동시에 p_2압력은 피스톤 면적 A_{P2}에 작용한다. 증가된 힘은 밸런스 피스톤에 작용하기 위하여 스프링 힘과 결합된다. 밸런스 피스톤 힘 F_1과 F_2가 다시 평형 상태가 될 때까지 열려 있다. 따라서 조절용 교축요소에서의 압력강하는 원래의 값을 다시 얻게 된다. 압력 보상형 유량제어밸브를 통과하지 못한 유량은 압력 릴리프 밸브를 통하여 탱크로 귀환된다.

17.3.1 압력 밸런스 피스톤

앞에서도 언급했듯이 밸런스 피스톤의 기능은 유량 저항의 수정을 통하여 압력 측이나 출력 측에서의 부하 변화에 대하여 밸런스를 유지시켜 주는 것이다. 그렇게 해서 조절용 교축밸브를 통과하는 압력차이를 일정하게 유지시킨다. 결국 부하의 변동에 대하여 조절이 되도록 밸런스 피스톤의 평형이 이루어져야 하는 데 이때에 힘의 평형은 $F_1 = F_2$가 된다.

F_1은 압력 p_1과 밸런스 피스톤의 면적 A_1으로부터 나온다. F_2는 압력 p_2와 밸런스 피스톤의 면적 A_2로부터 나오는 데 면적 A_1은 면적 A_2와 같다. 조절용 교축요소를 지난 후의 압력 p_2는 p_1보다 낮으므로 스프링이 평형을 이루도록 설치되어 있다. 따라서 다음과 같은 식이 성립된다.

$$F_1 = F_2,\ A_1 = A_2$$
$$F_1 = p_1 \cdot A_1,\ F_2 = p_2 \cdot A_2 + F_{spring}$$

$$p_1 \cdot A_1 = p_2 \cdot A_2 + F_{spring}$$
$$A_1 \cdot (p_1 - p_2) = F_{spring}$$

$$(p_1 - p_2) = F_{spring} / A_1$$
$$\Delta p = F_{spring} / A_1$$

위의 식은 밸런스 피스톤 면적 A에 작용하는 일정한 스프링 힘은 Δp와 동등하다는 것을 뜻하며 조절용 교축요소의 Δp는 항상 위의 예에서처럼 일정하다. 실제로 조절용 교축요소는 압력 보상형 유량제어밸브가 점도에 영향을 많이 받지 않도록 조절 가능한 오리피스 형태로 설계되어 있다.

압력 보상형 유량제어밸브는 방향제어밸브의 입구 측이나 출구 측에 설치될 수도 있고 바이패스 형태로도 설치될 수 있다. 그러나 바이패스 형태로 설치될 경우에는 펌프의 토출량이 일정치 않으므로 실린더 내부로 들어가는 유량 자체에

맥동이 생기게 된다.

압력 보상형 유량제어밸브는 부하가 변하지만 일정 속도로 작동되는 작업물 슬라이드나 낮은 속도로 미세하게 구동되어야 할 리프팅 기어와 같이 부하가 변하더라도 일정한 속도 제어가 요구되는 곳에 적합하다.

17.3.2 스타트 런지

유압시스템이 정지되어 있을 때 압력 보상형 유량제어밸브는 스프링에 의하여 통로가 열려 있다. 일단 시스템이 스위치 on 되면 압력 밸런스가 이루어질 때까지는 보다 많은 유량이 존재하게 되어 원하지 않은 빠른 속도가 나온다. 이러한 현상은 스타트 런지(start lunge) 또는 초기 점프(initial jump)라고 알려져 있는데 20 msec 정도가 지난 후 없어지며 그 후에 밸브는 원래의 제기능을 발휘하게 된다. 초기 점프로 인한 속도 제어 불량은 실린더의 크기와 유량에 따라 달라지지만 거리고 따지면 수 mm 정도가 제어되지 않고 이동된다. 이는 방향제어밸브의 전환 후 부하에 의한 보상 피스톤의 역할이 이루어지기까지 시간이 걸리기 때문이다.

초기 점프를 감소시키는 방법에는 다음과 같은 여러 가지가 있다.

- 주밸브가 열리기 전에 바이패스 밸브를 개방한다.
- 스프링이 압축되지 않은 상태로 교축요소를 닫는다.
- 카운터 압력 밸브와 함께 사용한다.
- 홀더를 사용한다.

17.4 속도제어의 여러 가지 방법

실린더의 속도 제어는 사용하는 유량제어밸브의 종류에 따라서도 달라지고, 유량제어밸브를 유압 회로상의 어느 위치에 설치하느냐에 따라서도 달라진다. 일반적으로 유량제어밸브를 사용하여 실린더를 제어하는 기본적인 회로 방법에는 미터-인 방식, 미터-아웃 방식, 블리드 오프 방식이 있다.

17.4.1 바이패스 체크밸브의 유무에 따른 속도제어

바이패스 체크밸브가 내장되어 있지 않은 단순한 교축밸브를 사용하여 실린더의 속도를 제어하면 실린더의 전후진 속도 모두에 영향을 미친다. 단순 교축밸브를 피스톤 측에 설치하면 실린더의 전진속도는 미터-인 방식에 의하여 속도가 제어되고 실린더의 후진속도는 미터-아웃 방식에 의하여 속도가 제어된다. 반대로 단순 교축밸브를 피스톤 로드 측에 설치하면 실린더의 전진속도는 미터-아웃 방식에 의하여 속도가 제어되고 실린더의 후진속도는 미터-인 방식에 의하여 속도가 제어된다. 어쨌든 단순 교축밸브는 설치위치와는 상관없이 전후진 속도 모두에 영향을 미치므로 한 방향만 속도제어를 원하는 경우에는 사용될 수 없다. 또한 양방향 모두 속도제어를 원하는 경우에도 원하는 속도를 따로 따로 제어할 수 없게 된다. 실린더의 전후진 속도제어 중 한 쪽 방향만 속도제어를 원하는 경우에는 체크밸브 내장형 유량제어밸브를 사용한다.

17.4.2 미터-인 방식

미터-인(meter-in) 유량제어방식은 그림 17.6과 같이 유압실린더의 유입관로 측에서 유압유를 교축하여 실린더에 보내어 실린더의 작동 속도를 제어하는 방식이다. 또한 펌프로부터 토출된 유압유 중 속도제어에 필요한 양 이외의 잉여 유압유는 병렬로 연결된 압력 릴리프 밸브를 통하여 탱크로 방출된다.

미터-인 방식을 취하는 유압실린더의 회로에서의 압력 상황은 다음과 같다. 그림 17.6에서 p_1은 p_{max}의 부근 값을 갖게 된다. p_2는 부하에 따라서 0에서 p_{max}값을 갖는다. p_3는 거의 0에 가까운 값을 갖게 된다. 그 이유는 p_3 압력 게이지 이후의 저항 값이 p_3 압력 게이지에 저항 압력으로 표현되는데 회로도에서 보면 탱크까지 배관의 저항 이외에는 다른 저항이 없기 때문이다.

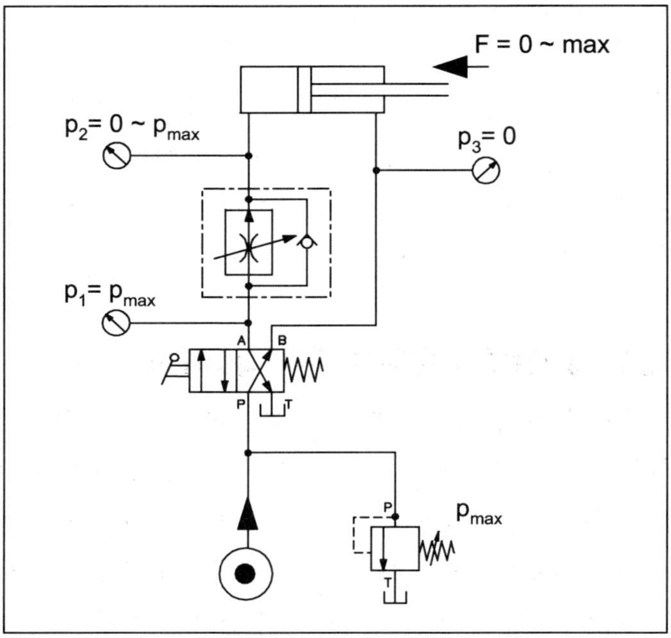

그림 17.6 미터-인 방식

미터-인 방식의 유량제어는 다음과 같은 장점을 갖는다.

- 피스톤 측에만 압력이 걸린다.
- 낮은 속도에서 일정한 속도를 얻을 수 있다.
- 피스톤 실에 상대적으로 낮은 마찰력만 걸리게 되고 이에 따라 실린더는 긴 내구수명을 유지한다.
- 유압유의 압축성 측면에서 미터-아웃 방식보다 유리하다.
- 유량제어밸브를 통과한 유압유가 실린더로 인입될 때 실린더 측의 체적이 크므로 낮은 속도 조절면에서 미터-아웃 방식보다 유리하다.

미터-인 방식의 유량제어는 다음과 같은 단점을 갖는다.

- 피스톤 로드가 끌리는 힘에 대해서는 속수무책이다. 따라서 끌리는 힘이 예상되는 곳에서는 카운터 밸런스 회로가 부가적으로 필요하게 되고 이는 비용 문제와 직결된다.

이와 같은 이유로 미터-인 방식은 여러 가지 장점에도 불구하고 미터-아웃 방식보다는 적게 사용된다.

17.4.3 미터-아웃 방식

미터-아웃(meter-out) 유량제어방식은 그림 17.7과 같이 유압실린더의 출구관로 측에서 유압유를 교축하여 실린더의 작동 속도를 제어하는 방식이다. 이 방식도 미터-인 방식과 같이 속도제어에 필요한 양 이외의 잉여 유압유는 병렬로 연결된 압력 릴리프 밸브를 통하여 탱크로 방출되며 펌프 압력은 실린더 부하 압력에 관계없이 릴리프 밸브의 설정압력이 된다.

미터-아웃 방식을 취하는 유압실린더의 회로에서의 압력 상황은 다음과 같다. 그림 17.7에서 p_1은 p_{max}의 부근 값을 갖게 된다. p_2는 부하에 따라서 p_{max}·면적비에서 0값을 갖는다. 즉 부하가 크게 작용하면 p_2값은 감소한다. p_3는 거의 0에 가까운 값을 갖게 된다. 그 이유는 p_3 압력 게이지 이후의 저항 값이 p_3 압력 게이지에 저항 압력으로 표현되는데 회로도에서 보면 탱크까지 배관의 저항 이외에는 다른 저항이 없기 때문이다.

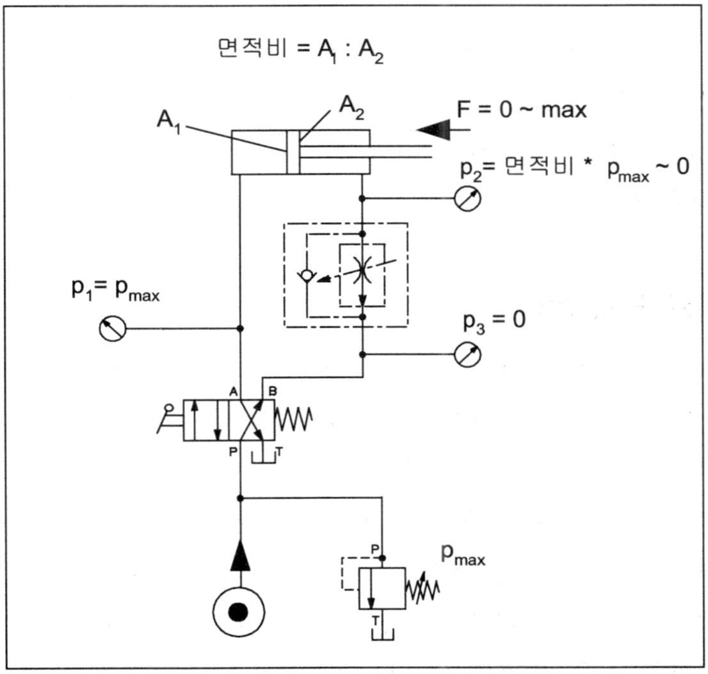

그림 17.7 미터-아웃 방식

미터-아웃 방식의 유량제어는 다음과 같은 장점을 갖는다.

- 부하가 카운터 밸런스 되어 있어 끄는 힘에 강하다.
- 교축요소에 의하여 발생된 열은 탱크로 옮겨진다.

미터-아웃 방식의 유량제어는 다음과 같은 단점을 갖는다.

- 피스톤 측이 항상 p_{max} 상태로 동작되므로 유압유의 압축성이 크다.
- 면적비에 따라 달라지지만 피스톤 로드 측은 압력 집중 현상이 발생한다. 특히 끄는 힘이 작용할 때에 압력집중현상은 더욱 심화된다. 이때의 압력은 시스템 설정 압력 p_{max}보다 크다.
- 유압유의 압축성과 마찰력이 크므로 스틱 슬립(stick slip) 현상 발생 가능성이 크다. 스틱 슬립 현상이 발생하면 안정된 속도를 얻을 수 없다.
- 압력이 높으므로 방향제어밸브의 내부 누유가 크다.
- 유량제어밸브를 통과한 유압유가 실린더로부터 나올 때 실린더 로드 측의 체적이 작으므로 낮은 속도 조절면에서 미터-인 방식보다 불리하다.

미터-아웃 방식은 부하의 방향이 바뀌어도, 부하의 크기가 갑자기 변화되어도 실린더가 유압적으로 클램프(hydraulic clamped) 되어 있으므로 드릴링, 소잉(sawing), 보링, 덤핑(dumping) 작업 등에 사용되며 유압에서의 속도제어 시 가장 많이 사용되는 방법이다.

17.4.4 블리드 오프 방식

블리드 오프(bleed off) 방식은 그림 17.8과 같이 펌프에서 유압실린더로 흐르는 관로에 압력 보상형 유량제어밸브를 설치하여 유압유의 일부를 탱크로 바이패스시켜 유압실린더의 속도를 제어하는 방법이다.

펌프의 토출 압력 p_{max}는 실린더 부하 압력과 같고 압력 릴리프 밸브는 설정 압력에 도달하지 못하므로 열손실은 적지만 실린더의 부하 압력이 변화하는 데 따른 펌프 토출량의 변화에 대하여 보상할 수가 없으므로 부하 변동이 심한 경우에는 유압실린더의 유량 변화로 인하여 실린더의 속도제어가 곤란하다. 따라서 블리드 오프 방식은 부하 압력의 변동이 없는 유량제어에 적합하다.

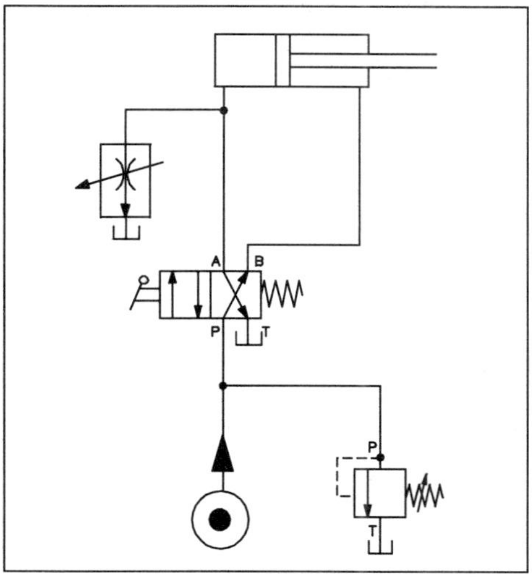

그림 17.8 블리드 오프 방식

블리드 오프 방식의 장점은 다음과 같다.

• 미터-인 방식이나 미터-아웃 방식보다 작동 효율이 좋아 경제적이다.

블리드 오프 방식의 단점은 다음과 같다.

• 블리드 오프 방식은 속도제어 방식 중에서 많이 사용되는 방식이 아니다. 그 이유는 액추에이터의 속도제어를 직접적으로 하는 방식이 아니기 때문이다.
• 다양한 유압 부품이 사용되어 누유가 증가하면 액추에이터의 속도가 감소될 수 있다.

따라서 블리드 오프 방식은 미세한 유량조절이 필요하지 않고 부하 변동이 크지 않은 연삭기 테이블의 왕복운동, 호닝 작업 등에 사용된다.

18 유압 압력 제어 밸브

압력 제어 밸브는 유압시스템 전체 또는 시스템의 일부의 압력을 제어하거나 조절하는 역할을 하는 밸브로서 크게 분류하면 압력 릴리프 밸브와 감압 밸브가 있다.

■ **압력 릴리프 밸브**(pressure relief valve)

유압시스템에서의 압력은 압력 릴리프 밸브에 의해서 제한되거나 설정된다. 제어압력은 밸브의 입구 P포트에서 감지된다.

■ **감압 밸브**(pressure reducing valve)

이 밸브는 높은 입구압력을 일정한 낮은 출구압력으로 만들어 주며 제어압력은 밸브의 출구에서 감지된다.

그림 18.1에 압력제어밸브에 대한 기호가 표시되어 있다.

압력 릴리프 밸브	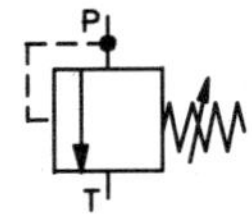
2-way 감압밸브	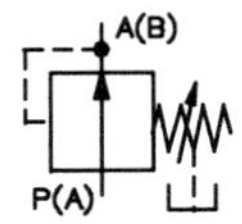
3-way 감압밸브	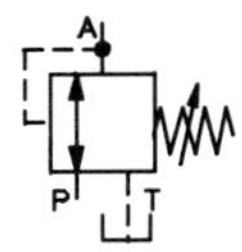

그림 18.1 여러 가지 압력 제어 밸브의 기호

18.1 압력 릴리프 밸브

압력 릴리프 밸브는 유압시스템의 최고 압력이 압력 릴리프 밸브의 설정 값에 도달하였을 경우 유압유의 일부 또는 전량을 복귀 측으로 귀환시켜 회로 내의 압력을 설정 값 이하로 제한하는 밸브를 말한다.

18.1.1 직동형 압력 릴리프 밸브

그림 18.2는 직동형 압력 릴리프 밸브의 동작 원리를 보여주고 있다. 그림 18.2에서 압력 p는 면적 A에 작용하게 되고 그 힘은 압력 릴리프 밸브의 스프링 힘과 비교된다. 압력 p와 면적 A를 곱한 힘이 스프링 힘보다 커지게 되면 포트가 열리게 되어 유압유는 귀환된다. 직동형 압력 릴리프 밸브에서는 면적 A가 커지면 스프링에 대항하는 힘이 커지게 되고 따라서 스프링도 굵어져야 한다. 그러나 스프링이 굵어지면 압력 릴리프 밸브의 압력 설정을 조절하기가 힘들므로 면적 A를 크게 할 수 없고, 따라서 직동형 압력 릴리프 밸브에서는 많은 유량을 통과시키기가 부적합하다.

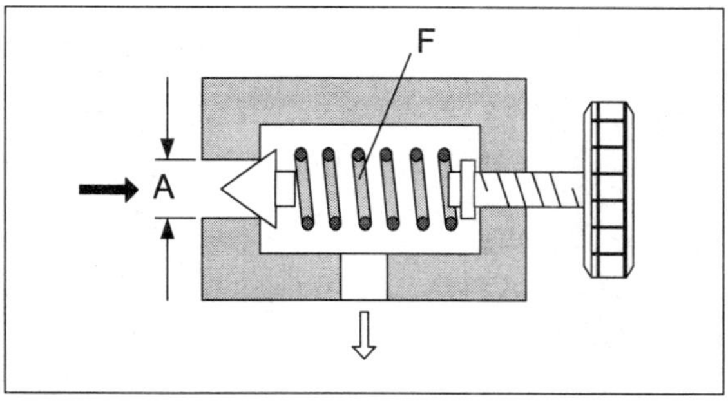

그림 18.2 직동형 압력 릴리프 밸브의 작동 원리

압력 릴리프 밸브는 다음의 원리에 의해서 동작된다. 입구 압력 p가 실링 요소의 면적에 작용하여 힘 F = p·A를 발생시킨다. 이때 실링 요소를 밀어주는 스프링 힘은 조절 가능하다. 입구압력에 의해서 발생되는 힘이 스프링 힘을 초과하게 되면 밸브가 열리기 시작하고 일부의 유량이 탱크로 귀환된다. 이때의 압력을 크래킹 압력(cracking pressure)이라고 한다. 입구압력이 계속 증가하면 실링 요소가 더 많이 열려 펌프에서 토출된 모든 유량은 탱크로 귀환된다. 이때의 압력이 압력 릴리프 밸브의 설정 압력이다.

■ 포펫형 압력 릴리프 밸브와 슬라이드형 압력 릴리프 밸브

직동형 압력 릴리프 밸브는 포펫 또는 슬라이드 밸브의 형태로 만들어지며 각 형태의 밸브는 정상위치에서 다음과 같이 위치한다.

- 포펫 형태의 직동형 압력 릴리프 밸브는 압축 스프링이 실링 요소를 밀어 붙여 인입 포트를 막고 있다.
- 슬라이드 형태의 직동형 압력 릴리프 밸브는 압축 스프링에 의해 스풀 피스톤이 탱크로의 귀환로를 막고 있다.

포펫형 압력 릴리프 밸브와 슬라이드형 압력 릴리프 밸브의 구조는 그림 18.3과 같고 각 밸브의 특징을 비교하면 표 18.1과 같다.

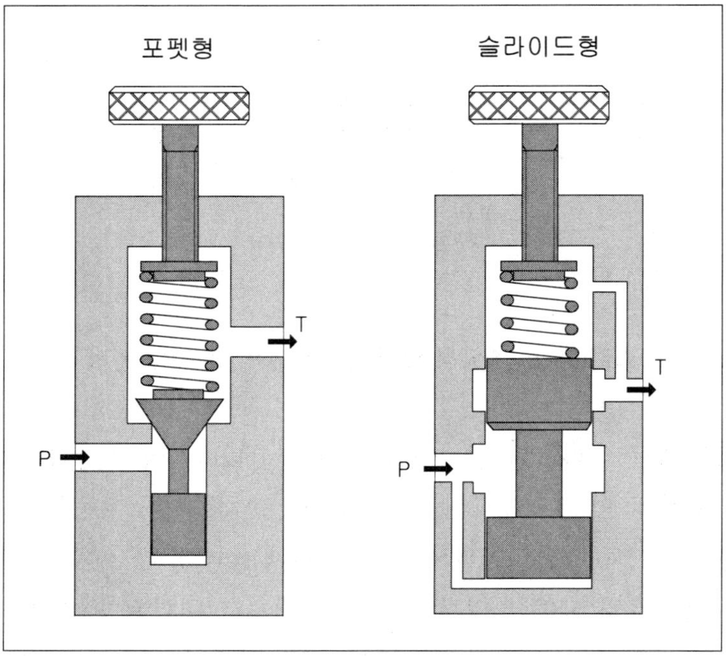

그림 18.3 포펫형 및 슬라이드형 압력 릴리프 밸브의 구조

표 18.1 포펫형 및 슬라이드형 압력 릴리프 밸브의 특징

포펫형 압력 릴리프 밸브	슬라이드형 압력 릴리프 밸브
• 작동에 필요한 이동거리가 짧다. • 반응이 빠르다. • 누유가 없다. • 밸브 포펫의 떨림을 방지하기 위하여 댐핑 플런져를 조합시킨다.	• 정밀제어에 좋다. • 제어 피스톤에 미터링 노치가 있어 밸브가 열릴 때 안정성이 뛰어나다. • 오버랩되는 양은 실링과 반응속도에 영향을 미친다.

■ 쿠션 내장형 압력 릴리프 밸브

압력의 맥동을 감소시키기 위하여 압력 릴리프 밸브에 쿠션 피스톤과 교축부가 설치될 수 있다. 쿠션 장치는 빠른 열림 작용과 느린 닫힘 작용을 하게 된다. 이와 같은 작용에 의하여 서지 압력으로 인한 밸브의 손상을 피할 수 있고 부드러운 밸브의 동작을 기대할 수 있다. 압력의 녹킹(knocking)은 펌프가 무부하 상태로 운전되고 있을 때 방향제어밸브의 전환에 의해서 압력 포트가 갑자기 닫히면

발생된다.

그림 18.4는 포펫 형태의 쿠션 내장형 압력 릴리프 밸브를 보여주고 그림 18.5의 회로도에서는 최고 압력 하에서 펌프에서 토출된 유량이 압력 릴리프 밸브를 통하여 귀환되는 것을 보여준다. 방향제어밸브가 전환되면 실린더 방향의 압력은 감소되고 쿠션 내장형 릴리프 밸브는 서서히 닫힌다. 쿠션이 내장되지 않은 압력 릴리프 밸브는 갑작스럽게 닫혀져서 이상 압력을 발생시킬 수 있다.

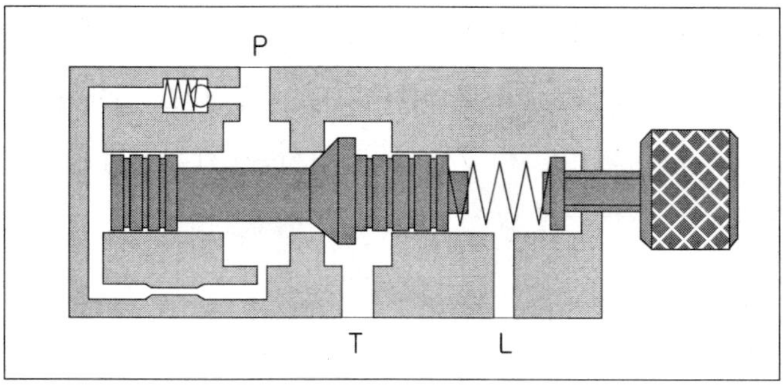

그림 18.4 포펫 형태의 쿠션 내장형 압력 릴리프 밸브

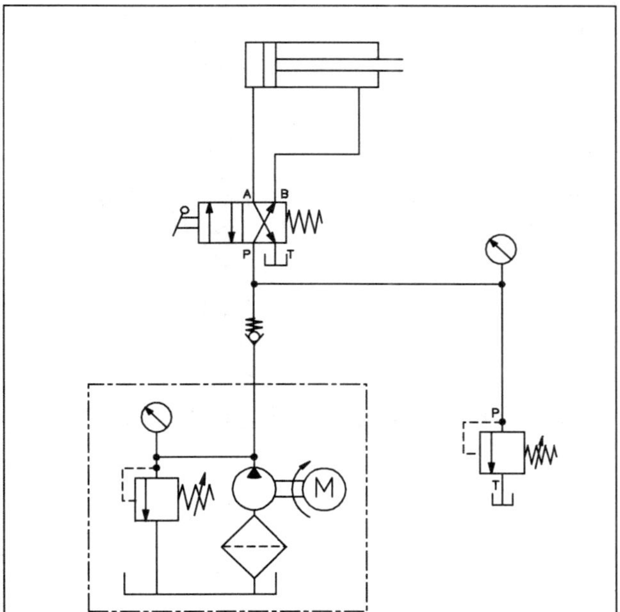

그림 18.5 최고 압력 설정을 위한 압력 릴리프 밸브의 회로도

18.1.2 간접 작동형 압력 릴리프 밸브

간접작동형 압력 릴리프 밸브는 직동형 밸브에 비해서 광범위한 유량 영역에서 정확하고 안정된 압력 설정이 용이하며 벤트 접속구를 사용하여 리모트 제어 밸브를 통한 원격 조작으로 주회로 압력도 제어할 수 있다. 간접작동형 압력 릴리프 밸브는 많은 유량을 통과시키기에 적합하도록 구성되어 있는데 파이로트 부는 간단한 포펫 형태의 조절부가 달려 있으며 주밸브는 포펫형과 슬라이드형이 모드 가능하다. 파이로트 부가 동작되면 주밸브의 피스톤 양단간에 압력 차이가 발생되고 이러한 압력차이는 힘의 차이를 발생시켜 주밸브의 피스톤을 이동시킨다. 그러면 유압유가 입구로부터 출구로 귀환된다. 그림 18.6에는 간접작동형 압력 릴리프 밸브의 구조가 나와 있고 그림 18.7에서는 간접작동형 압력 릴리프 밸브의 기호를 보여준다.

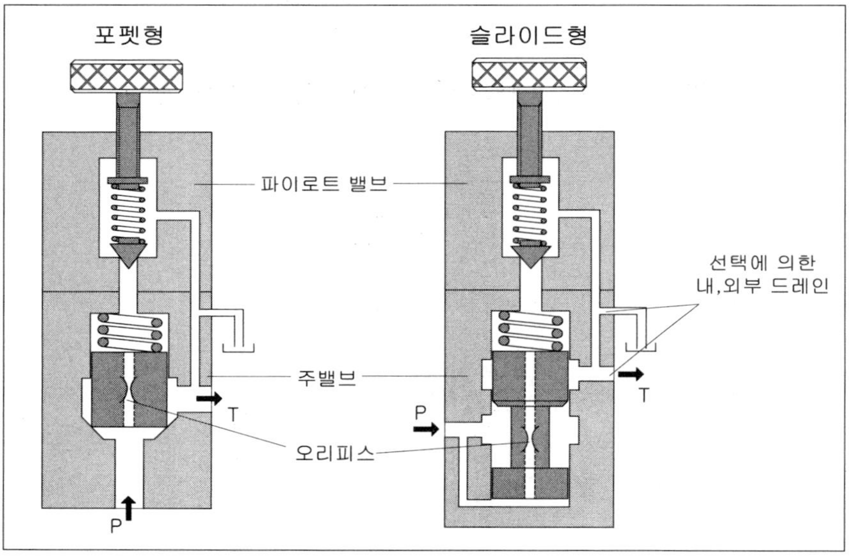

그림 18.6 간접작동형 압력 릴리프 밸브의 구조

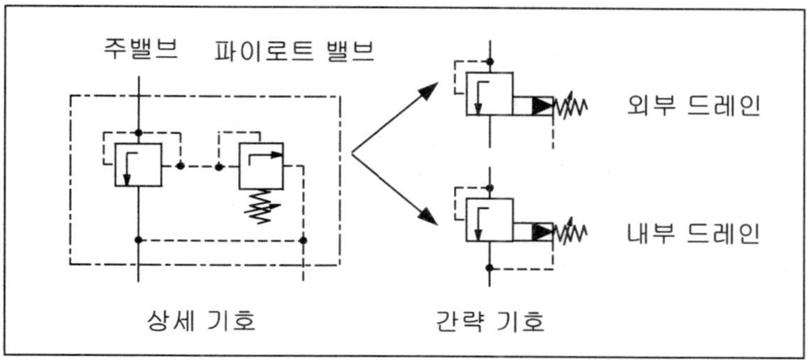

그림 18.7 간접작동형 압력 릴리프 밸브의 기호

■ **원격 제어(remote control)**

주밸브와 파이로트 밸브를 분리하여 작업의 편의를 도모할 수 있다. 예를 들어 주밸브는 기계에 직접 설치하고 파이로트 밸브는 제어반에 설치할 수 있다. 두 밸브 사이의 배관은 가는 배관으로 가능하다. 그림 18.8은 이러한 상황을 유압 기호로 보여 주고 그림 18.9는 외부 신호에 의해서 동작되는 압력 릴리프 밸브의 구조를 보여준다.

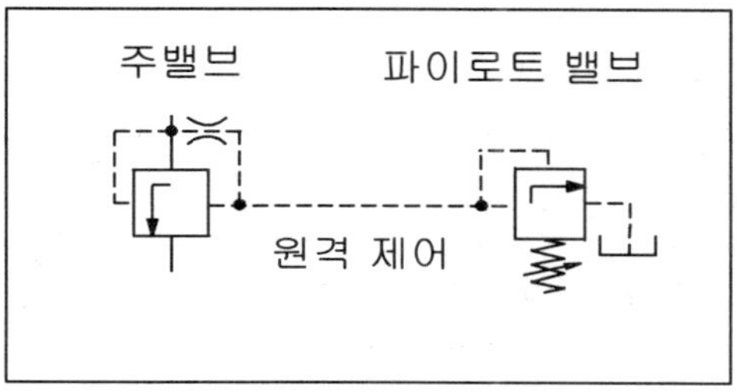

그림 18.8 주밸브의 원격 제어

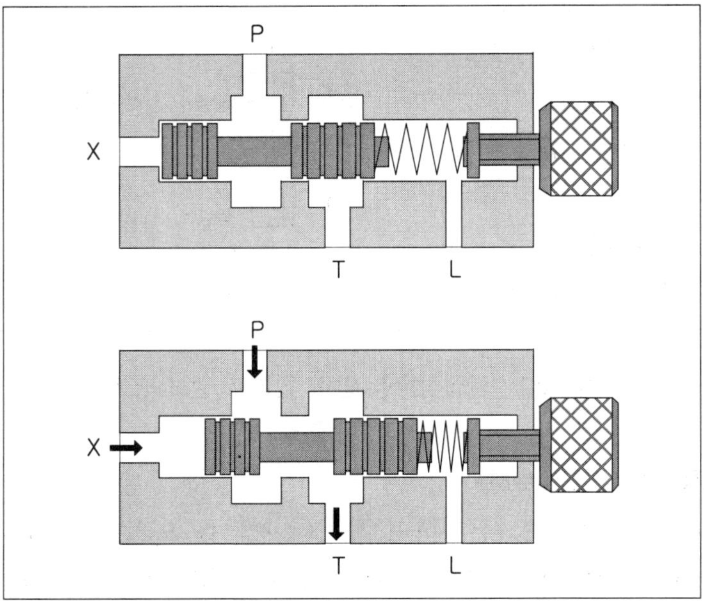

그림 18.9 외부 신호에 의해서 동작되는 압력 릴리프 밸브

원격 제어 시 한 개의 파이로트 밸브로 두 개 이상의 주밸브를 제어할 수 있다. 이러한 상황을 유압 기호로 표현하면 그림 18.10과 같다.

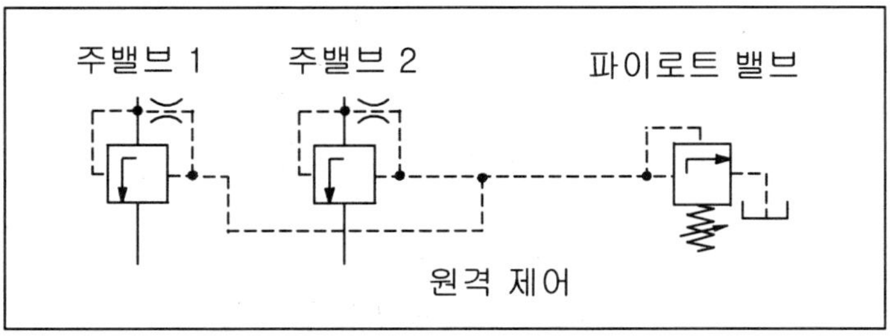

그림 18.10 두 개의 주밸브 제어

한 개의 주밸브가 여러 개의 파이로트 밸브에 의해서 다른 압력으로 설정될 수 있다. 이러한 경우에는 전기 신호를 이용하여 프로그래밍이 가능하다. 그림 18.11은 이러한 상황의 회로도를 보여준다.

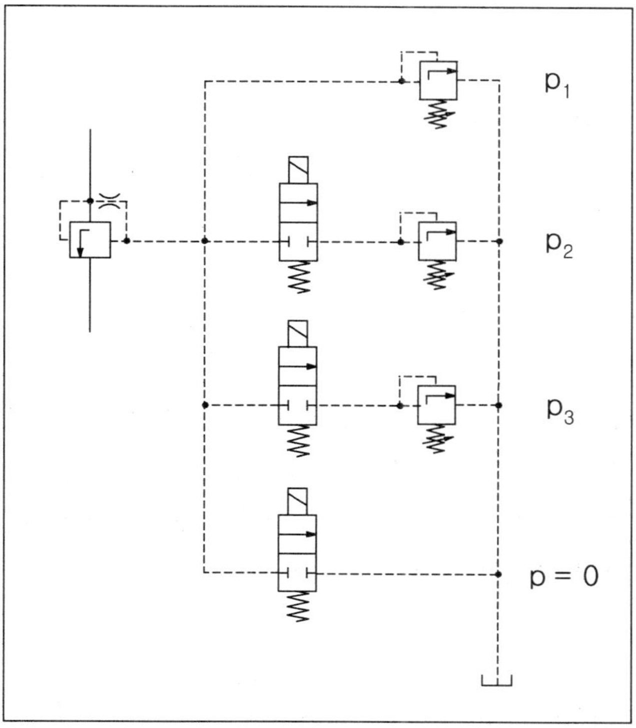

그림 18.11 여러 압력의 설정

18.1.3 압력 릴리프 밸브에서의 여러 가지 압력

압력 릴리프 밸브에서 사용되고 있는 압력에 관한 용어는 다음과 같은 것들이 있다.

■ **설정압력**(setting pressure)

설정압력은 압력 릴리프 밸브가 완전히 열려서 최대 유량이 압력 릴리프 밸브를 통과하여 흐를 때의 압력으로서 최대 유량 압력(full flow pressure)이라고도 한다.

■ **크래킹 압력**(cracking pressure)

압력 릴리프 밸브에서 입구압력에 의해서 발생되는 힘이 스프링 힘을 초과하게 되면 밸브가 열리기 시작하고 유압유의 일부가 탱크로 귀환되기 시작하는데 이때의 압력이 크랙킹 압력이다.

■ **압력 오버라이드(pressure override)**

압력 오버라이드는 압력 릴리프 밸브에서 설정압력과 크래킹 압력과의 차이를 나타낸다. 이를 식으로 나타내면 다음과 같다.

압력 오버라이드 = 설정 압력 - 크래킹 압력

압력 오버라이드가 크면 채터링(chattering : 연속적으로 밸브가 진동을 일으켜 밸브 시트를 심하게 두들기며 소음을 내는 현상) 가능성이 커지게 된다.

직동형 압력 릴리프 밸브와 간접작동형 릴리프 밸브의 크래킹 압력과 압력 오버라이드를 그림으로 표현하면 그림 18.12와 같다.

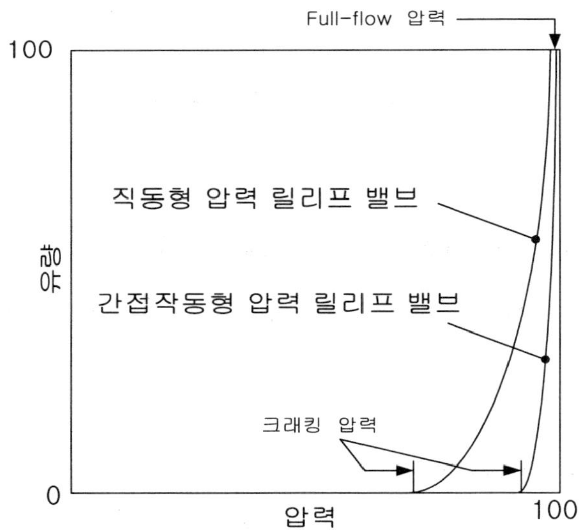

그림 18.12 크래킹 압력과 압력 오버라이드

표 18.2에서는 직동형 압력 릴리프 밸브와 간접작동형 릴리프 밸브의 특징을 보여준다.

표 18.2 직동형 및 간접작동형 압력 릴리프 밸브의 특징

직동형 압력 릴리프 밸브	간접작동형 압력 릴리프 밸브
• 구조가 간단하다. • 안전밸브, 저압용, 소용량에 적합 • 채터링 가능성이 크다. • 압력 오버라이드가 크다.	• 압력 오버라이드 작다. • 채터링 가능성이 작다. • 성능이 우수하다. • 원격 제어가 가능하다.

18.2 압력 릴리프 밸브의 사용에 따른 분류

압력 릴리프 밸브는 사용 목적에 따라 안전밸브, 카운터 밸런스 밸브, 브레이크 밸브, 시퀀스 밸브 등으로 사용된다.

18.2.1 안전밸브와 최대압력 설정

압력 릴리프 밸브의 첫 번째 사용 목적은 유압시스템의 사용압력을 제한하는 것이다. 즉, 유압시스템의 최대압력을 설정하여 유압 부품, 배관 등의 손상을 방지하고 유압시스템의 최대 출력도 제한한다. 이러한 경우의 압력 릴리프 밸브를 안전밸브(safety valve), 압력 제한 밸브(pressure limit valve) 또는 단순히 릴리프 밸브라고 하고 일반적으로 유압 펌프에 설치되어 과부하로부터 펌프를 보호한다. 압력 릴리프 밸브의 설정치는 최대 펌프 압력으로 고정된다.

또한 안전밸브에서 설정된 압력보다 낮은 압력의 영역에서 유압시스템의 압력을 설정하기 위해서 압력 릴리프 밸브를 사용하기도 한다. 그림 18.13은 압력 릴리프 밸브가 안전밸브와 시스템 압력 설정용으로 사용된 것을 보여 준다.

18.2.2 카운터 밸런스 밸브

실린더에 인장하중이 걸리거나 부하의 관성에 의한 인장하중 효과가 발생되면 실린더가 끌리게 되는데 이를 방지하기 위하여 인장하중이 걸리는 측에 압력 릴리프 밸브를 달아 저항을 주게 된다. 이러한 목적으로 사용되는 밸브를 카운터 밸런스 밸브(counter balance valve)라고 한다. 카운터 밸런스 밸브는 항상 내부 드레인되는데 그 이유는 카운터 밸런스 밸브가 기능을 발휘할 때마다 카운터 밸

런스 밸브의 통과 유량이 방향제어밸브를 통하여 탱크로 연결되기 때문이다. 그림 18.13의 피스톤 로드 측에는 카운터 밸런스 밸브가 설치되어 있는 것을 보여준다.

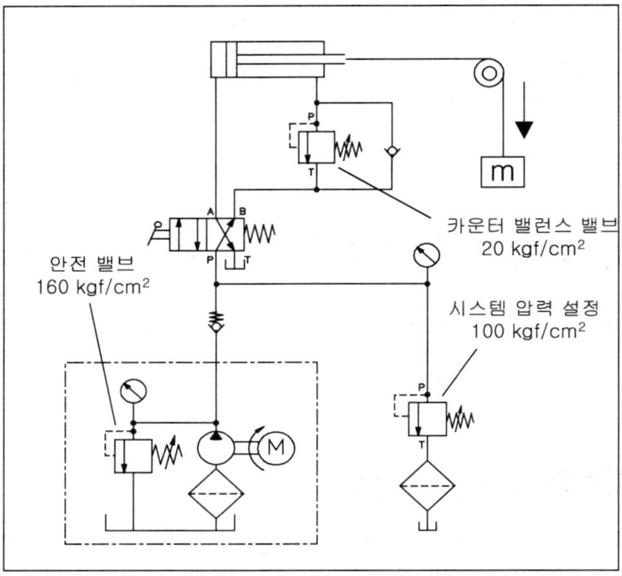

그림 18.13 안전밸브와 카운터 밸런스 밸브

■ **오버센터(overcenter) 밸브**

카운터 밸런스 밸브가 설치되어 있는 경우, 카운터 밸런스 기능이 필요하지 않은 때에는 실린더 동작 시 배압이 형성되므로 카운터 밸런스 기능이 동력 손실을 의미하게 된다. 따라서 카운터 밸런스 기능이 필요치 않을 경우에는 배압이 형성되지 않도록 하고 카운터 밸런스 기능이 필요한 경우에는 카운터 밸런스 밸브 역할을 하는 밸브가 오버센터 밸브이다. 오버센터 밸브의 구조와 회로도는 그림 18.14와 같다.

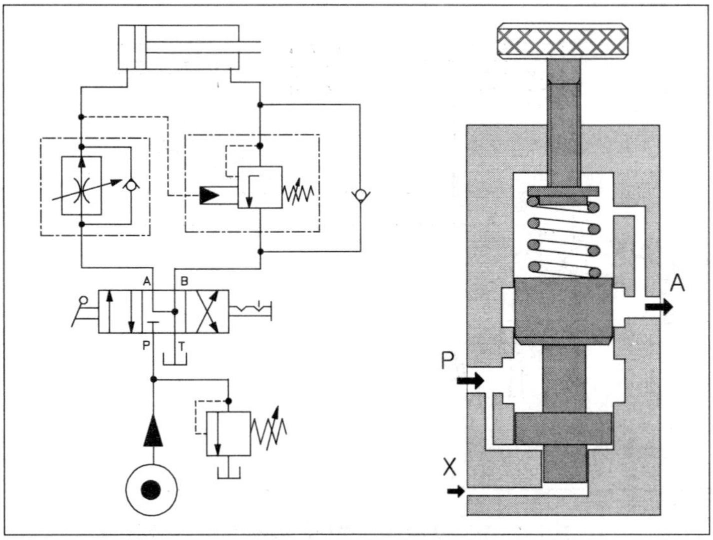

그림 18.14　오버센터 밸브

18.2.3　시퀀스 밸브

압력 릴리프 밸브에서 설정된 압력이 초과되면 다른 유압 부품으로 유로를 연결시켜 주는데 이러한 목적으로 사용하는 밸브를 압력 시퀀스 밸브(sequence valve)라고 한다. 이 밸브에는 내부 신호를 이용하는 것과 외부 신호를 이용하는 것이 있다. 포펫 형태와 슬라이드 형태의 압력 릴리프 밸브가 모두 시퀀스 밸브로 사용될 수 있다. 그림 18.15에 시퀀스 밸브에 대한 회로가 나와 있는데 이 회로에서는 내부 신호를 이용한 시퀀스 밸브가 사용되었다.

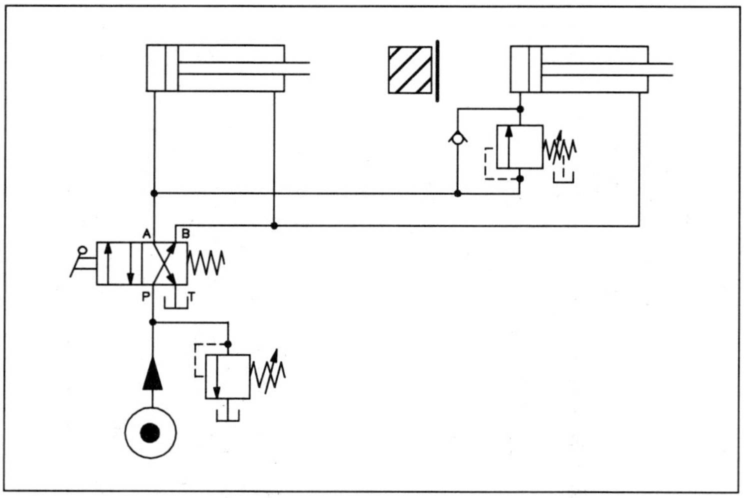

그림 18.15 시퀀스 밸브(내부 신호 입력)

압력이 첫 번째 부하를 원하는 수준까지 이동시키면, 예를 들어 피스톤이 전진 완료하면 압력이 차게 되고, 이 압력이 시퀀스 밸브를 동작시켜 유량을 통과시키게 된다. 그러면 두 번째 부하를 구동시킬 수 있게 된다. 이러한 작업을 압력 종속 시퀀스 제어(pressure dependent sequence control)라고 한다.

그림 18.16에는 외부 신호를 이용한 시퀀스 회로를 보여 주는데 이 회로에서 시퀀스 밸브는 마치 2/2-way 밸브처럼 작동된다. 즉 외부로부터의 신호를 받아 통로를 오픈시켜 준다.

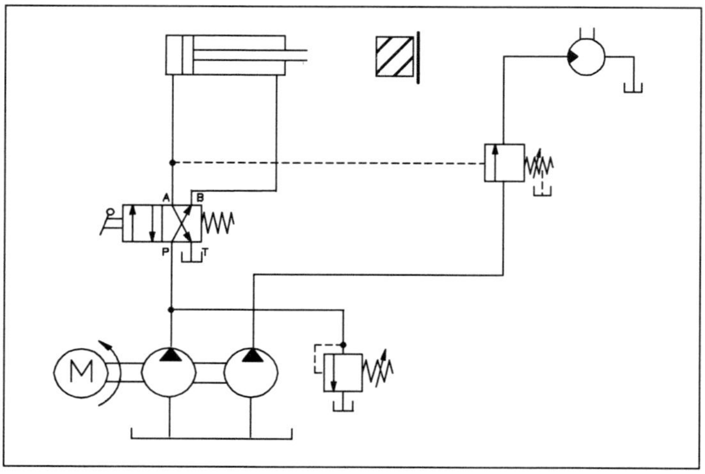

그림 18.16 시퀀스 밸브(외부 신호 입력)

그림 18.17은 외부 신호로 작동되는 직동형 시퀀스 밸브이다. 이 밸브에서는 외부 신호로 인한 압력과 면적의 곱이 스프링 힘과 비교되어, 그 힘이 크면 스풀이 이동되어 유로를 개방시킨다. 출구 측의 부하 때문에 오직 스풀형의 밸브만 사용될 수 있다. 포펫형을 사용하면 부하로 인해 출구 측에 압력이 걸려 기능을 발휘할 수 없다. 누유되는 유압유는 외부로 드레인 된다.

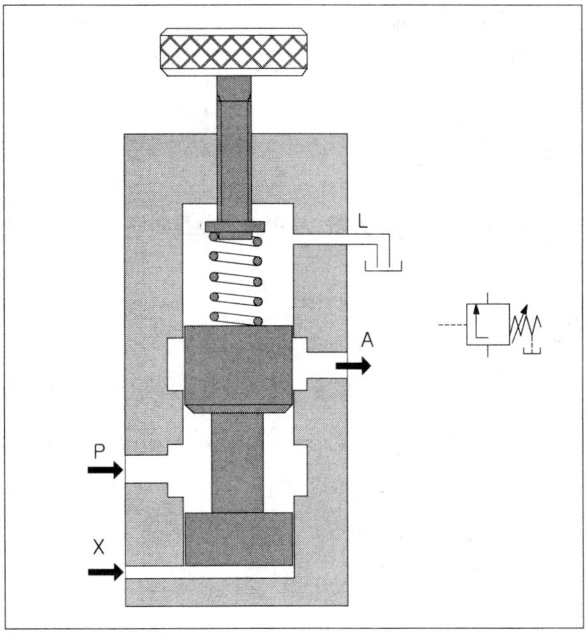

그림 18.17 직동형 시퀀스 밸브(외부 신호 입력)

그림 18.18에는 외부 신호로 작동되는 간접작동형 시퀀스 밸브들을 보여주고 있다.

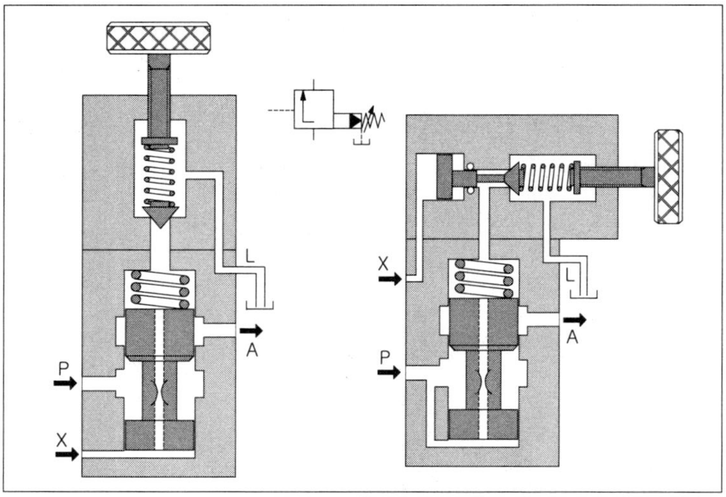

그림 18.18 간접작동형 시퀀스 밸브(외부 신호 입력)

18.2.4 언로딩 밸브

유압시스템이 작업을 하고 있지 않을 때 펌프에서 토출된 유압유가 압력 릴리프 밸브의 설정 압력을 초과하게 되면 유압회로의 유량이 탱크로 귀환된다. 이때 압력 릴리프 밸브는 매우 낮게 설정되는데 이러한 목적으로 사용하는 밸브를 언로딩 밸브(unloading valve)라고 한다. 그림 18.19에는 언로딩 기능의 개념을 보여 주고 있는데, 유압 시스템에서 작업을 하고 있는 경우에는 압유가 시스템에 공급되어야 하지만 아이들(idle) 상태에서는 회로에 압력이 걸리지 않아야 동력 손실을 줄일 수 있게 된다. 이를 위하여 전기 신호에 의해서 낮은 압력으로 설정되어 있는 압력 릴리프 밸브를 동작시켜 회로를 언로딩 시킬 수가 있게 된다. 이러한 방법은 유압시스템을 경제적으로 운용할 수 있게 해 준다.

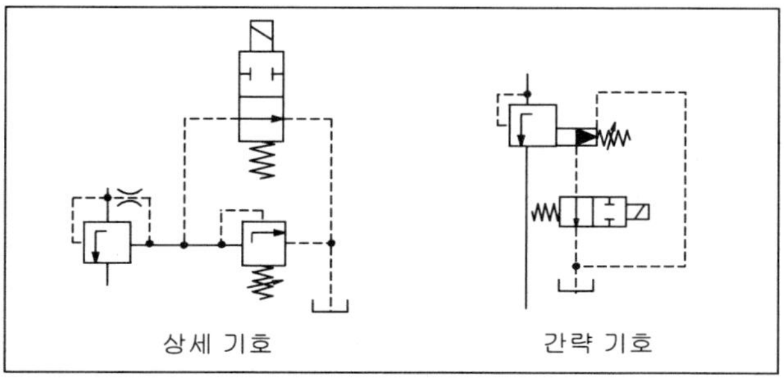

그림 18.19 언로딩 기능

언로딩 밸브 역시 내부 신호 및 외부 신호에 의해서 제어될 수 있는데, 전형적으로 사용되는 곳이 투-펌프 시스템(two pump system or hi-lo system)이다. 투-펌프 시스템에서는 대용량의 저압 펌프와 소용량의 고압 펌프가 사용되는 데, 실린더의 초기 운동시에는 두 개의 펌프에서 토출된 유량이 합해져서 작업 실린더로 들어가므로 매우 빠른 속도로 실린더가 전진운동을 하게 된다. 부하가 걸리게 되면 라인에 압력이 걸리게 되고, 따라서 이 압력 신호를 받아 저압 펌프가 언로딩되고 저압 펌프에서 토출된 유량을 모두 탱크로 되돌리게 된다. 펌프 사이의 체크 밸브를 보고 저압, 고압 펌프를 판정한다. 언로딩 밸브로는 간접작동형, 내부 드레인의 압력 릴리프 밸브가 사용된다.

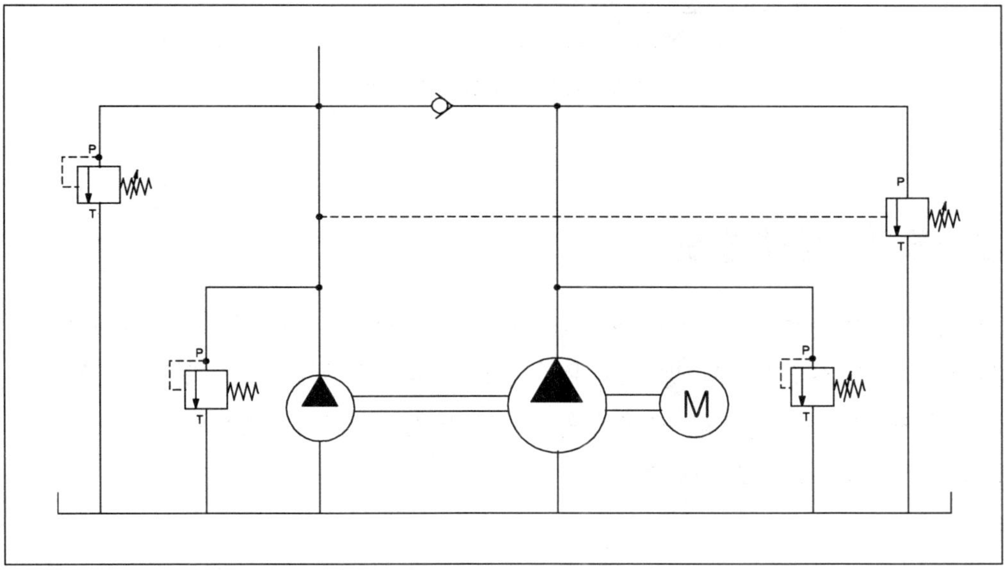

그림 18.20 투-펌프 시스템

18.2.5 브레이크 밸브

방향제어밸브의 급작스러운 전환이나 관성 모멘트의 결과로 발생되는 서지 압력을 방지하기 위하여 사용되는 압력 릴리프 밸브를 브레이크(brake) 밸브라고 한다. 이 밸브는 특히 유압 모터 회로에 빈번하게 사용된다. 브레이크 밸브의 설정치는 회로 압력보다 5 ~ 10 kgf/cm^2 높게 설정한다. 그림 18.21에 브레이크 밸브의 회로를 보여준다.

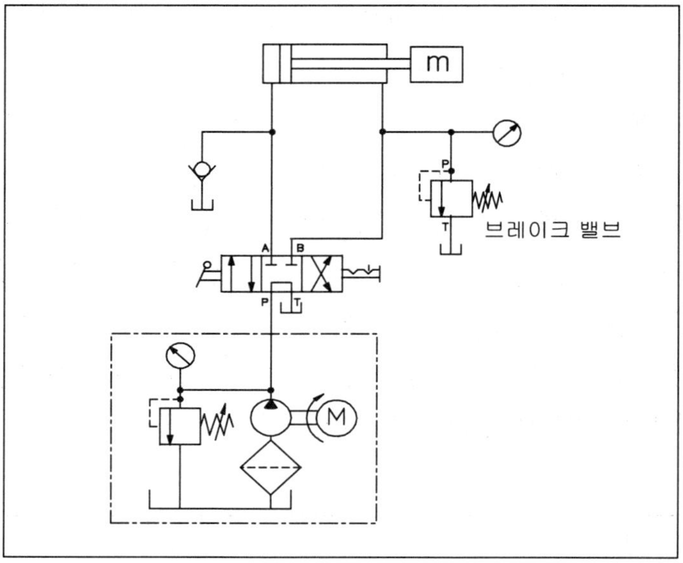

그림 18.21 브레이크 밸브

18.3 감압 밸브

감압 밸브(pressure reducing valve)는 밸브에서의 입구 압력을 설정된 출구 압력으로 감압시킨다. 이 밸브는 유압시스템 내에서 서로 다른 압력이 요구되는 곳에 효과적으로 사용된다. 그림 18.22는 유압시스템에서 감압 밸브가 어떻게 사용되는지를 개념적으로 보여준다.

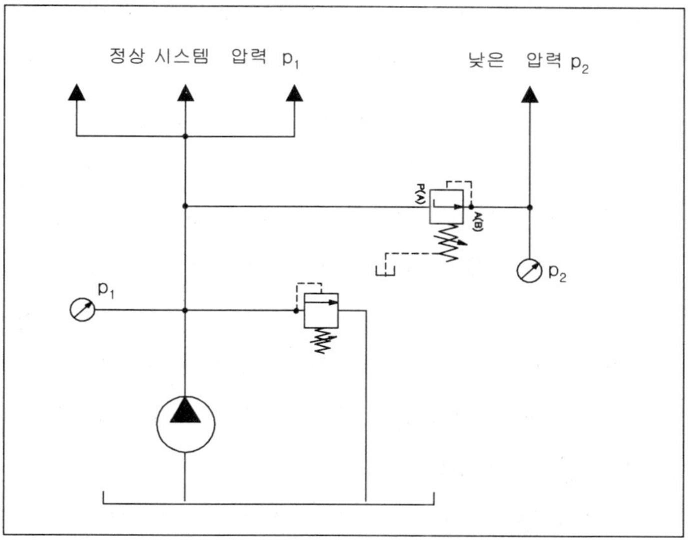

그림 18.22 감압 밸브의 사용

18.3.1 2-way 감압 밸브

감압 밸브에서 비교되는 압력은 입구압력이 아니라 출구압력이다. 출구압력에 의하여 생성되는 힘은 스프링 힘과 비교된다. 출구압력에 의하여 생성되는 힘이 스프링 힘보다 크면 스풀이 이동되어 통로를 교축하게 된다. 그러면 압력이 떨어져서 밸브 스풀이 다시 평형을 이루게 된다.

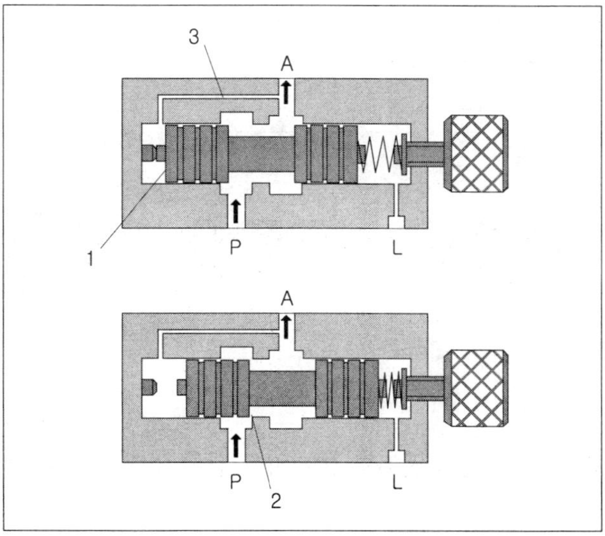

그림 18.23 2-way 감압 밸브

그림 18.23에서 보면 감압 밸브는 정상위치에서 열려 있다. A에서의 출구압력은 제어라인 3을 통하여 스풀 면적 1에 작용한다. 스풀 면 1에 가해지는 힘은 스프링 힘과 비교된다. 스풀 면 1에 가해지는 힘이 설정된 스프링 힘을 이기면 밸브의 슬라이드는 힘의 평형이 이루어질 때까지 스프링 쪽으로 이동하면서 유로의 입구를 일부분 막게 된다. 이렇게 되면 교축부가 형성이 되고 압력이 낮아지게 된다. 출구 A에서의 압력이 계속 증가하게 되면 스풀은 유로를 완전히 차단하게 된다. 우측 회로에서 존재하는 압력은 출구 A에서의 압력을 능가한다.

포펫 형태의 감압 밸브는 행정거리가 짧은 경우 매우 빠르게 열리고 닫힌다. 이 때문에 심한 압력 변화로 불규칙한 동요를 일으킨다. 이러한 현상은 쿠션 장치를 내장함으로서 예방할 수 있다.

슬라이드 형태의 감압 밸브에서는 열리는 갭이 서서히 증가하도록 스풀 피스톤의 가장자리를 가공하여 열림 특성을 좋게 할 수 있다. 이렇게 하면 제어의 정밀도가 좋아지며 밸브의 진동 특성을 개선할 수 있다.

18.3.2 3-way 감압 밸브

2-way 감압 밸브는 외부로부터 외력이 작용하면 압력 감소를 만족시켜 주지 못한다. 이 점을 개선하기 위한 방법은 출구 쪽에 압력 릴리프 밸브를 설치하는 것이다. 따라서 3-way 감압 밸브는 2-way 감압 밸브에 압력 릴리프 밸브가 내장된 것으로 생각하면 된다. 3-way 감압 밸브의 구조는 18.24와 같다.

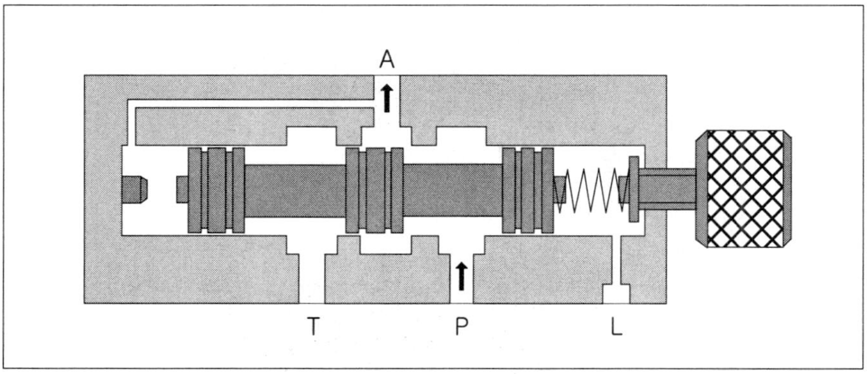

그림 18.24 압력 증가를 방지하기 위한 압력 릴리프 밸브

3-way 감압 밸브의 작동 방법은 유압유가 P에서 A로 흐르는 것에 대해서는

2-way 감압 밸브의 동작과 같다. 출구 A측에 설정된 값 이상의 압력이 발생되면 스풀의 이동량이 더욱 커지게 되고 그 결과 내장된 압력 릴리프 밸브의 동작으로 A에서 T로 유로가 열리게 된다.

3-way 감압 밸브의 제어 특성은 스풀의 오버 랩 형태에 따라 크게 좌우된다. 오버 랩 역시 포지티브와 네거티브 오버랩이 모두 가능하다. 3-way 감압 밸브의 경우 오버 랩 자체가 설계에 반영된다. 압력 릴리프 밸브와 조합되어 사용되는 2-way 감압 밸브는 오버랩을 조절할 수 있다.

19 | 유압 기본 회로

유압시스템은 크게 제어신호 처리부와 파워부, 그리고 작업요소로 나눌 수 있고 제어신호 처리부는 다시 신호 입력부와 신호 처리부로 나눌 수 있다. 신호 입력은 수동조작 스위치를 사용하는 수동적 방법, 리밋 스위치를 이용하는 기계적 방법, 각종 센서를 사용하는 비접촉식 방법 등을 통하여 이루어진다. 제어 신호 처리에는 수동적인 방법, 전기적인 방법, 전자적인 방법, 기계적인 방법, 유압적인 방법 등이 사용된다.

유압시스템에서 유압 동력 공급부는 에너지를 생산하고 압력 유체를 조절 및 처리하는 부분이다. 전기 모터, 내연기관, 커플링, 펌프, 압력 스위치, 전기 보호회로 등이 전기적인 에너지를 기계적인 에너지로, 그리고 최종적으로 유압에너지로 바꾸어 주는 데 사용된다. 필터, 냉각기, 히터, 온도계, 압력계, 유압유, 탱크, 유면계 등은 유압작동유를 조절하는 데 사용된다.

유압에너지는 동력 공급부를 통하여 구동부로 전달되는 데 방향제어밸브, 유량제어밸브, 압력제어밸브, 논-리턴 밸브 등이 사용된다. 구동부는 유압시스템에서 유압에너지를 기계적인 에너지로 변환시켜서 기계에서 최종적으로 작업을 수행하는 것이다. 유압유가 갖고 있는 에너지는 실린더나 모터와 같은 구동부를 통하여 운동이나 힘으로 변환된다.

19.1 회로도 일반

회로도는 유압시스템의 설계를 구체화하는 것이다. 회로도에서는 표준화된 기호를 사용하여 각각의 구성요소들이 어떻게 연결되어 있는가를 보여주게 된다. 회로도에서는 구성요소 사이의 관계를 좀 더 명확히 하기 위해서 실제 부품이 시스템에 어느 위치에 설치되는지는 고려하지 않는다.

회로도에서는 하단부에 에너지 공급에 관계되는 유압 파워 유니트를, 중간에는 파워 제어장치를, 그리고 상단에는 구동장치를 위치시켜 작성하는 데 에너지 흐름의 관점에서 보면 에너지가 아래에서 위로 흐르도록 작성된다. 그리고 방향제어밸브는 가능한 한 수평으로 그리고, 선은 직선을 사용하며 가능한 한 교차되지 않도록 한다. 그리고 모든 요소는 초기 위치 상태로 그려야 한다. 제어시스템에서의 여러 가지 위치를 간략히 설명하면 다음과 같다.

■ **시스템의 중립위치(Neutral position)**

시스템에 파워는 공급되지 않은 상태이고 각각의 구성요소는 제작자에 의하여 놓이거나 내장된 스프링 등과 같이 외력에 의하지 않고 자체적으로 갖게 되는 제어 위치이다.

■ **구성요소의 중립위치(Neutral position)**

구성요소에서 외력이 제거된 상태, 즉 솔레노이드 밸브인 경우 전기가 공급되고 있지 않은 경우, 수동작동형 밸브인 경우는 외력이 가해지지 않은 상태에서 스스로 갖게 되는 제어위치이다.

■ **정상위치(Normal position)**

파워가 공급되었을 때 갖게 되는 위치이다.

■ **초기위치(Initial position)**

구성요소가 작업을 시작할 때에 요구되는 제어위치로서 이는 시동조건에 의하여 결정된다. 예를 들어 리밋 밸브가 실린더의 후진위치에 설치되어 있어서 도그에 의하여 눌린 상태가 되면 회로도에는 리밋 밸브가 눌린 상태로 그려진다.

■ **시동조건(Start condition)**

이는 중립위치로부터 초기위치로 옮겨가기 위한 조건을 의미한다.

한 시스템이 여러 개의 구동요소로 구성되어 있을 경우에는 가급적이면 구동요소를 중심으로 각각의 제어시스템을 구성하여 회로도를 작성하는 것이 바람직하다.

유압시스템 제어회로 작성시 주의할 점을 정리하면 다음과 같다.

- ISO 1219에서 규정한 표준 기호를 이용하여 회로도를 작성한다.
- 제어시스템에 대한 기술적 표현이 나타나도록 작성한다.
- 에너지의 흐름이 아래에서 위로 향하도록 작성한다.
- 가능한 한 방향제어밸브는 수평으로 그리고 배관은 직선으로, 가능한 한 교차되지 않도록 한다.
- 전기회로도와 같이 사용되는 시스템에서는 유압회로도와 전기 회로도를 분리해서 작성한다.
- 펌프, 모터, 실린더, 설정 압력, 배관 크기, 파워 크기 등을 보조적으로 삽입할 수 있다.

그림 19.1은 작성된 유압회로도의 예를 보여준다.

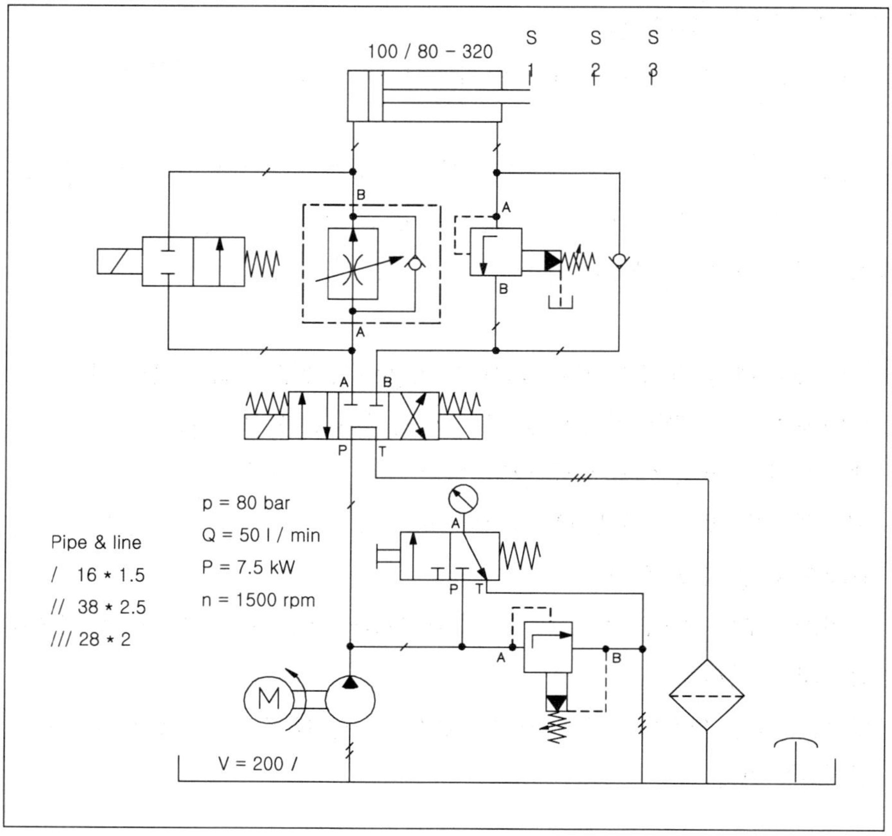
100 / 80 - 320
S
1
S
2
S
3
B
A
B
A
A
B
P
T
p = 80 bar
Q = 50 l / min
P = 7.5 kW
n = 1500 rpm
Pipe & line
/ 16 * 1.5
// 38 * 2.5
/// 28 * 2
A
P
T
A
B
M
V = 200 /

그림 19.1 유압회로도

19.2 압력 제한 회로

과도한 압력 및 부품의 폭발과 손상을 방지하기 위하여 펌프에 압력 릴리프 밸브를 설치한다. 압력 게이지를 설치하여 압력을 항상 모니터 할 수 있도록 한다.

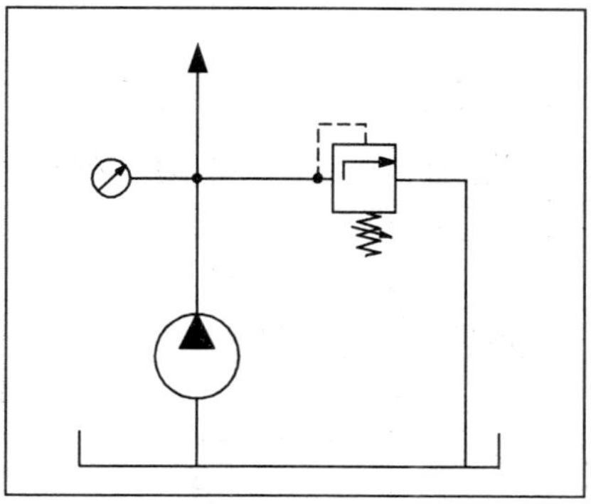

그림 19.2 압력 릴리프 밸브에 의한 시스템 압력 설정

가변용량형 펌프에서는 압력 릴리프 밸브의 설정 값을 압력 보상 장치보다 약간 높게 설정한다.

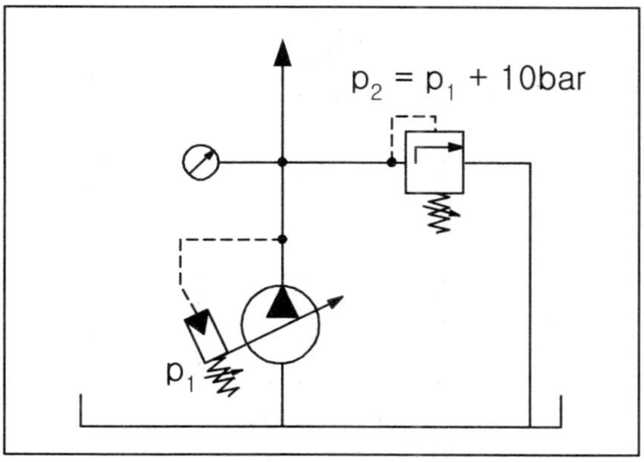

그림 19.3 가변용량형 펌프에서의 압력 릴리프 밸브의 압력 설정

밸브 전환 시 큰 부하가 걸려 있는 경우에는 관성 때문에 과도한 압력이 발생될 수 있으므로 이러한 경우에는 압력 릴리프 밸브를 설치하여 과도 압력을 해소해 주고 유압유를 반대편에 보충해준다. 이러한 목적의 압력 릴리프 밸브를 브레

이크(brake) 밸브라고도 한다. 이때 브레이크 밸브의 설정 압력은 시스템 압력보다 5 kgf/cm^2 정도 높게 하여 설정한다.

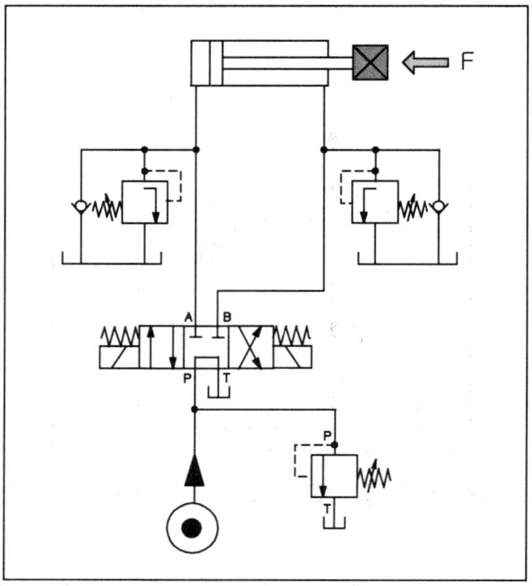

그림 19.4 브레이크 밸브(실린더에 사용)

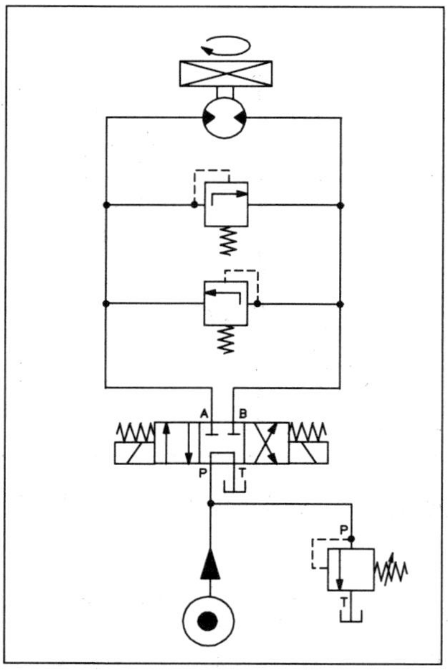

그림 19.5 브레이크 밸브(모터에 사용)

19.3 펌프 회로

펌프 회로에서 시스템이 작업을 하고 있지 않을 때에는 압력이 걸리지 않은 상태로 유압유를 탱크로 귀환시킨다.

바이패스 중립위치의 밸브를 사용하여 유압시스템이 작업을 하고 있지 않을 때에는 펌프에서 토출된 유압유가 압력이 걸리지 않은 상태로 탱크로 귀환되도록 한다.

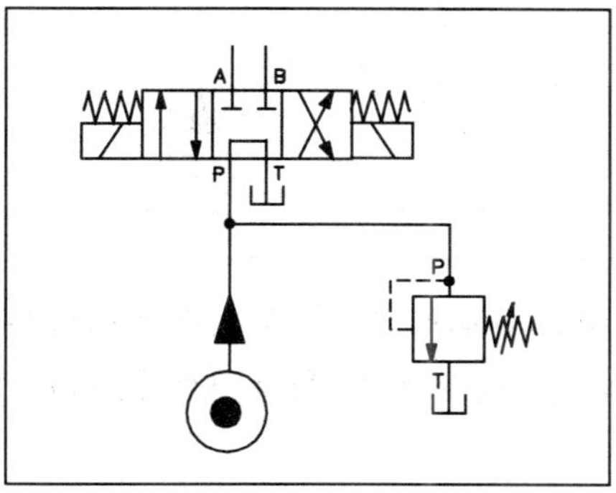

그림 19.6 바이패스 중립위치를 이용한 유압유의 순환

유압시스템이 작업을 하고 있지 않을 때에 2/2-way 방향제어밸브에 신호를 주어 펌프를 언로딩 시킨다.

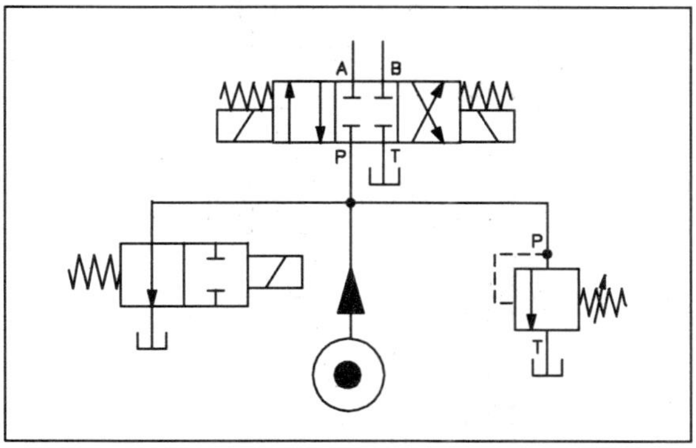

그림 19.7 2/2-way 방향제어밸브를 이용한 펌프의 언로딩

파이로트 작동형 압력 릴리프 밸브와 2/2-way 방향제어밸브를 사용하여 펌프를 언로딩시킬 수 있다.

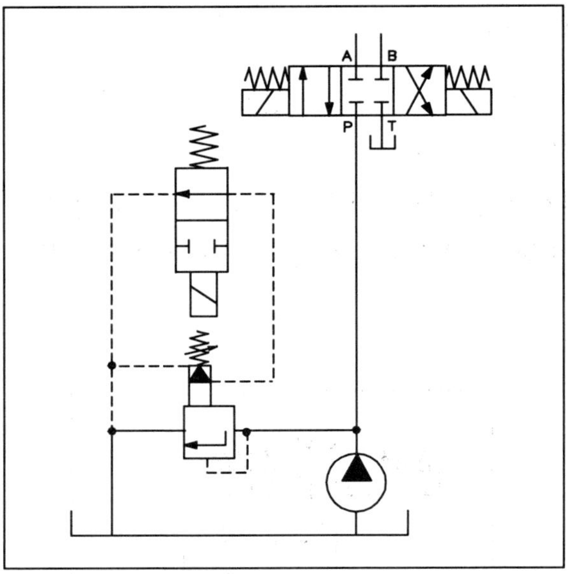

그림 19.8 파이로트 작동형 압력 릴리프 밸브와
2/2-way 방향제어밸브를 사용한 펌프의 언로딩

모듈라 블록을 사용할 경우에는 중립 순환위치를 이용하여 펌프를 언로딩시킨다.

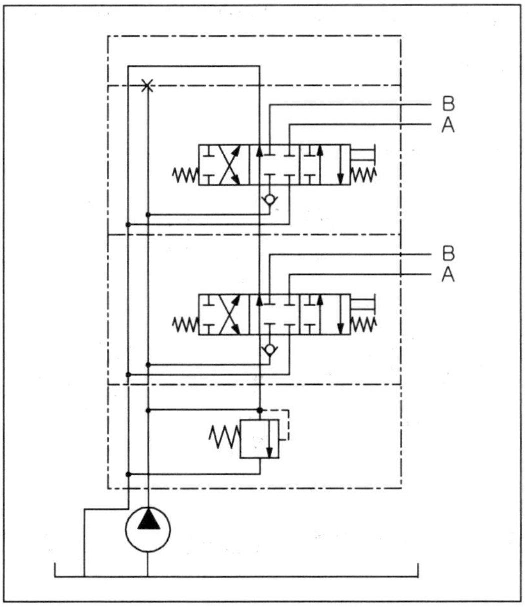

그림 19.9 모듈라 블록에서 중립 순환위치를 이용한 펌프의 언로딩

펌프에서 스위치 전환으로 압력 붕괴가 일어날 때 압력을 일정하게 유지시키고 싶을 때에는 어큐뮬레이터를 사용하여 압력을 유지시킬 수 있다. 이러한 회로는 특히 클램핑 작업 시 이용된다. 클램핑 압력이 어큐뮬레이터에 의하여 유지되어 있는 동안에는 펌프의 작동을 멈추고 있다가 압력이 설정치 이하로 떨어지게 되면 다시 펌프를 동작시킨다.

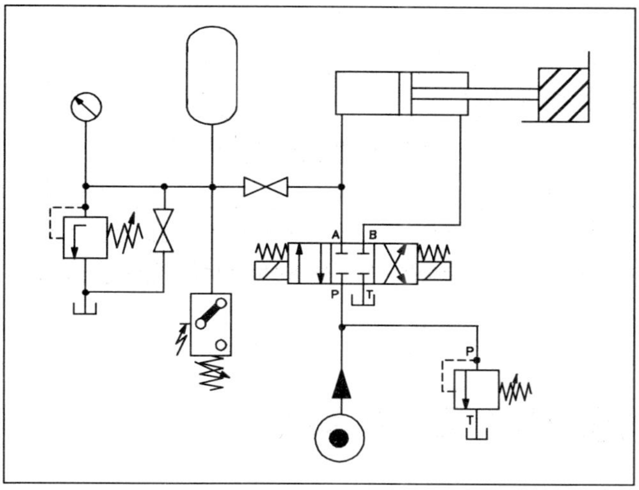

그림 19.10 어큐뮬레이터를 이용한 압력의 유지

Two pump system에서도 언로딩 회로를 구현할 수 있다. 즉 클램핑 위치까지는 고압 소용량 펌프에서 토출된 유량과 저압 대용량 펌프에서 토출된 유량이 합쳐져서 실린더를 빠른 속도로 전진시킨다. 실린더가 클램핑 작업을 하면 실린더 측에 압력이 형성되고 이 압력이 저압 대용량 펌프의 압력 릴리프 밸브를 작동시켜 대용량 펌프가 언로딩된다.

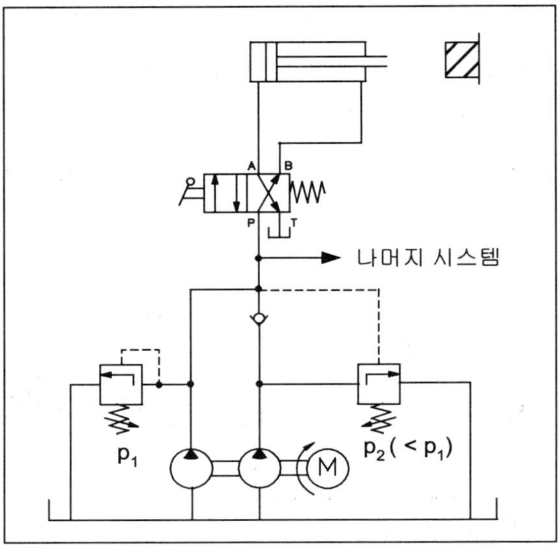

그림 19.11 Two pump system에서의 언로딩 회로

19.4 방향 제어 밸브의 응용

단동실린더를 제어하기 위해서는 보통 3/2-way 방향 제어 밸브를 사용하지만 유압에서는 2/2-way 방향 제어 밸브를 사용하여 단동 실린더를 제어할 수 있다.

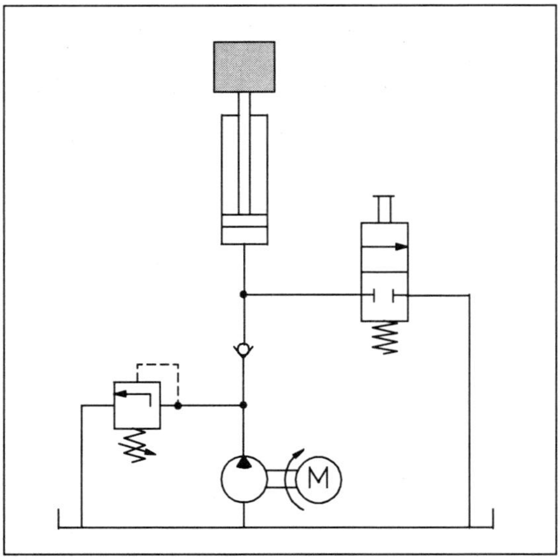

그림 19.12 2/2-way 방향제어밸브를 이용한 단동실린더의 제어

단동실린더의 제어에는 보편적으로 3/2-way 방향제어밸브가 사용된다. 단동실린더의 행정 중간에서 피스톤을 정지시키려면 3/3-way 밸브를 사용한다.

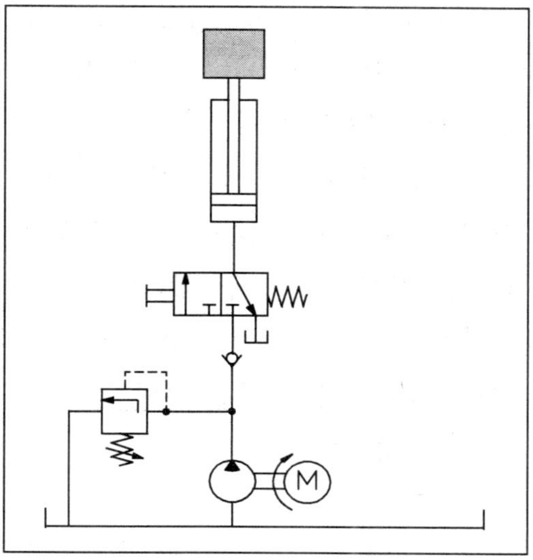

그림 19.13 3/2-way 방향제어밸브를 이용한 단동실린더의 제어

복동실린더는 다양한 방법으로 제어될 수 있다. 그림 19.14는 전후진 운동만 가능한 4/2-way 방향제어밸브를 사용한 제어회로이다. 왼쪽 그림은 편솔레노이드에 의하여 제어되는 것을 보여주고 오른쪽 그림은 양솔레노이드에 의하여 제어되는 것을 보여준다. 이 회로에서 중간정지는 불가능하다.

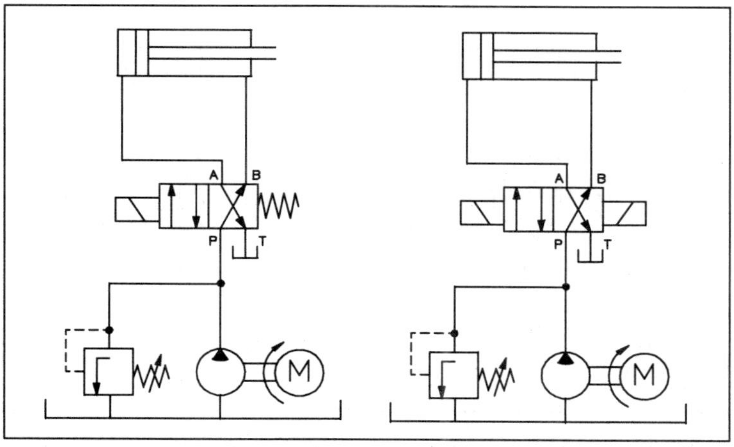

그림 19.14 4/2-way 방향제어밸브를 사용한 복동실린더의 제어

4/3-way 방향제어밸브를 사용하여 복동실린더를 제어할 수 있다. 4/3-way 방향제어밸브는 다양한 중립위치를 갖고 있으므로 사용 목적에 맞는 중립위치를 선정하여야 한다. 그림 19.15에 4/3-way 방향제어밸브를 사용한 복동실린더의 제어회로도를 보여주고 있는데 좌측 상단은 차단 중립위치를 갖고 있으므로 실린더를 중간위치에 정지시킬 수 있다. 그러나 펌프가 시스템 압력 하에서 작동하므로 적절한 언로딩 회로가 보강되어야 한다. 우측 상단의 제어회로도는 플로우팅 중립 위치를 가지므로 중립위치에서 외력에 의한 실린더의 이동이 가능하다. 좌측 하단의 제어회로도는 바이패스 중립위치를 가지므로 실린더를 중간 정지시킬 수 있고 압력이 걸리지 않은 상태로 펌프에서 토출된 유량을 탱크로 귀환시킬 수 있다. 우측 하단의 제어회로도는 오픈 중립위치이므로 실린더의 이동이 가능하고 압력이 걸리지 않은 상태로 펌프에서 토출된 유량을 탱크로 귀환시킬 수 있으나 T 포트에 어느 정도의 압력이 형성된다.

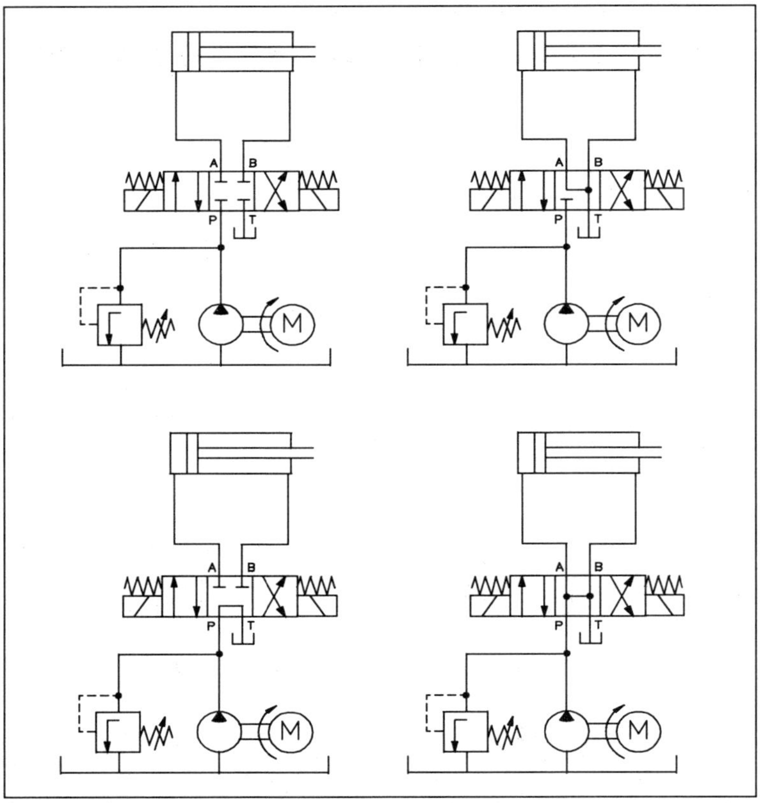

그림 19.15 4/3-way 방향제어밸브를 사용한 복동실린더의 제어

19.5 유량 제어 밸브를 이용한 속도제어

19.5.1 바이패스 체크밸브의 유무에 따른 속도제어

그림 19.16의 a의 회로도에서와 같이 단순한 교축밸브를 실린더와 방향제어밸브 사이에 설치하면 양방향 모두 영향을 미친다. 한 쪽 방향의 속도제어를 원하면 b의 회로도와 같이 체크밸브 내장형 유량제어밸브를 사용한다. 만약 양 쪽 방향의 속도를 각각 다르게 조절하고 싶으면 체크밸브가 내장된 유량 제어 밸브를 c의 회로도에서와 같이 양측에 사용한다.

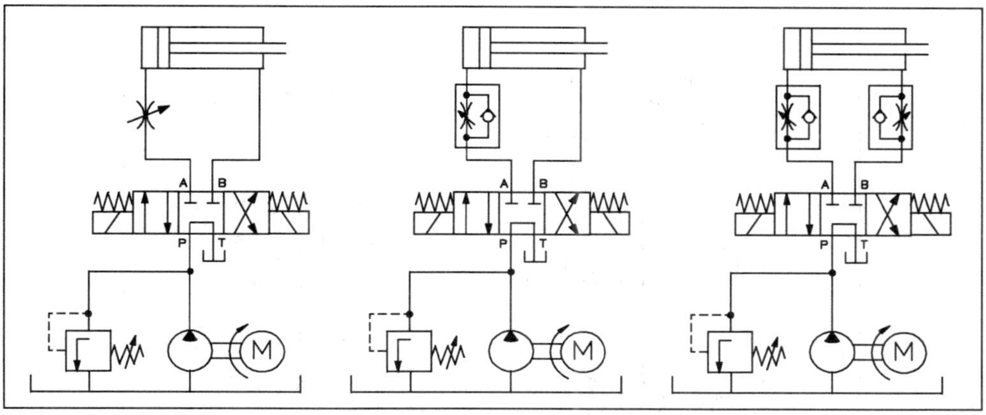

그림 19.16 바이패스 체크밸브의 유무에 따른 속도제어

19.5.2 미터-인 속도 제어와 미터-아웃 속도 제어

미터-인(Meter-In) 속도제어는 실린더 내부로 인입되는 유압유의 양을 조절하여 속도를 제어하는 방법이고 미터-아웃(Meter-Out) 속도제어는 실린더로부터 나오는 유압유의 양을 조절하여 속도를 제어하는 방법이다. 유량 제어 밸브를 설치하는 방법에는 크게 두 가지가 있는데 첫째는 실린더를 제어하는 방향 제어 밸브 전에 유량 제어 밸브를 설치하는 것이고 둘째는 실린더와 방향제어밸브 사이에 유량 제어 밸브를 설치하는 것이다. 그림 19.17의 a와 b의 회로도는 미터-인 속도 제어회로를 보여주는데 a에서는 양방향 모두 속도제어가 되지만 b에서는 한 쪽 방향만 속도제어가 된다. 그림 19.17의 c와 d의 회로도는 미터-아웃 속도 제어회로를 보여 주는데 d에서는 양방향 모두 속도제어가 되지만 c에서는 한 쪽 방향만 속도제어가 된다.

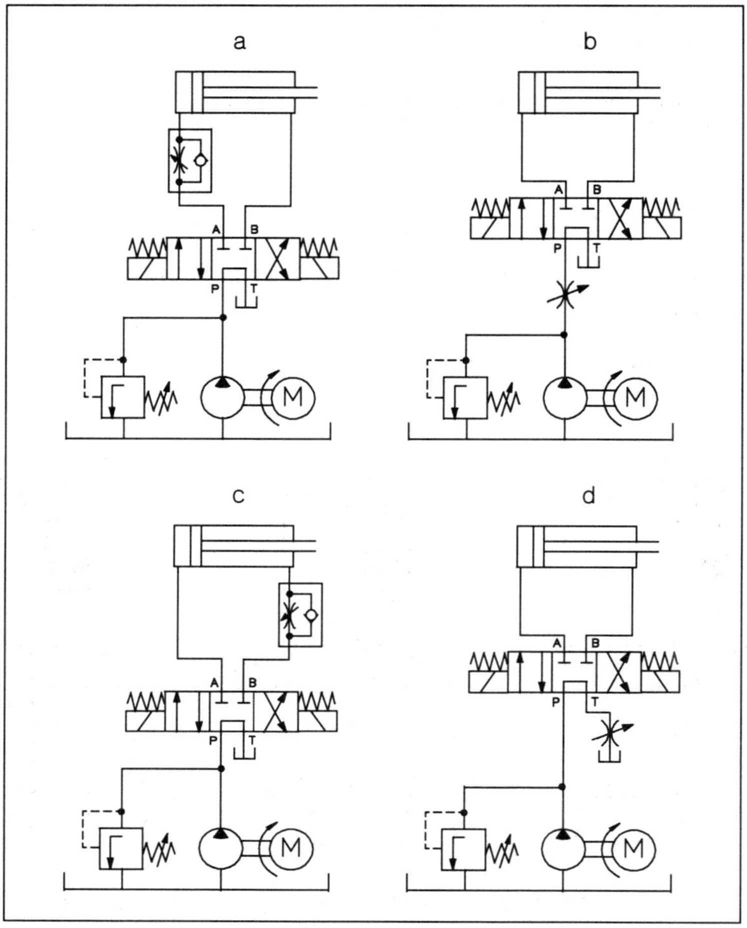

그림 19.17 미터-인 속도제어와 미터-아웃 속도제어

19.5.3 미터-인 속도제어의 장단점

■ **장점**

- 피스톤 측에만 압력이 걸린다.
- 피스톤 실에 상대적으로 낮은 마찰만 걸리게 되므로 긴 내구수명을 유지할 수 있다.
- 낮은 속도에서 일정한 속도를 얻는다.
- 유압유의 압축성에서 미터-아웃 방식보다 유리하다.
- 조절된 유압유가 실린더 측으로 인입되는데 실린더 측의 면적이 실린더 로드측 면적보다 크므로 낮은 속도 조절 면에서 유리하다.

■ 단점

- 끄는 힘에 대해서는 속도제어가 되지 않을뿐더러 피스톤이 쏠리는 현상이 발생되므로 카운터 밸런스 회로가 부가적으로 필요하다.

그림 19.18의 미터-인 회로에서 p_1의 압력은 p_{max} 부근 값을 갖게 되고 p_2의 압력은 부하에 따라서 0에서 p_{max} 값을 갖는다. p_3의 압력 값은 탱크까지의 배관 저항을 무시하면 0의 값을 갖게 된다.

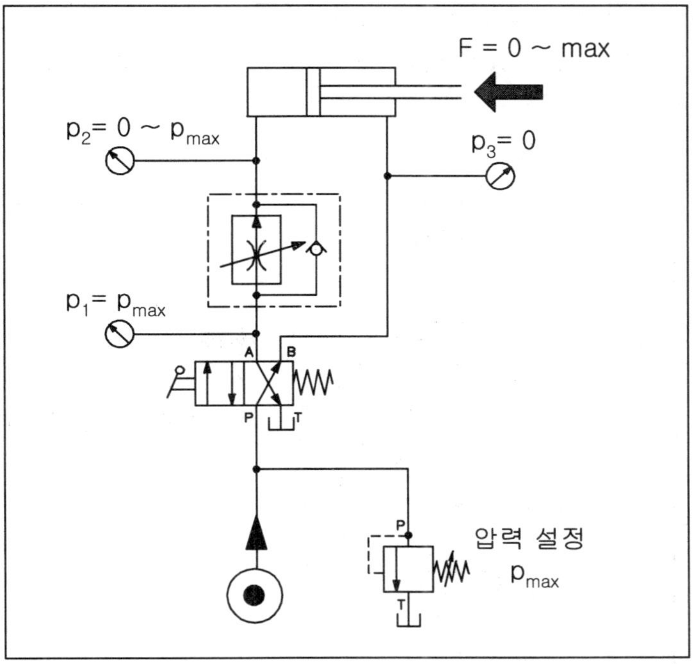

그림 19.18 미터-인 회로에서의 압력

19.5.4 미터-아웃 속도제어의 장단점

■ 장점

- 부하가 카운터 밸런스 되어 있어 끄는 힘에 강하다.
- 미터-인 회로에서와 같이 카운터 밸런스 회로가 필요치 않다.

■ 단점

- 피스톤 측이 항상 p_{max} 상태로 동작한다.

- 피스톤 로드 측에 압력집중(pressure intensification) 현상이 발생되고 이 현상은 면적비(피스톤 측 면적 : 피스톤 로드 측 면적)가 클수록 심화된다.
- 마찰과 압축성이 크므로 stick-slip 현상이 발생될 수 있다.
- 압력이 높으므로 방향제어밸브 내의 누유가 크다.
- 조절된 유압유가 실린더 로드 측으로부터 배출되는데 실린더 로드 측의 면적이 실린더 측 면적보다 작으므로 낮은 속도 조절 면에서 불리하다.

그림 19.19의 미터-아웃 회로에서 p_1의 압력은 p_{max} 부근 값을 갖게 되고 p_2의 압력은 부하에 따라서 p_{max} 값×면적비에서부터 0의 값을 갖는다. 즉 부하가 클수록 p_2의 값은 작아진다. p_3의 압력 값은 탱크까지의 배관 저항을 무시하면 0의 값을 갖게 된다.

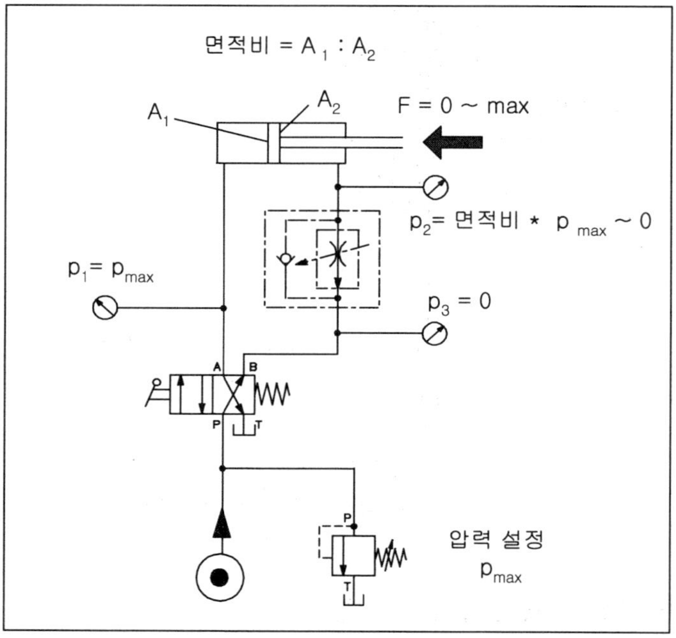

그림 19.19 미터-아웃 회로에서의 압력

19.5.5 미터-인 속도 제어와 카운터 밸런스

미터-인 속도제어 방식에서의 최대 단점은 끄는 힘에 대해서는 속수무책이라는 것이다. 이를 위하여 끌리는 측에 압력을 형성시켜 끄는 힘에 대한 대비를 하여야 하는데 이러한 기능을 카운터 밸런스라고 하고 압력 릴리프 밸브가 카운터 밸런스 밸브로 사용된다. 그림 19.20에서 보면 끌리는 힘이 작용했을 때 압력 릴리프 밸브에서 설정한 값보다 커야 실린더가 전진될 수 있으므로 피스톤이 쏠리는 현상을 방지할 수 있다. 단점으로는 카운터 밸런스 밸브로 인한 압력 p_2로 인해서 끌리는 힘이 작용하지 않을 때에도 동력 손실이 발생된다는 것이다.

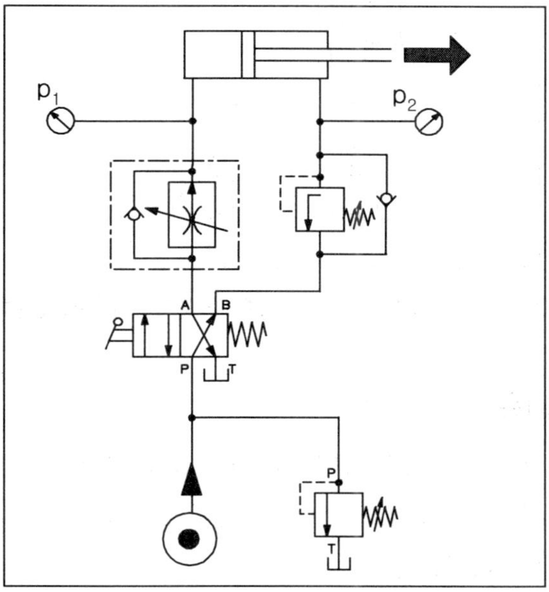

그림 19.20 미터-인 속도 제어와 카운터 밸런스

그림 19.20에서의 동력 손실을 최소화하기 위하여 그림 19.21과 같이 가변 카운터 밸런스 밸브를 사용한다. 이 밸브를 사용하면 p_1의 압력이 상승했을 때 카운터 밸런스 압력이 0으로 감소하고 끌리는 힘이 작용하면 카운터 밸런스 압력이 생성된다.

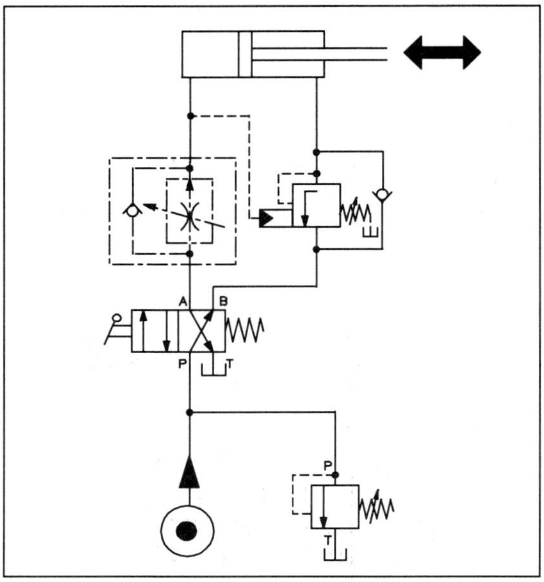

그림 19.21 미터-인 속도제어와 가변 카운터 밸런스

19.5.6 Graetz 회로

Graetz회로는 정류회로라고도 하면 한 개의 압력 보상형 유량제어밸브를 사용하여 실린더의 전후진 속도를 같게 만들어 준다. Graetz 회로가 구성되기 위해서는 4개의 체크밸브가 필요하다.

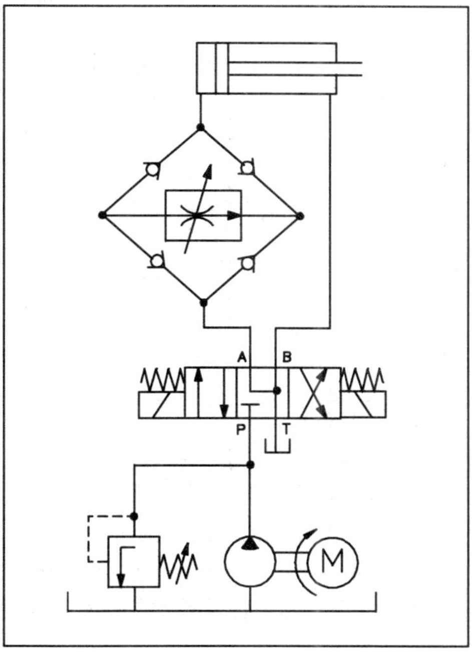

그림 19.22 Graetz 회로를 이용한 실린더의 전후진 등속제어

19.5.7 2단 속도 제어

실린더의 속도를 2단으로 제어하기 위해서는 그림 19.23에서와 같이 캠(cam) 작동형 2/2-way 방향제어밸브를 사용하여 일정 위치까지는 빠른 속도로 제어하고 그 이후에는 느린 속도로 운전할 수 있다. 그러나 이 방법은 캠을 동작시키는 기계적인 기구의 설치가 필요하다. 이러한 형태의 밸브를 디셀러레이션 밸브(deceleration valve)라고도 하며 캠에 외력이 작용하고 있지 않을 경우 연결구 P와 A가 연결되어 있는 상시개방형과 연결되고 있지 않은 상시폐쇄형이 있다. 이 밸브는 실린더 작동 중에 속도를 변화시키는 곳에서도 사용되지만 부하가 큰 경우에서 정지나 방향의 변환 시에 충격의 방지를 요하는 곳에서도 사용된다.

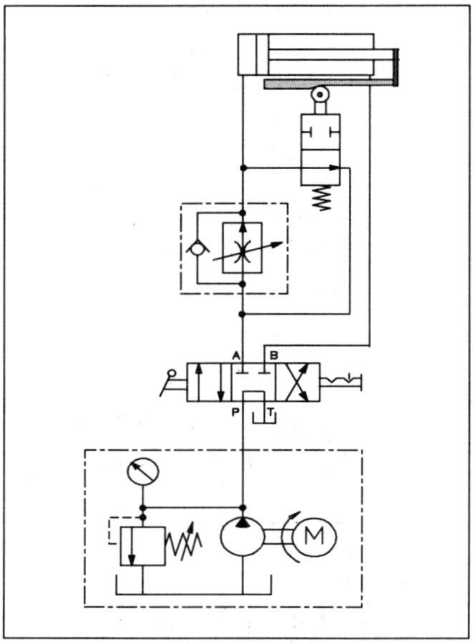

그림 19.23 캠 작동형 2/2-way 방향제어밸브를 사용한 2단 속도제어

앞의 방법은 기계적인 기구와 캠 작동형 밸브를 이용한 것이므로 속도제어 위치가 변경되면 불편함이 따르게 된다. 보편적으로 사용될 수 있는 방법은 속도를 달리할 위치에 리밋 스위치나 센서를 설치하고 릴레이, 전자접촉기, 전자 요소 등을 사용하여 제어회로를 꾸며 속도를 제어하는 것이다.

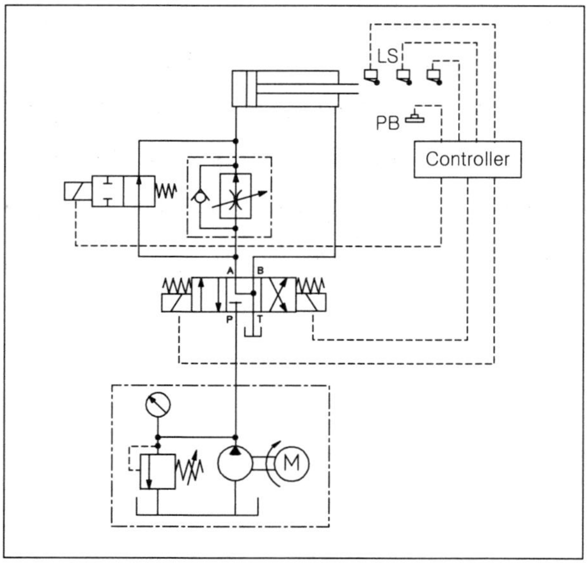

그림 19.24 리미트 스위치를 이용한 2단 속도제어

19.5.8 3단 속도 제어

압력보상형 유량 제어 밸브 두 개와 2/2-way 방향 제어 밸브를 조합하거나 압력 보상형 유량 제어 밸브 두 개와 4/3-way 밸브를 그림 19.25와 같이 조합하면 3단 속도 제어가 가능하다. 그림 19.25의 좌측 회로도에서는 압력 보상형 유량 제어 밸브를 병렬로 설치하였고, 우측 회로도에서는 압력 보상형 유량 제어 밸브를 직렬로 설치하였다.

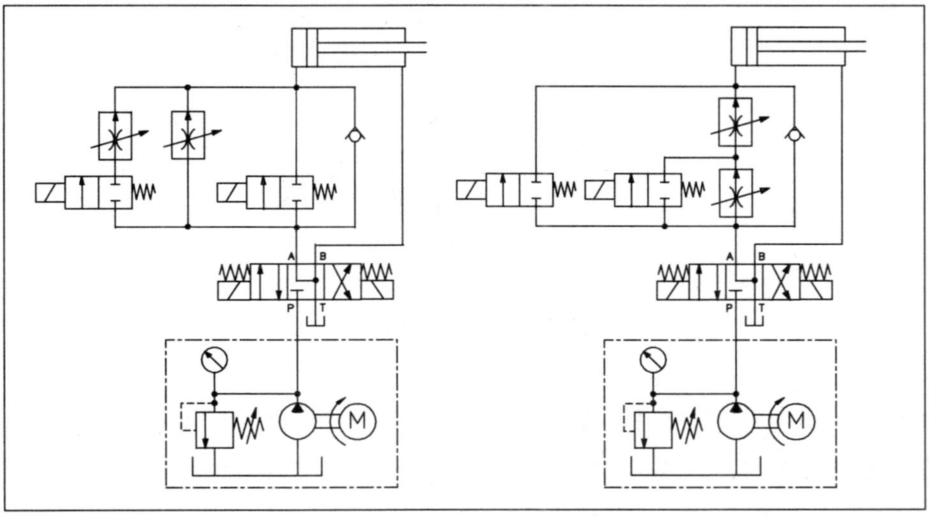

그림 19.25 3단 속도제어

19.5.9 다단 속도제어

그림 19.26과 같이 여러 개의 압력 보상형 유량제어밸브와 그에 대응하는 2/2-way 방향 제어 밸브를 조합하면 다단 속도 제어가 가능하다. 다단 속도의 가짓수는 2^n-1 개가 된다. 그림에서와 같이 압력 보상형 유량제어밸브와 그에 대응하는 2/2-way 방향 제어 밸브의 조합이 3개인 경우에는 다음과 같은 유량치를 갖게 된다.

① Q1　② Q2　③ Q3

④ Q1 + Q2　⑤ Q2 + Q3　⑥ Q1 + Q3

⑦ Q1 + Q2 + Q3

즉, $2^3 - 1 = 7$가지의 경우의 수가 생기게 된다.

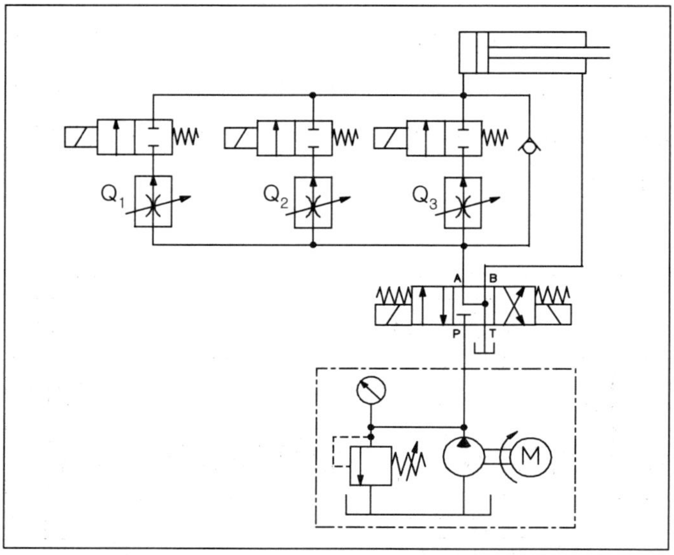

그림 19.26 다단 속도 제어

그림 19.27의 회로도에서는 압력 보상형 유량 제어 밸브가 사용된 것을 보여주는데 a의 회로에서는 방향 제어 밸브에서의 누유를 고려해야 한다. b의 회로도에서는 2/2-way 방향 제어 밸브와 압력 보상형 유량 제어 밸브가 조합되어 사용된 경우로서 2단 속도 제어가 가능하다. 즉 2/2-way 솔레노이드 밸브가 작동되면 압력 보상형 유량 제어 밸브로 유량이 통과되지 못하므로 펌프에서 토출된 유량이 모두 실린더로 인입된다. 2/2-way 솔레노이드 밸브가 작동되지 않으면 펌프에서 토출된 유량 중 일정 유량이 압력 보상형 유량 제어 밸브를 통하여 탱크로 복귀되므로 실린더의 속도가 그 만큼 낮아지게 된다. 이 회로에서는 실린더가 정지되어 있는 경우(중립 위치)에 동력 손실이 발생된다. c의 회로에서는 실린더의 양측에 압력이 걸린 상태이므로 압력 보상형 유량 제어 밸브의 돌출 동작 없이 실린더가 작동될 수 있다.

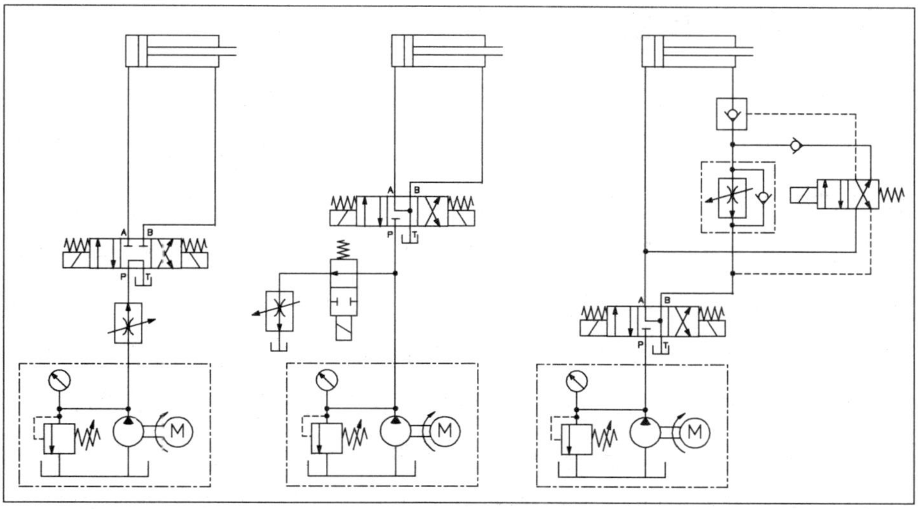

그림 19.27 압력보상형 유량제어밸브의 사용

19.5.10 압력 보상형 유량 제어 밸브의 바이패스 회로

압력 보상형 유량 제어 밸브를 사용하여 실린더의 속도를 제어하는 경우에는 압력 보상형 유량 제어 밸브를 어떻게 설치하는 가에 따라서 다양한 제어회로의 구성이 가능하다. 그림 19.28에서는 압력 보상형 유량 제어 밸브를 설치하여 펌프로부터 토출된 유량의 일부를 바이패스 시켜서 실린더의 속도를 제어하는 것을 보여주는데 설치 위치에 따라서 실린더의 전후진 속도가 달라진다. 이러한 회로에서는 고정 용량형 펌프를 사용할 경우 동력 효율의 증대를 가져올 수 있다. 특히 그림 19.28의 좌측의 우량제어 방식을 블리드 오프(bleed-off) 방식이라고 한다.

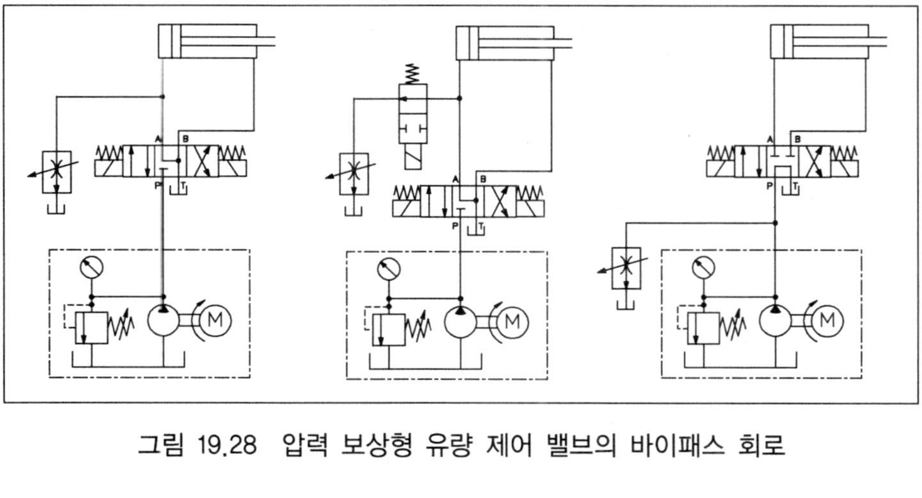

그림 19.28 압력 보상형 유량 제어 밸브의 바이패스 회로

19.6 재생 회로

재생 회로(regenerative circuit)는 실린더의 속도 증가를 목적으로 사용한다. 그림 19.29에서는 재생 회로의 동작원리를 보여 주고 있는데 실린더 양측에 압력이 걸리더라도 면적 차이 때문에 피스톤 로드 측의 유량이 피스톤 측으로 다시 들어가서 펌프에서 토출된 유량과 합쳐지므로 실린더의 전진속도가 빨라진다.

재생 회로에서는 실린더의 전진 속도가 증가할 수 있는 장점이 있지만 실린더가 낼 수 있는 힘은 감소된다. 재생 회로와 면적비(피스톤측 면적(A_P) : 피스톤 로드측 면적(A_{PR}))가 2인 실린더를 사용하는 경우에는 실린더의 전진속도와 후진 속도가 같아져서 등속회로가 성립된다. 재생 회로에서는 양측에 압력이 걸리게 되므로 마찰력이 증대한다. 이 때문에 면적비가 2 이상인 경우에만 재생 회로가 사용된다.

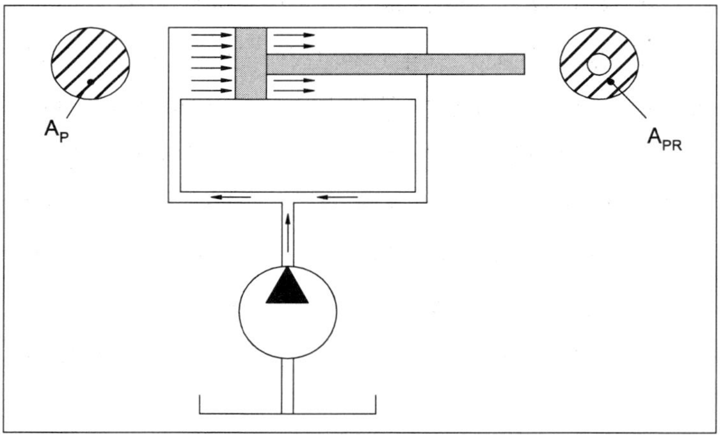

그림 19.29 재생 회로의 원리

그림 19.30에서는 여러 가지 방향제어밸브와 체크밸브를 사용하여 다양한 재생 회로를 구성한 것을 보여준다.

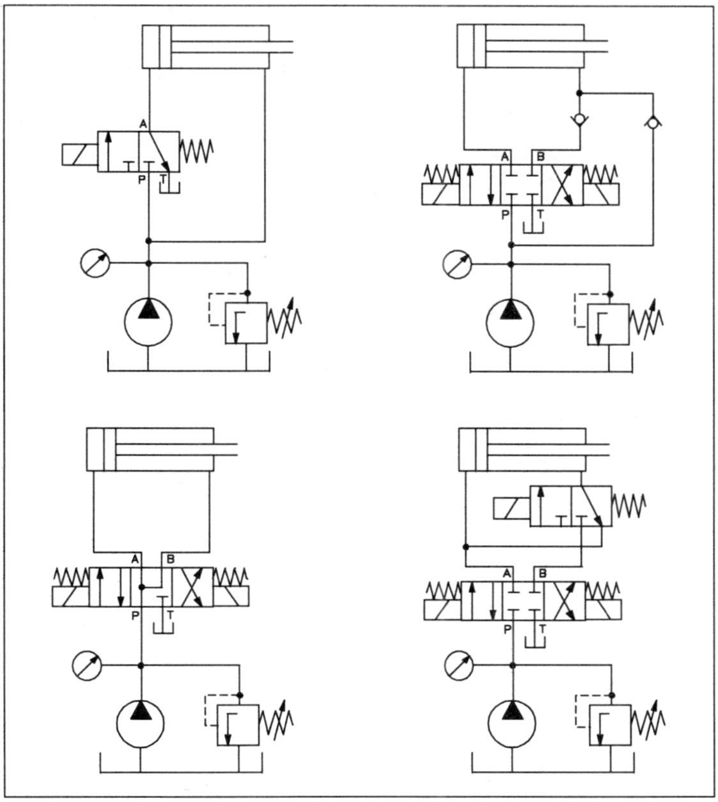

그림 19.30 다양한 재생 회로의 구성

19.7 파이로트 작동형 체크밸브를 이용한 회로

유압시스템에 외력이 작용할 때 주어진 위치를 고수하려면 일반적인 스풀형의 방향제어밸브로는 누유 때문에 불가능하다. 이러한 현상을 방지하기 위해서는 파이로트 작동형 체크밸브를 사용하여야 한다.

19.7.1 실린더 하강 시 파이로트 작동형 체크밸브의 사용

그림 19.31의 좌측의 파이로트 작동형 체크밸브의 회로도에서와 같이 실린더가 하강할 때에는 파이로트 압력이 실린더의 피스톤 로드 측으로부터 얻어진다. 압력이 걸리면 파이로트 작동형 체크밸브가 열리고 그러면 압력이 붕괴되면서 부하가 하강한다. 그 결과로 파이로트 작동형 체크밸브는 다시 닫히게 된다. 이러한

현상이 반복되면 stick-slip 현상을 일으키게 된다. 이러한 현상을 방지하기 위하여 하강 속도는 유량제어밸브를 이용하여 제어한다. 유량제어밸브를 설치하면 파이로트 작동형 체크밸브의 B포트에서의 압력이 낮아져서 stick-slip 현상을 방지할 수 있다. 또 다른 방법으로는 압력 릴리프 밸브를 사용하여 부하를 지지하는 것이다.

파이로트 작동형 체크밸브는 면적비가 2 : 1인 것과 5 : 1인 것이 있다. 실린더의 면적비가 2 : 1이고 실린더가 무거운 하중을 달고 거꾸로 매달려 있는 경우에 면적비가 2 : 1인 파이로트 작동형 체크밸브가 동작하려면 이론상 파이로트 압력이 무한대가 되어야 한다. 즉 파이로트 작동형 체크밸브가 열릴 수 없게 된다. 따라서 이러한 경우에는 면적비가 1 : 5인 파이로트 작동형 체크밸브가 사용되어야 한다.

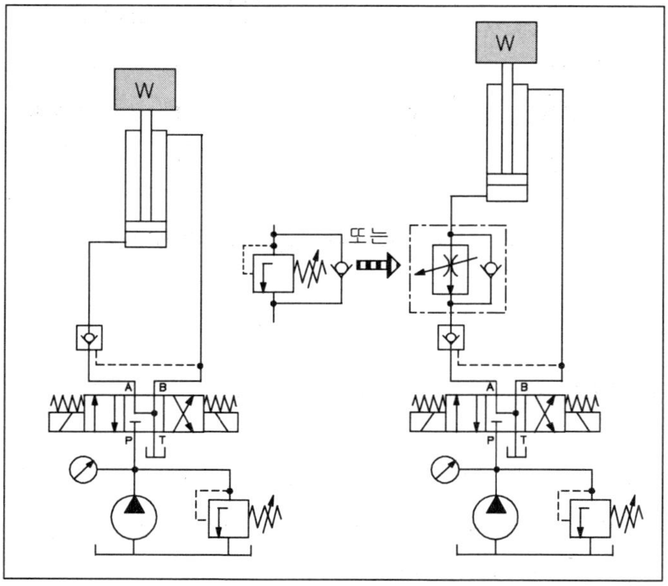

그림 19.31 파이로트 작동형 체크밸브의 회로

19.7.2 외부 파이로트 작동형 체크밸브

파이로트 압력이 외부로부터 공급될 경우에는 파이로트 작동형 체크밸브를 충분히 동작시킬 수 있는 압력이 공급되도록 한다. 필요한 파이로트 압력은 부하와 파이로트 작동형 체크밸브의 면적비에 의하여 계산될 수 있다.

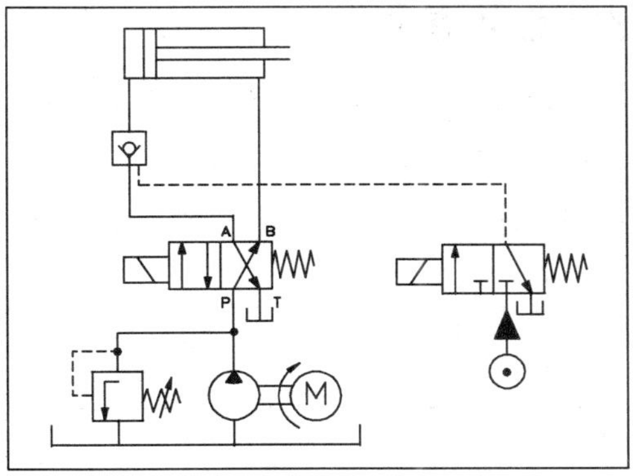

그림 19.32 외부 신호에 의한 파이로트 작동형 체크밸브의 동작

19.7.3 하강 브레이크 밸브

실린더의 하강 시 stick-slip이나 급작스러운 운동(jerky movement)을 방지하기 위하여 실린더의 하강속도를 교축요소나 유량제어밸브로 제어한다. 이러한 경우에도 파이로트 작동형 체크밸브에는 누유를 방지하기 위하여 시트형(seat type)의 밸브가 사용되는데, 실린더의 하강 시 실린더의 정지가 필요한 경우가 매우 많으므로 위에서 언급된 부품들을 한 개의 하우징 내에 포함하여 제어 블록의 형태로 사용한다. 이러한 제어블록을 lowering brake valve 또는 load control block이라고 한다.

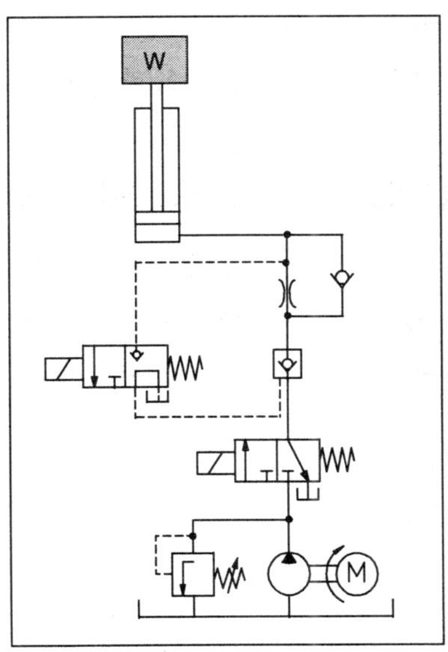

그림 19.33 하강 브레이크 밸브의 제어회로도

19.7.4 실린더 배관의 충격 흡수

파이로트 작동형 체크밸브를 사용한 회로에서 외부로부터 충격이 가해지면 실린더 배관에 피크 압력이 가해지게 되는데 이러한 경우에는 압력 릴리프 밸브를 이용하여 피크 압력을 잡아준다. 압력 릴리프 밸브는 파이로트 작동형 체크밸브에 분로로 연결시킨다.

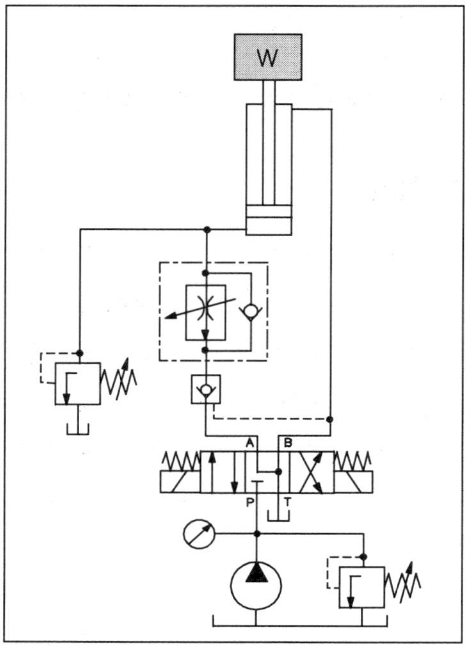

그림 19.34 파이로트 작동형 체크밸브 사용 시 충격 흡수

19.7.5 부하 방향 변경시의 파이로트 작동형 체크밸브의 사용

부하의 방향이 바뀌면서 장시간의 중간정지가 필요한 경우에는 실린더 양측에 파이로트 작동형 체크밸브를 사용하여야 한다. 이러한 경우에는 더블 파이로트 작동형 체크밸브가 사용된다.

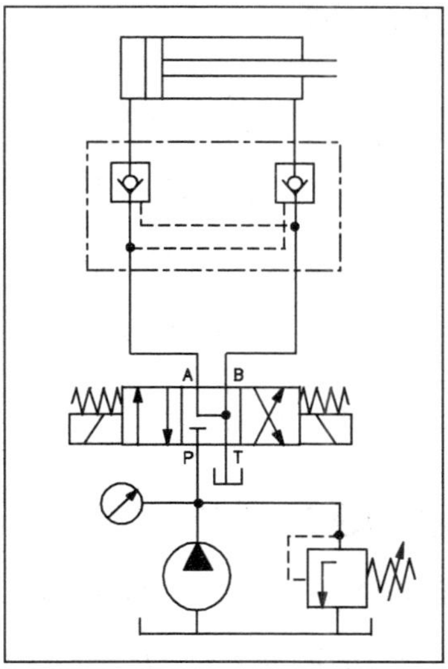

그림 19.35 더블 파이로트 작동형 체크밸브의 사용

Tipping 장치(기우는 장치) 등이 작동될 때에는 실린더가 운동하는 동안에 부하가 변하게 된다. Tip point를 지날 때 쏠림 현상이 발생되는데 이를 방지하기 위해서는 오버 센터 밸브(over-center valve)가 더블 파이로크 체크밸브에 부가되어 실린더 배관에 설치된다. 그림 19.36은 이에 대한 실제 해결회로를 보여주고 있는데 파이로트 제어 압력 밸브(누유 방지 시트형 밸브)가 사용되었다.

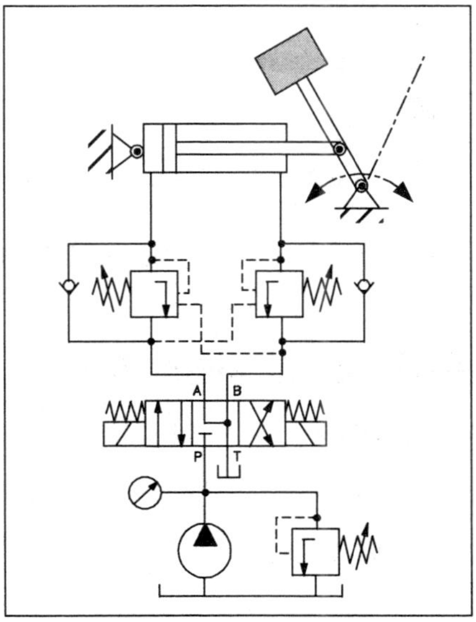

그림 19.36 Tipping 장치의 제어회로도

19.8 시퀀스 제어회로

첫 번째 실린더가 전진완료한 후에 두 번째 실린더가 전진운동을 하는 것과 같은 순차운동의 제어를 시퀀스 제어라고 한다. 실린더를 순차제어 시키기 위한 방법으로는 크게 나누어 유압 밸브를 이용하는 것과 전기 리밋 스위치나 센서를 이용하여 실린더 운동의 완료 여부를 확인한 후 솔레노이드 밸브에 신호를 주어 다음 실린더를 동작시키는 방법이 있다.

19.8.1 리밋 밸브에 의한 시퀀스 제어

첫 번째 실린더가 전진 완료된 후 실린더 전진완료 위치에 설치되어 있는 정상상태 닫힘형의 2/2-way 유압 리밋 밸브를 동작시키면 두 번째 실린더가 전진운동을 하여 시퀀스 동작이 이루어진다.

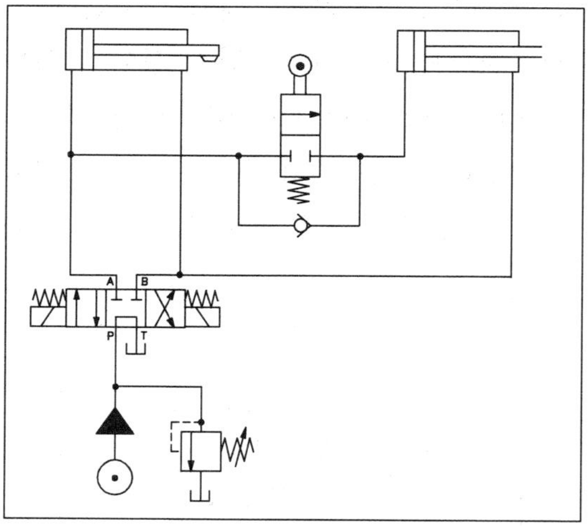

그림 19.37 리밋 밸브에 의한 시퀀스 제어

19.8.2 전기 리밋 스위치를 사용한 시퀀스 제어

첫 번째 실린더의 전진완료 위치에 전기 리밋 스위치를 설치하고 첫 번째 실린더가 전진 완료하여 이 리밋 스위치를 동작시키면 이 신호가 릴레이 제어반을 거쳐 솔레노이드 밸브에 전달되고 두 번째 실린더가 동작되어 시퀀스 동작이 이루어진다.

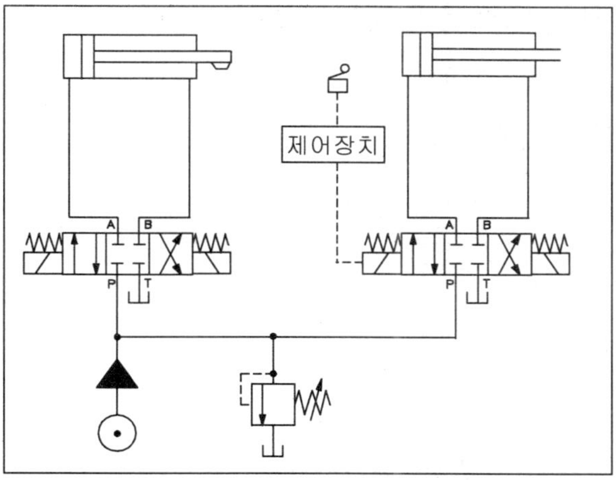

그림 19.38 전기 리미트 스위치에 의한 시퀀스 제어

19.8.3 압력 시퀀스 밸브를 이용한 시퀀스 제어(내부 신호 이용)

첫 번째 실린더가 전진운동을 완료하게 되면 실린더 측 배관에 압력이 걸리게 되고 이 압력은 압력 시퀀스 밸브를 동작시켜 두 번째 실린더가 전진운동을 할 수 있게 만들어 준다. 따라서 시퀀스 동작이 이루어진다. 그림 19.39의 압력 시퀀스 밸브는 내부 신호를 이용하여 동작되는 압력 릴리프 밸브이다.

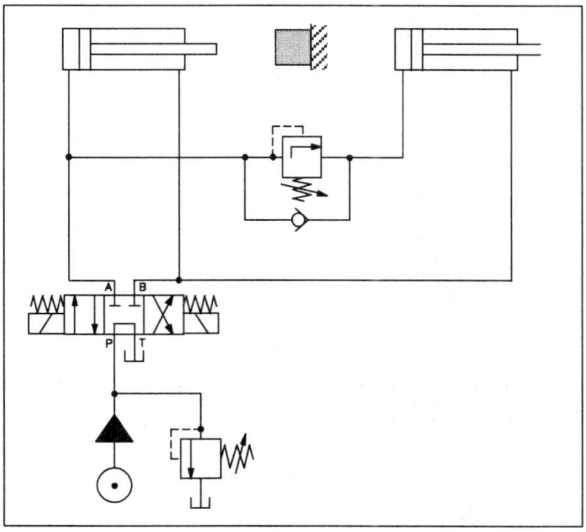

그림 19.39 압력 시퀀스 밸브를 이용한 시퀀스 제어(내부 신호 이용)

19.8.4 압력 시퀀스 밸브를 이용한 시퀀스 제어(외부 신호 이용)

이 방법은 내부 신호를 이용한 압력 시퀀스 밸브의 시퀀스 제어와 동작원리는 같으나 사용되는 압력 시퀀스 밸브가 외부 신호를 이용하는 것이 다르다.

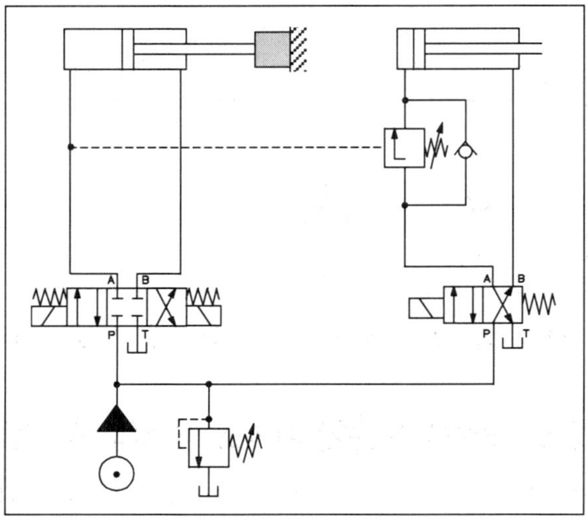

그림 19.40 압력 시퀀스 밸브를 이용한 시퀀스 제어(외부 신호 이용)

19.8.5 압력 스위치를 이용한 시퀀스 제어

첫 번째 실린더가 전진운동을 완료하면 실린더 측 배관에 압력이 걸리게 되고 이 압력이 배관에 설치되어 있는 압력 스위치의 설정 압력 이상이 되면 압력 스위치가 작동된다. 이 압력 스위치의 신호를 이용하여 다음 동작을 시키면 시퀀스 동작이 이루어진다.

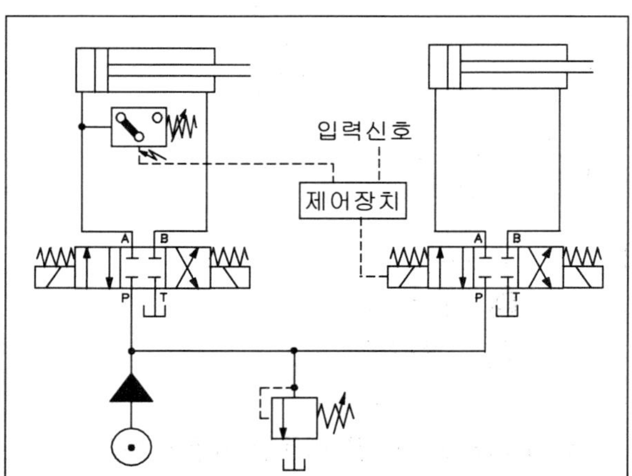

그림 19.41 압력 스위치를 이용한 시퀀스 제어

19.9 감압 회로

유압시스템 일부에 낮은 압력이 필요한 경우에는 감압 밸브(pressure reduction valve)를 사용하여 낮은 압력을 공급한다.

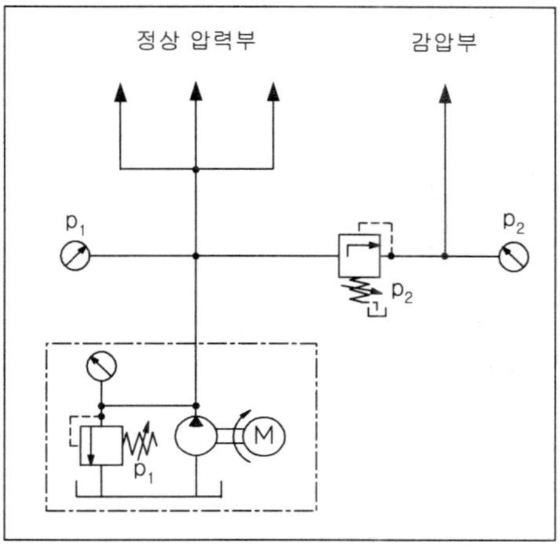

그림 19.42 감압 밸브의 사용

감압 밸브를 사용하여 낮은 압력을 이용하는 경우에 외력에 의하여 피크 압력이 발생되면 2-way 감압 밸브에서는 이 피크 압력을 처리할 수 없다. 따라서 이 피크 압력이 감압 밸브의 설정치 보다 큰 경우에는 3-way 감압 밸브를 사용하도록 한다. 이 경우에 감압 밸브를 통하여 누유되는 유량은 탱크로 귀환된다.

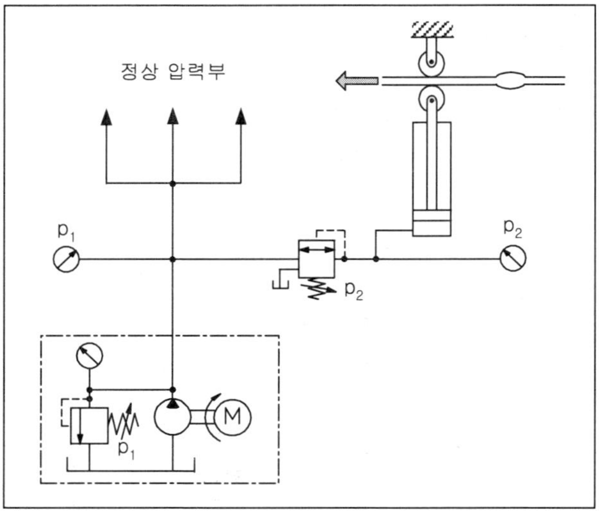

그림 19.43 3-way 감압 밸브의 사용

19.10 어큐뮬레이터 회로

어큐뮬레이터에는 안전을 위하여 어큐뮬레이터의 압력을 표시하기 위한 압력계 ①과 과도 압력에 대한 보호 장치인 압력 릴리프 밸브 ②가 설치되어 있다. 또한 유압시스템으로부터 어큐뮬레이터를 고립시키기 위한 차단밸브 ④와 어큐뮬레이터의 압력을 해제하기 위한 드레인 탭이나 밸브 ③이 포함되어 있다. 독일 연방 규격에 의하면 어큐뮬레이터의 압력(bar)과 정격체적(ℓ)의 곱이 200 이상이 되어야 한다.

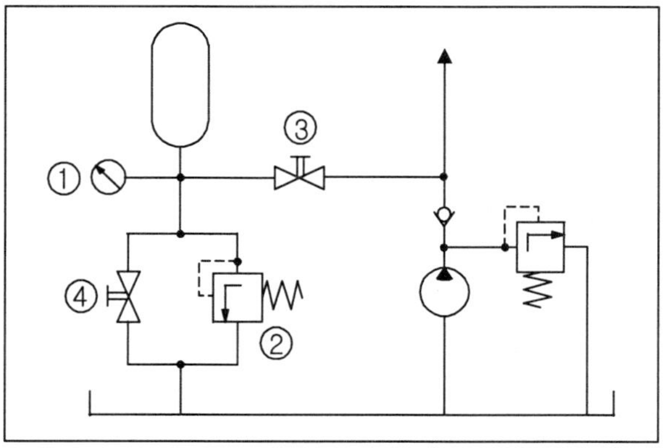

그림 19.44 어큐뮬레이터의 구성

19.11 폐쇄 회로

그림 19.45의 좌측 회로처럼 유량이 탱크로 귀환된 후 재펌핑되어 유압시스템에 공급되는 유압시스템은 개방 회로(open circuit)이다.

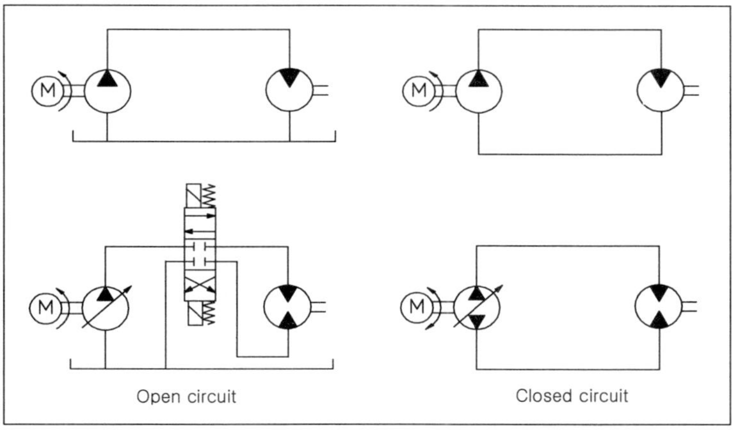

그림 19.45 개방 회로와 폐쇄 회로

폐쇄 회로(closed circuit)에서는 부하의 출구가 펌프 입구로 연결되는데 주로 유압 모터 제어회로에서 사용된다. 역방향 회전이 가능한 가변용량형 펌프를 사용할 때에는 유압모터의 회전방향을 바꿀 수 있다. 그리고 펌프와 모터 사이에 방향 제어밸브나 카운터 밸런스 밸브 없이도 유압유의 흐름을 유지한다.

가변용량형 펌프와 유압모터의 조합을 hydrostatic transmission 또는 hydrostatic converter라고 부르는데 무한히 변하는 가감속 회전장치에 사용된다. 이 장치는 브레이킹 동안에도 에너지를 생성할 수 있으며 차량의 구동 트랜스미션에 특히 많이 사용된다. 기름 탱크의 용량은 매우 적어진다.

20 전기 공유압 회로

공유압 시스템에서 최종 작업요소를 구동하는 방법에는 크게 수동 작동에 의한 방법과 솔레노이드 밸브를 사용한 경우 전기요소나 PLC를 이용하는 방법이 있다. 전기요소나 PLC를 이용하는 경우에는 공유압 회로도와 전기 회로도를 분리하여 작성한다. 이 장에서는 전기요소를 이용하여 공유압 시스템을 제어할 경우에 필요한 기본 회로를 알아보도록 한다.

20.1 제어용 전기 요소

전기 에너지는 전기적인 기구에 의해서 제어장치와 작업요소에 공급된다. 이러한 전기적인 기구들은 전기회로도에 간단명료하게 나타낼 수 있도록 기호로 표시되는 데 이러한 기호를 이용하여 자동화 장치를 설계할 수도 있고 보수할 수도 있다.

그러나 단순히 회로도나 설비에 있는 기호를 이해하는 것만으로는 최적의 제어계를 구성하기에는 충분하지 않다. 따라서 제어계를 구성하려는 전문가들은 전기공학에서 사용되는 모든 전기 요소들의 기호 및 작동원리, 내부구조 등에 대하여 잘 알고 있어야 한다.

한국공업규격 KSC00102는 최근의 국제적인 기술 진보에 대응하기 위하여 국제규격인 IEC 규격과의 정합을 꾀하기 위하여 개정 되었는데 접점·개폐기·제어장치·보호 계전기 관계의 그림 기호에 대해서는 IEC 규격과 KS 규격과의 차이 때문에 IEC 규격에 준한 것을 계열 1에, 구규격(JIS에 기초)에 준한 것을 계열 2로서 병기하고 있다. 장래에는 가능한 한 계열 1의 사용을 권장하는 것이 명기되어 있으므로 앞으로는 IEC 규격을 이용하여 부품기호와 회로를 설명하기로 하고 보충으로 구규격도 함께 사용하고자 한다. 참고로 IEC는 International Electrotechnical Commission (국제 전기 표준회의)으로 불리는 기관의 약칭인데, 이 기관은 전기에 관한 세계 각국 간의 규격을 조정하여 이것을 통일하려는 것을 목적으로 1906년에 창립되었으며 우리나라도 가맹하고 있다. 각 나라에서는 규격을 제정하거나 개정할 때 가급적 IEC 규격을 존중하여 따르도록 노력하는 것을 원칙으로 하고 있다.

20.2 전기 스위치

전기 스위치는 제어 시스템의 입력요소로 사용되는 대표적인 전기요소로서 푸시버튼 스위치와 리밋 스위치, 토글 스위치, 잔류 접점붙이 스위치 등이 있다. 이러한 스위치들의 명칭은 접점의 개폐 방법에 따라 분류되는 것이고 제어의 관점에서 보면 접점의 동작 상태에 따른 분류가 더 중요한 데 이를 살펴보면 다음과 같다.

20.2.1 a접점 스위치

a접점 스위치는 외력이 작용하고 있지 않을 때 접점이 열려 있기 때문에 상시 열림형, 또는 정상상태 열림형(normally open, N/O형) 접점이하고 한다. a접점 스위치는 접점에 외력이 작용하고 있지 않은 상태에서는 접점이 열려 있어 전기가 통하지 않으나 스위치가 작동되면 접점이 닫혀서 통전되므로 arbeit contact 라 하며, 이를 약하여 a접점이라고 한다. a접점은 작용하는 접점이라는 뜻인데 일명 make contact라고도 한다.

제어회로도에서는 모든 부품을 표준화된 기호로 표시하게 되는데 유럽에서 많이 사용하고 있는 IEC 방식과 미국과 일본 등지에서 많이 사용하고 있는 래더(ladder)방식(구규격 방식)의 두 가지가 있다. IEC 방식과 래더 방식은 표현 방법의 차이가 있을 뿐이지 사용되는 부품은 마찬가지이다. a접점은 IEC 방식에서 접점 번호가 3, 4로 표시되나 래더 방식에서는 특별한 표기방법이 없다. 그림 20.1은 a접점의 푸시버튼 스위치를, 그림 20.2는 a접점의 기호를 나타낸 것이다.

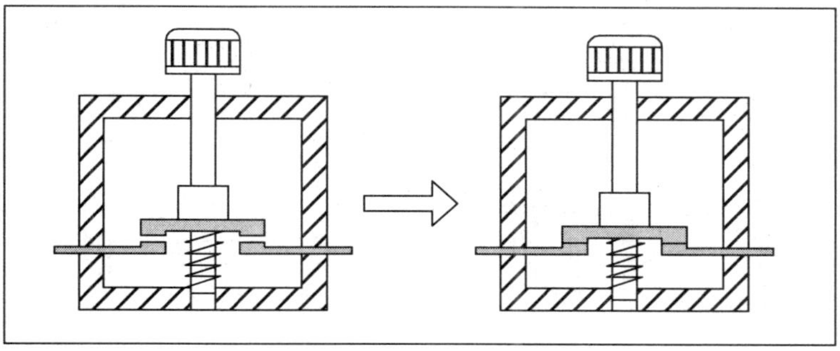

그림 20.1 a접점의 푸시버튼 스위치

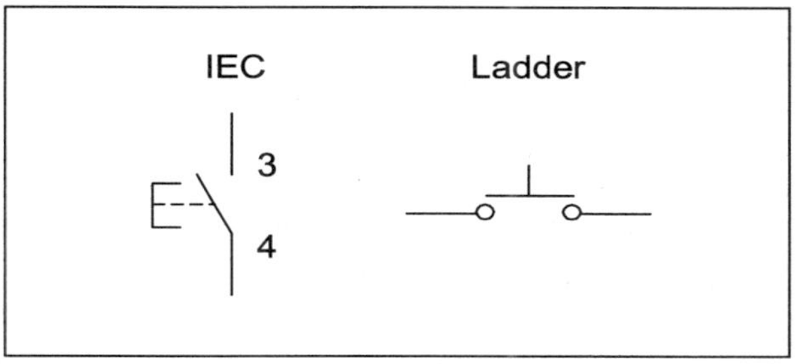

그림 20.2 a접점의 기호

20.2.2 b접점 스위치

b접점 스위치는 a접점 스위치와는 반대로 동작된다. 스위치가 작동되지 않은 평상시에는 접점이 닫혀 있기 때문에 상시닫힘형 또는 정상상태 닫힘형(normally closed, N/C형) 접점이라고 한다. 그리고 스위치가 작동되면 연결되어 있던 접점이 떨어지게 되므로 break contact라 하며 이를 약하여 b접점이라고 한다. 즉 b접점은 끊어지는 접점이라는 뜻이다. b접점은 IEC 방식에서 접점 번호가 1, 2로 표시되나 래더 방식에서는 특별한 표기방법이 없다. 그림 20.3에는 b접점의 푸시버튼 스위치를, 그림 20.4는 b접점의 기호를 보여준다.

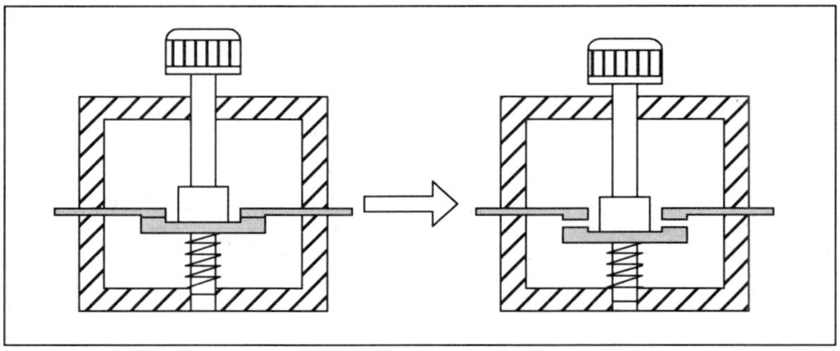

그림 20.3 b접점의 푸시버튼 스위치

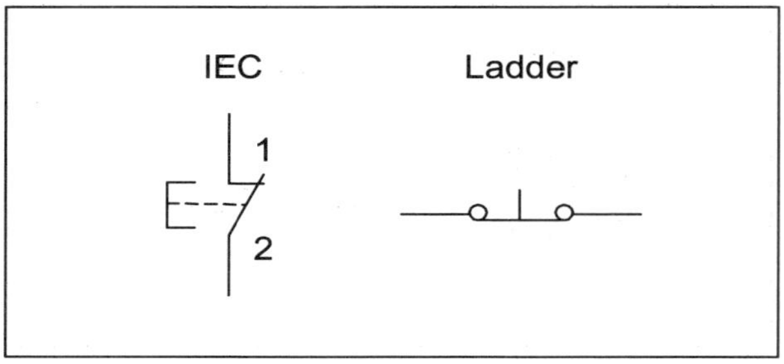

그림 20.4 b접점의 기호

20.2.3 c접점 스위치

c접점 스위치는 하나의 스위치를 a접점이나 b접점으로 사용이 가능하도록 만든 스위치이다. 이 스위치가 작동되면 접점의 전환이 일어나서 a접점은 달라붙게 되고 b접점은 떨어지게 된다. 스위치 동작을 정지하면 접점들이 원래의 상태로 되돌아와서 a접점은 떨어지게 되고 b접점은 달라붙는 형태가 된다. c접점이라는 말은 change-over contact를 약하여 부르는 것인데 번역하는 사람에 따라서 절환접점 또는 전환접점이라고 부른다.

대부분의 전기스위치는 c접점 형태로 제작되어 있어 사용하기에 따라 a접점 또는 b접점으로 사용이 가능하다. 그러나 c접점은 전기적으로 독립되어 있지 않으므로 a접점이나 b접점을 동시에 사용할 수 없고 a접점이나 b접점 중의 하나의 기능을 선택하여 사용하여야 한다.

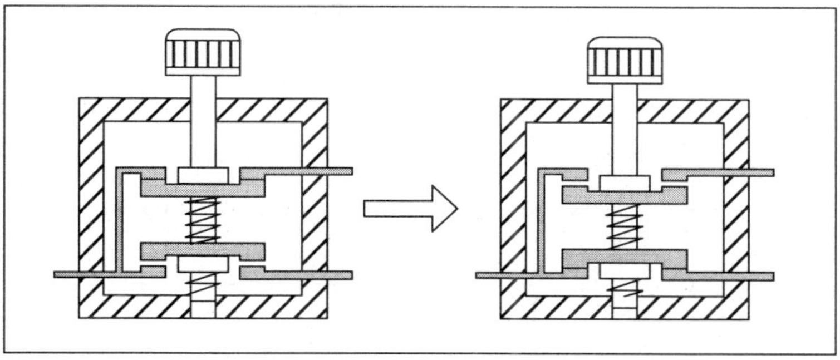

그림 20.5 c접점의 푸시버튼 스위치

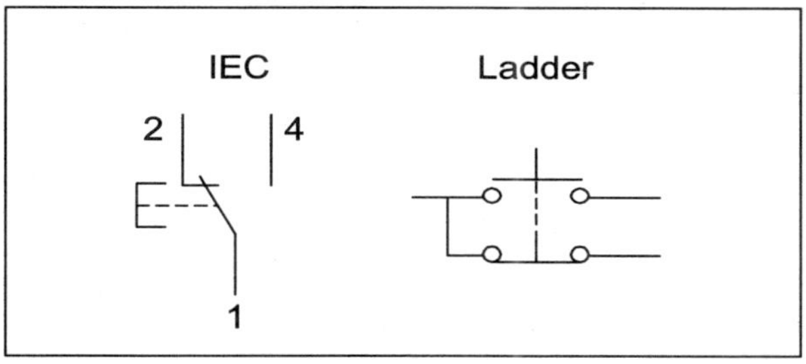

그림 20.6 c접점의 기호

20.2.4 다접점 스위치

다접점 스위치는 하나의 스위치가 여러 개의 독립된 접점을 갖고 있다. 즉, 스위치를 작동시키면 여러 개의 접점이 동시에 on/off된다. 독립된 접점이란 여러 개의 접점이 기계적으로는 연결되어 있어 같이 작동되지만 전기적으로는 완전히 독립되어 있다는 것을 의미한다. 따라서 각각의 접점에 상이한 전압을 사용하여도 각 접점 간에는 충분히 절연되어 있으므로 아무런 문제가 발생되지 않는다.

a접점이 3개이고 b접점이 1개인 스위치가 있다면 이를 3a-1b형이라고 부르며 a접점이 2개이고 b접점이 2개인 스위치가 있다면 이를 2a-2b형이 된다. 그림 20.7은 1a-1b형의 푸시버튼 스위치를 나타내고 그림 20.8은 3a-1b형의 전기 푸시버튼 스위치의 기호를 보여준다. 이 기호에서 점선은 각각의 접점이 기계적으로 연동되는 것을 의미한다. IEC 기호에서 (13, 14)는 첫 번째 a접점을, (23, 24)는 두 번째 a접점을, (33, 34)는 세 번째 a접점을, (41, 42)는 네 번째 b접점을 나타낸다. 즉, 첫 번째 숫자는 접점의 순서를 나타내고 두 번째 숫자는 접점의 종류를 나타낸다. 다접점 스위치가 사용되는 경우에 관용적으로 a접점은 첫 번째

접점부터 b접점은 마지막 접점부터 거꾸로 사용한다.

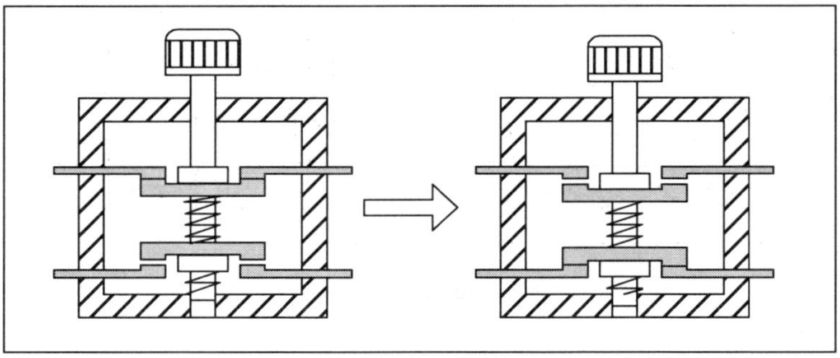

그림 20.7 1a-1b형 푸시버튼 스위치

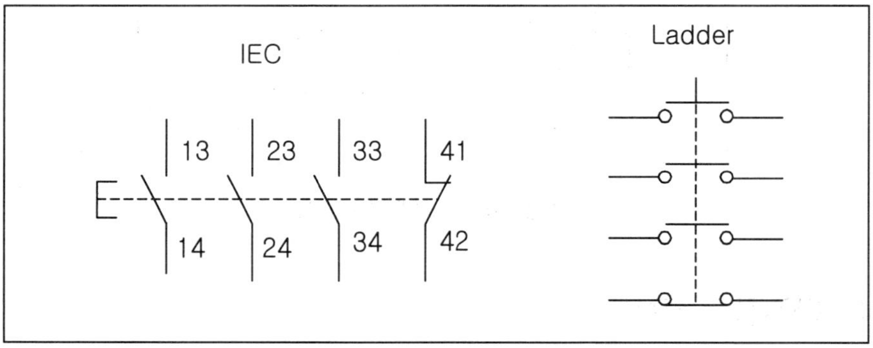

그림 20.8 3a-1b형의 다접점 푸시버튼 스위치의 기호

20.2.5 스위치의 초기상태

제어회로도에서는 모든 스위치가 초기 시동조건 상태로 표시된다. 초기 시동조건이란 다음의 상태를 의미한다.

- 모든 에너지는 off 되어 있다.
- 모든 수동조작 스위치는 off 되어 있다.
- 모든 구동장치는 작업 전의 원래 위치를 유지하고 있다.
- 작업할 대상물은 존재하고 있다.

즉, 에너지를 공급하고 시동스위치를 on시키면 작업이 시작될 수 있는 상태를 의미한다. 전기 제어회로도에서 기계적으로 작동되는 리밋 스위치는 초기상태에서 작동된 상태로 존재하는 것은 작동된 상태로 표시되어야 한다.

그림 20.9에서는 리밋 스위치가 작동되기 전의 상태와 작동된 후의 상태를 기호로 보여준다.

IEC 기호	Ladder 기호	비고
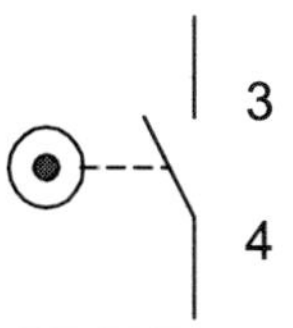		a 접점
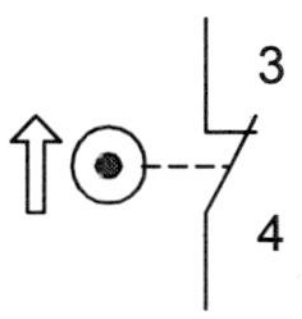		a 접점 작동된 상태
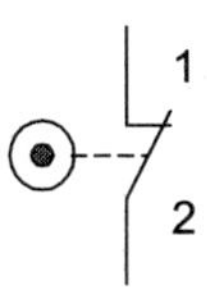	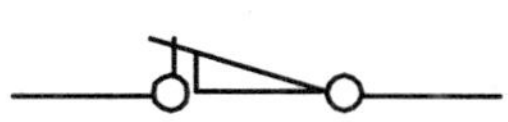	b 접점
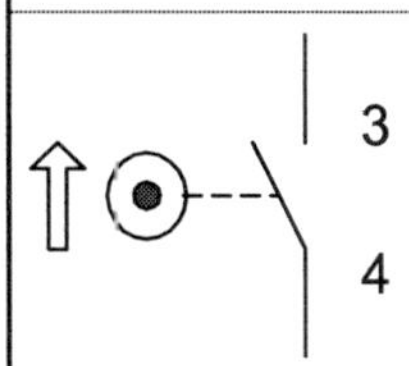	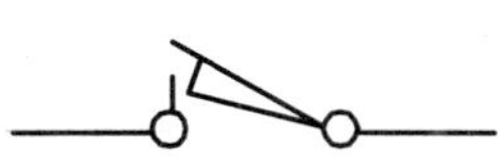	b 접점 작동된 상태

그림 20.9 전기 리밋 스위치의 상태 표시

제어시스템에 사용되는 푸시버튼이나 지시등은 색깔을 이용하여 작업의 내용이나 이상 유무를 나타내기도 하는데 대표적으로 사용되는 예를 정리하면 표 20.1과 표 20.2와 같다.

표 20.1 푸시버튼의 색

색	명령	목적
적색	정지 OFF 비상정지	• 한 개 또는 여러 개의 모터 정지 • 기계의 구성단위 정지 • 클램프 장치의 해제 • 사이클의 정지(작업 중 푸시버튼이 눌리면 현재 진행 중인 사이클이 완료된 후 멈춘다.) • 비상사태 시의 시스템 정지
녹색 및 흑색	시동 ON 인칭	• 시스템의 작동 준비 상태 • 한 개 또는 여러 개의 모터 기동 • 기계의 구성단위 시동 • 클램프 장치의 작동 • 인칭작업
황색	초기상태로의 복귀	• 작업 중 비정상 상태가 발생될 경우 초기위치로 되돌리기 위한 스위치 • 작업 사이클이 끝나지 않은 상태에서 출발위치로 복귀 • 황색 푸시버튼을 누르면 조금 전에 선택된 기능들이 무효화된다.
흰색 또는 밝은 청색	기타 기능	• 작업 사이클에 직접 관련이 없는 보조 제어기능 • 리셋용 보조 릴레이의 해제

표 20.2 지시등의 색

색	지시 상황	응용 예
적색	비정상 상태	• 기계가 보호장치에 의해서 정지된 것을 표시 • 기계의 정지 명령
황색	경고 및 주의	• 어떤 값이 허용 한계 근처에 도달된 경우 • 자동 사이클의 신호
녹색	시동	• 기계의 시동 준비 상태 모든 보조 장치들이 기능을 발휘하고 있는 상태 구성단위는 모두 출발위치 상태. 예를 들면 유압의 압력이나 트랜스듀서의 전압이 지정된 값을 지시하고 있는 상태 • 작업 사이클이 끝나고 새로운 작업의 준비 상태
흰색	작업 중	• 주 스위치는 ON • 속도와 방향이 지정된 상태 • 보조장치의 작동 상태 • 기계의 운전 상태
청색	기타	위에서 언급한 이외의 작동 상태

20.3 전기 릴레이

앞에서 살펴 본 수동조작 스위치는 여러 개의 독립된 접점을 갖고 있지만 전기 리밋 스위치나 센서는 일반적으로 하나의 독립된 접점밖에는 없다. 그러므로 전기적으로 독립된 여러 개의 접점이 필요한 경우에는 다른 전기 부품을 이용하여 접점을 늘려 주어야만 한다. 이때에 접점을 늘려주는 것이 전기제어에서 핵심적인 역할을 수행하는 전기 릴레이이다.

전기 릴레이는 옛날에 통신 분야에서 약해진 신호를 중계해 주는 증폭기의 역할을 많이 담당하였으나 현재에는 통신 분야 보다는 공장자동화를 위한 제어분야에 주로 이용되고 있다. 전기 릴레이는 전자석으로 작동되는 여러 개의 접점을 가진 전기 스위치라고 간단하게 표현할 수 있다.

20.3.1 전기 릴레이의 구조

전기 릴레이의 모형과 구조는 그림 20.10에서와 같이 자장을 형성시키기 위한 코일, 전자석에 의하여 작동되는 접점 및 복귀 스프링으로 구성되어 있다.

전기 릴레이의 코일에 전기를 통하면 코일에 자장이 형성되어 릴레이의 아마추어(armature)가 코일의 코어(core)로 끌려가게 된다. 즉, 전자석에 의하여 아마추어와 기계적으로 연결된 여러 개의 접점이 작동되어 개폐된다. 그리고 코일에 통하는 전류를 차단하게 되면 자장이 사라지게 되므로 각 접점은 복귀 스프링에 의하여 원상태로 회복된다. 전기 릴레이는 전기적으로 독립된 여러 개의 접점을 갖고 있다. 릴레이의 각 접점은 전기적으로 충분히 절연되어 있기 때문에 각 접점에는 서로 상이한 전압을 이용하여도 아무 문제가 발생되지 않는다. 24 V용 전기 릴레이란 릴레이를 작동시키기 위한 코일이 24 V용이란 뜻이다. 그러므로 24 V용 릴레이라 할지라도 각 접점에는 110 V, 220 V 등의 상이한 전압을 이용하여도 무방하다.

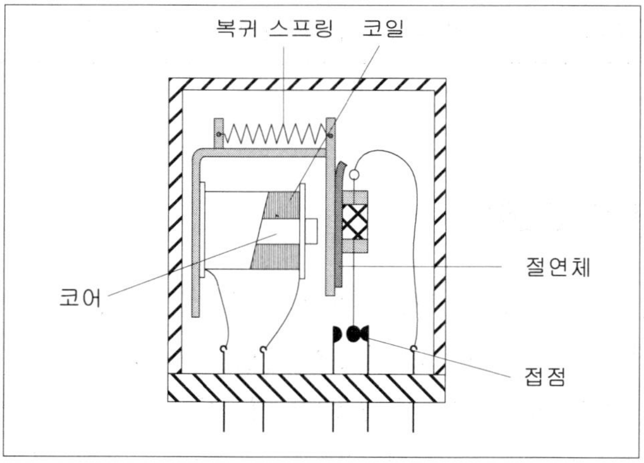

그림 20.10 전기 릴레이의 구조

20.3.2 일반 전기 릴레이

릴레이란 소량의 에너지를 이용하여 스위치 개폐나 제어에 이용되는 요소로서 주로 신호처리에 사용된다. 이는 특수 개폐능력을 가진 전기 스위치로 생각할 수 있다. 신호처리 요소로서 릴레이가 갖추어야 할 요건은 다음과 같다.

- 거의 정비를 요하지 않을 것
- 많은 독립회로를 개폐할 수 있을 것
- 여러 동작 전압, 고전류에 쉽게 사용 가능할 것
- 개폐 시간이 짧을 것

일반적으로 릴레이를 호칭할 경우에는 릴레이가 갖고 있는 접점을 이용한다. 즉, a접점을 세 개, b접점을 한 개 갖고 있는 릴레이는 3a-1b형이고, a접점이 두 개, b접점이 두 개인 릴레이는 2a-2b형이라고 부르고 있다. 제어 회로도에서 릴레이도 역시 표준화된 기호로서만 표시되어야 한다. 릴레이의 표시 기호에는 IEC 방식과 래더 방식의 두 가지가 있다. 그림 20.11에는 3a-1b형의 릴레이 기호를 보여준다. IEC 방식에서 릴레이는 K라는 약호로 표시되고 래더에서는 CR 또는 R로 표시한다.

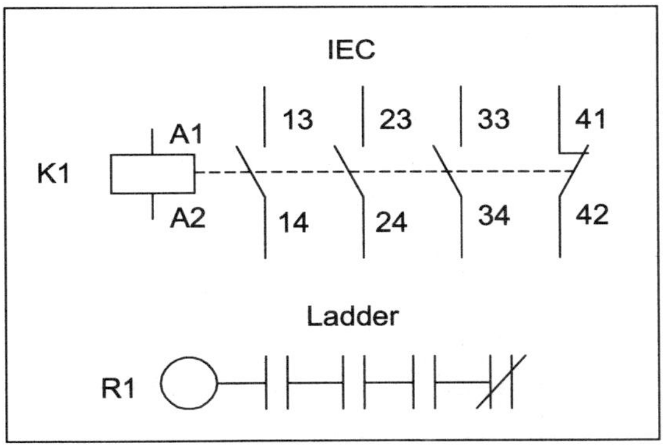

그림 20.11 3a-1b형 릴레이 기호

IEC 방식에서 (A1, A2)는 릴레이의 코일을 나타내고 (13, 14)는 첫 번째 a접점을, (23, 24)는 두 번째 a접점을, (33, 34)는 세 번째 a접점을, (41, 42)는 네 번째 b접점을 나타낸다. 즉 첫 번째 숫자는 접점의 순서를 나타내고 두 번째 숫자는 접점의 종류를 나타낸다. (1, 2)는 b접점을 나타내고 (3, 4)는 a접점을 뜻한다. 그러나 래더 방식에서는 각 접점을 표시하는 특별한 방식은 없다. 래더 회로도에서는 그림 20.12와 같이 릴레이 기호를 표시한다.

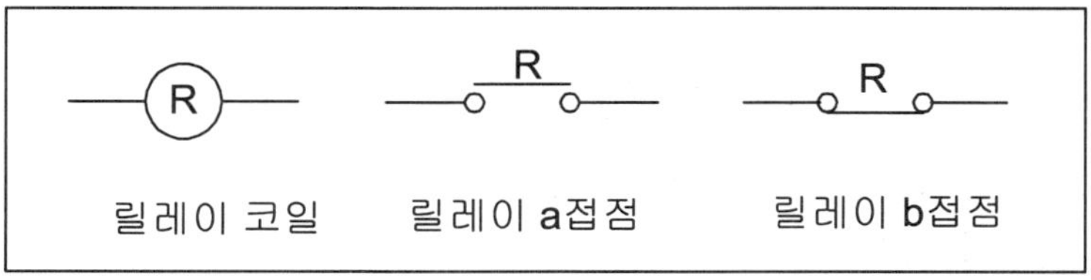

그림 20.12 래더의 릴레이 기호

20.3.3 전자 접촉기

접촉기란 적은 양의 제어동력으로 고부하를 개폐시키는 자장으로 작동되는 스위치이다. 접점의 스위칭은 자장에 의한 전기자의 on/off 된다. 코일에 의해서 접촉기가 여자되면 전류에 의한 자장이 형성되고 전기자가 작동할 수 있는 힘이 생기게 된다. 접촉기는 전동기, 야간 저장 히터, 가열 시스템, 에어컨, 크레인 등의 개폐에 사용된다.

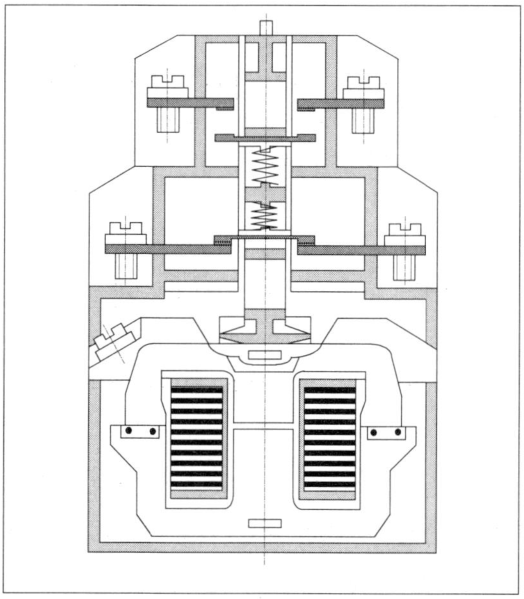

그림 20.13 접촉기의 구조

전자 접촉기가 소형 릴레이와 다른 점은 주접점과 보조 접점이 있다는 것이다. 주접점이란 큰 전류를 흘려도 안전한 대전류 용량의 접점을 말하고, 보조 접점이란 전자 릴레이 접점과 같이 작은 전류 용량의 접점을 말한다. 전자 접촉기의 회로 기호는 릴레이와 동일하나 접점의 명칭은 다르다. 접촉기를 잘 선정하기 위해서는 사용 동력, 적용 등급, 스위칭 회수 등을 고려해야 한다.

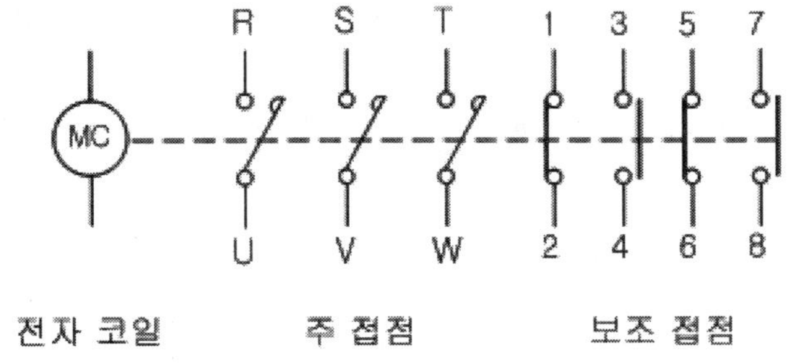

그림 20.14 전자접촉기의 기호

20.3.4 시간 지연 릴레이

시간 지연 릴레이는 회로 상에서 특정 시간 후 상시개방이나 상시폐쇄의 접점을 개폐시키는 데 이용된다. 여기에는 소자지연을 이용하는 방법과 여자지연을 이용하는 방법이 있다. 먼저 여자지연 방법은 그림 20.15에서와 같이 푸시버튼 S를 작동시키면 이미 설정된 시간을 지연하기 시작하는 방법이다. 설정된 시간이 지나고 나면 18번 단자에 접점이 연결되어 출력신호가 나오게 된다.

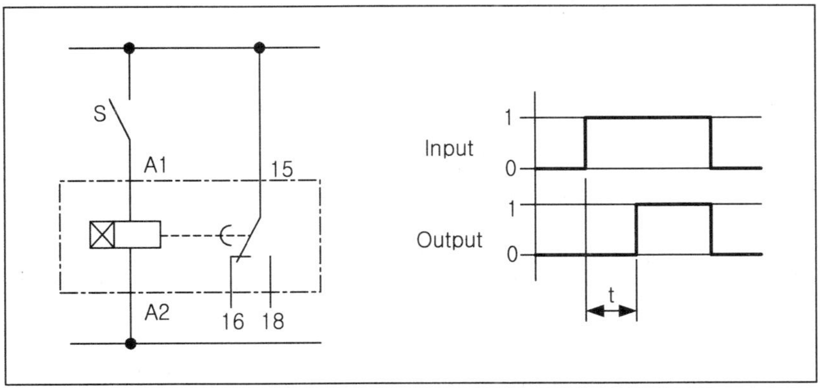

그림 20.15 여자지연(delay ON) 릴레이

래더 회로에서는 그림 20.16에서와 같이 delay ON 타이머를 표시한다.

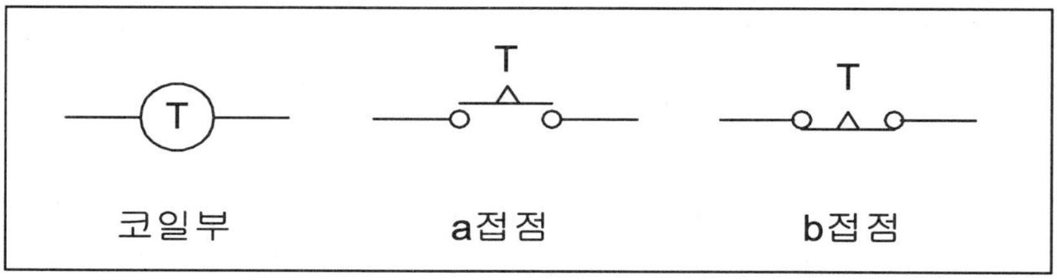

그림 20.16 래더 회로에서의 delay ON 타이머

소자지연의 경우에는 푸시버튼 S가 작동되자마자 출력신호가 존재하게 되고, 푸시버튼을 놓으면 출력신호가 계속 존재하다가 설정해 놓은 일정 시간이 경과하면 출력신호가 사라진다.

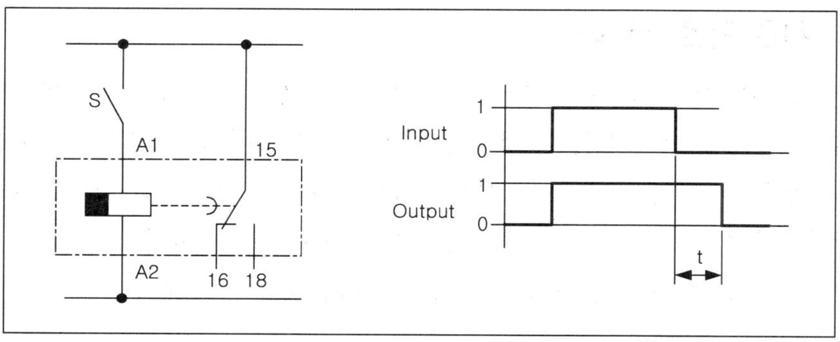

그림 20.17 소자지연(delay OFF) 릴레이

래더 회로에서는 그림 16.18에서와 같이 delay OFF 타이머를 표시한다.

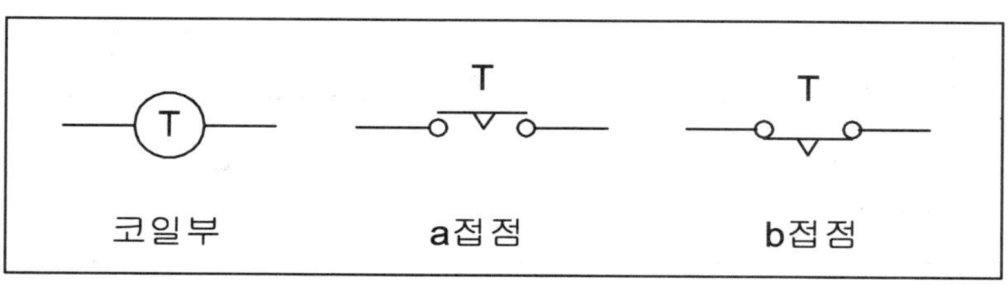

그림 20.18 래더 회로에서의 delay OFF 타이머

20.4 자기유지회로

자기유지회로(self-holding circuit)에는 자기유지를 시켜주기 위한 ON 신호가 자기유지를 해제하기 위한 OFF 신호보다 우선하는 ON 우선회로(Dominant ON)와 OFF 신호가 ON 신호보다 우선하는 OFF 우선회로(Dominant OFF)의 두 가지가 있다.

20.4.1 ON 우선 자기유지회로

릴레이를 작동시키기 위한 전기신호가 짧은 기간 동안만 존재하다 없어져도 그 릴레이가 계속하여 작동된 상태로 존재하기 위해서는 그 릴레이가 갖고 있는 접점 중의 하나를 이용하여 자기 자신에게 전기를 공급하여 주면 된다. 그림 20.19에서와 같이 ON 스위치를 작동시키면 릴레이가 작동하게 되고 자신의 접점 K1을 이용하여 릴레이의 코일에 전류가 공급되므로 ON 스위치가 원위치 되어도 릴레이 K1은 계속하여 작동된 상태를 유지할 수 있게 된다. 이러한 회로를 자기유지회로라고 하며 릴레이 K1을 OFF 시키기 위해서는 OFF 스위치를 작동시키면 된다. ON스위치와 OFF 스위치를 같이 작동시키면 릴레이가 OFF 스위치와는 관계없이 ON 스위치에 의하여 작동되므로 이와 같은 자기유지회로를 ON 우선 자기유지회로라고 한다.

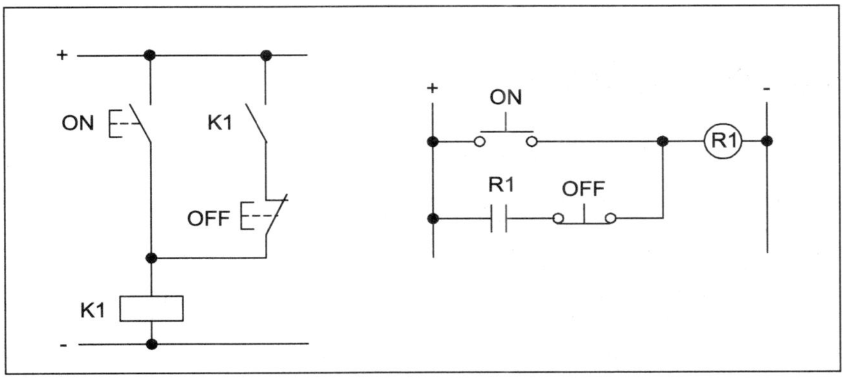

그림 20.19 ON 우선 자기유지회로

20.4.2 OFF 우선 자기유지회로

이 회로에서는 릴레이를 작동시키기 위한 ON 신호가 릴레이를 OFF 시키기 위한 신호가 그림 20.20과 같이 직렬로 연결되어 있다. 자기유지의 원리는 ON 우선 자기유지회로와 동일하다. ON 스위치와 OFF 스위치를 같이 작동시키면 릴레이가 ON 스위치와는 관계없이 OFF 스위치에 의하여 릴레이가 작동될 수 없으므로 이와 같은 자기유지회로를 OFF 우선 자기유지회로라고 한다. 실제의 적용회로에서는 OFF 신호가 ON 신호보다 우선되어야 하므로 이 방식의 자기유지회로가 많이 사용된다. 일반적으로 자기유지회로는 OFF 우선 자기유지회로를 의미한다.

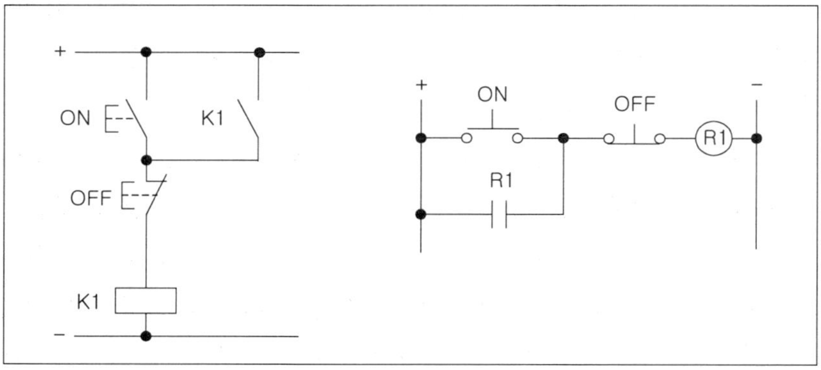

그림 20.20 OFF 우선 자기유지회로

20.5 전기 논리회로

전기 공유압회로에서는 회로의 명확한 이해를 도모하기 위하여 공유압 회로부와 전기 회로부를 분리하여 작성한다. 공유압 회로는 특수한 목적을 위해서 구성되지만 유압에서 펌프를 구동하는 방법이나 공유압에서 액추에이터를 작동시키는 방법, 인터록 방법 등에 의하여 공유압 회로와 연관된 전기회로는 설계자에 의하여 조금씩 변화될 수 있다. 전기에서의 논리제어는 전기 접점을 이용하여 해결한다.

20.5.1 AND 회로

실린더는 초기위치에서 후진되어 있다. 두 개의 푸시버튼이 모두 눌려야만 전진운동을 한다. 푸시버튼 S1과 S2가 작동되면 회로가 폐로 되고 코일 Y1이 여자된다. 밸브의 제어위치가 전환되고 피스톤이 전진운동을 한다. 푸시버튼 S1이나 S2가 풀리면 코일 Y1이 소자되고 밸브가 원위치로 돌아와 피스톤이 후진운동을 하게 된다.

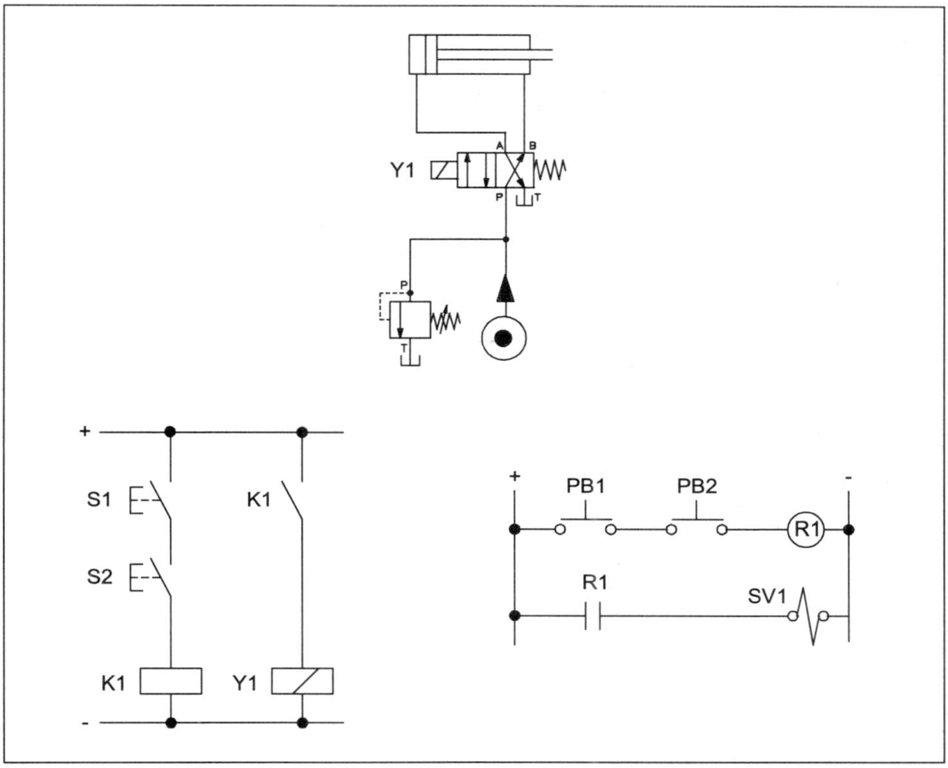

그림 20.21 AND 회로

20.5.2 OR 회로

실린더는 초기위치에서 후진되어 있다. 두 개의 푸시버튼 중 어느 하나가 작동되면 피스톤이 전진운동을 하고 놓으면 후진운동를 한다. 푸시버튼 S1이나 S2를 작동시키면 코일 Y1이 여자되고 방향제어밸브의 제어위치가 전환되어 피스톤이 전진운동을 한다. 푸시버튼에서 손을 떼면 코일 Y1이 소자되고 제어위치가 원위치 되어 실린더가 후진운동을 한다.

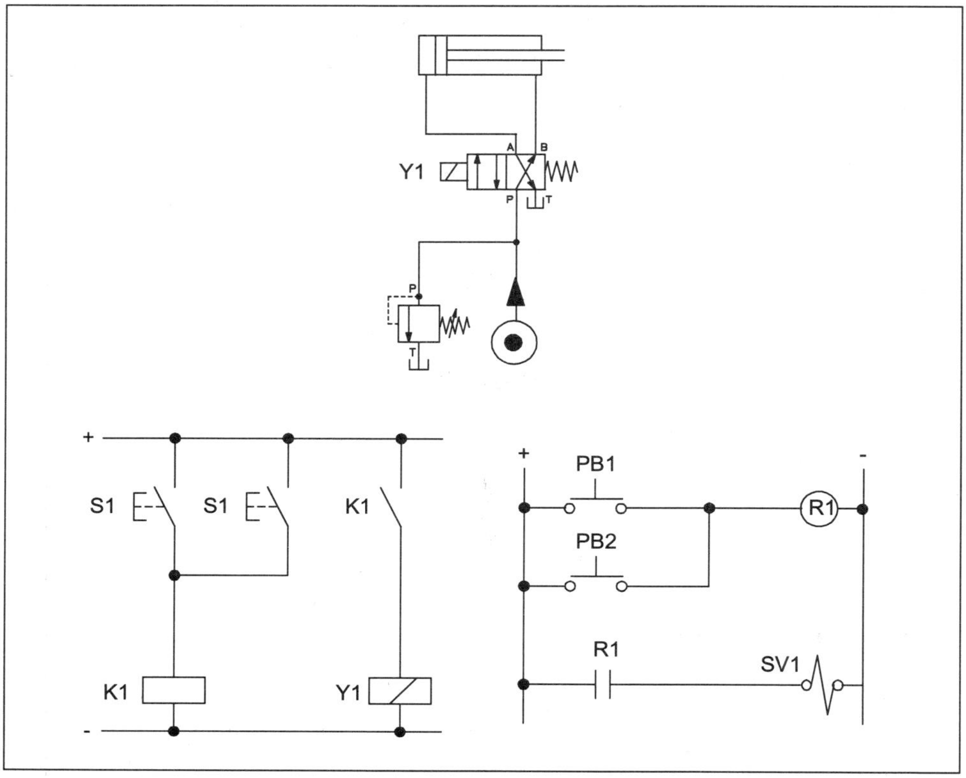

그림 20.22 OR 회로

20.6 전기 기본회로

20.6.1 실린더의 자동후진 회로

푸시버튼을 누르면 실린더가 전진운동을 하고 전진운동이 완료되면 자동적으로 후진 운동하여 원위치로 돌아온다. 실린더의 전진완료 위치를 감지하기 위하여 리밋 스위치 S2가 설치되어 있다.

푸시버튼 S1을 누르면 코일 Y1이 여자되고 피스톤은 전진운동을 한다. 피스톤이 전진운동을 완료하고 리밋 스위치 S2를 작동시키면 코일 Y2가 여자되고 피스톤은 처음 상태로 후진운동을 하게 된다. 이때 푸시버튼 S1은 이미 풀어진 상태에 있어야 한다.

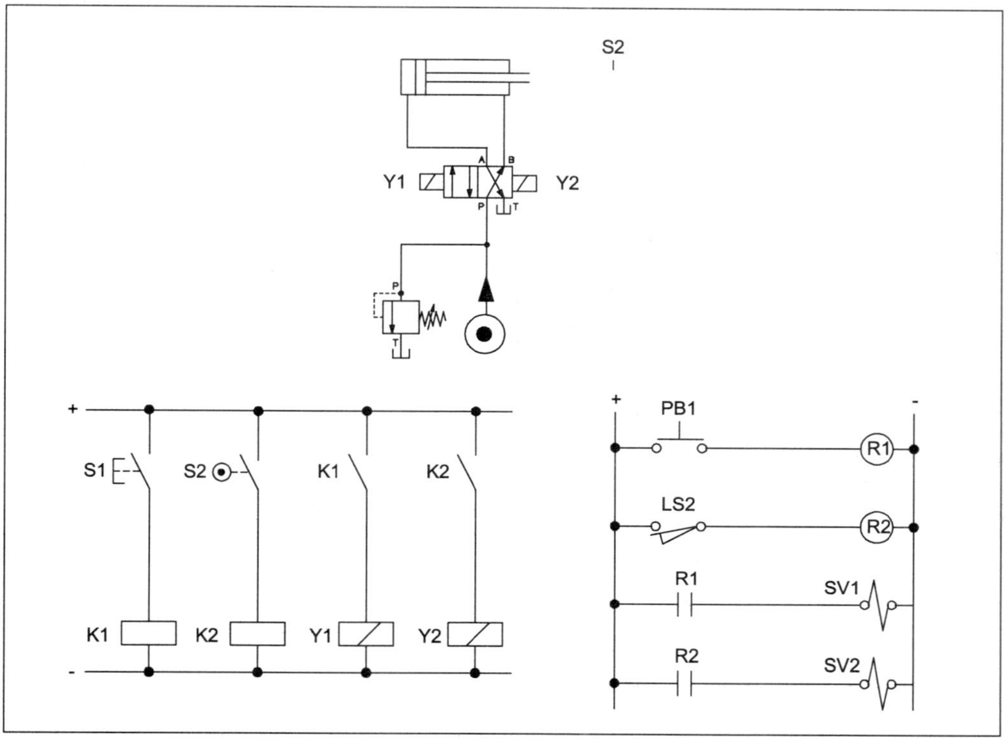

그림 20.23 실린더의 자동후진 회로

20.6.2 실린더의 왕복운동 회로

푸시버튼 스위치를 누르면 스위치가 풀릴 때까지 피스톤이 왕복운동을 한다. 푸시버튼 스위치를 놓으면 피스톤은 초기상태로 돌아와 있어야 한다. 두 개의 리밋 스위치 S1과 S2가 피스톤의 전후진 위치에 설치되어 있다. 초기상태에서 리밋 스위치 S1은 작동된 상태이므로 스위치 S3을 작동시키면 피스톤이 전후진운동을 하게 된다. 만약 스위치 S3을 풀면 코일 Y1에 신호가 전달되지 않으므로 피스톤은 후진위치에서 머무르게 된다.

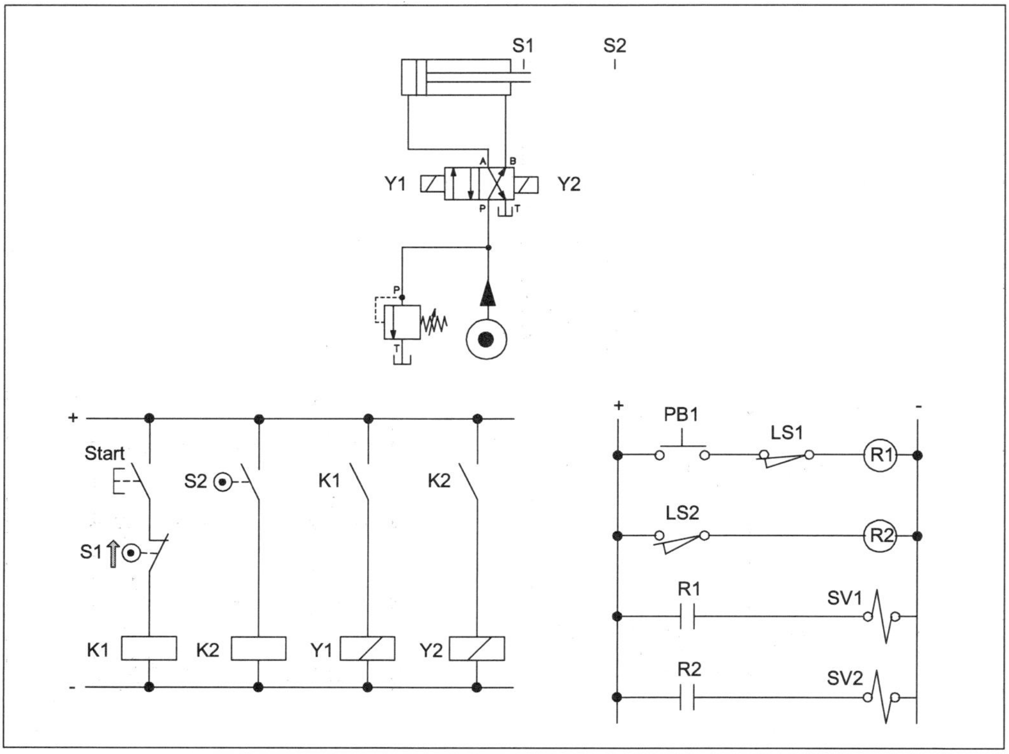

그림 20.24 실린더의 왕복운동 회로

20.6.3 자기유지회로를 이용한 실린더의 자동후진 회로

ON 푸시버튼이 작동되면 피스톤이 전진운동을 한 후, 자동적으로 후진운동이 일어난다. 이때 물론 ON 스위치는 풀린 상태이어야 한다. 푸시버튼 S1(ON)을 누르면 피스톤이 전진운동을 한다. ON 푸시버튼이 더 이상 눌리지 않은 상태에서 피스톤이 리밋 스위치 S2를 작동시키면 자기유지회로가 해제되어 릴레이 K1이 소자되고 상시개방 접점 K1이 OFF 되어 코일 Y1을 소자시킨다. 4/2-way 밸브의 제어위치가 전환되어 피스톤은 후진운동을 한다.

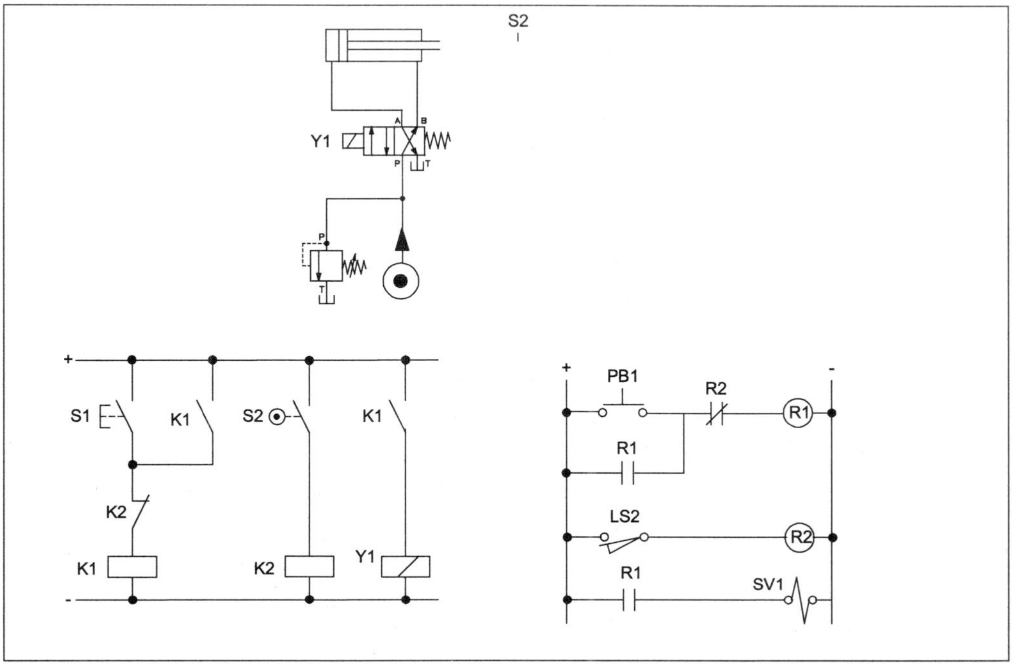

그림 20.25 자기유지회로를 이용한 실린더의 자동후진 회로

20.6.4 시간지연회로

푸시버튼 S1을 작동시키면 피스톤이 전진운동을 하고 리밋 스위치 S2로 전진운동을 확인한다. 전진운동이 완료된 후 10초간 머무른 후 자동적으로 후진운동을 한다. 푸시버튼 S1이 작동되면 릴레이 K1이 여자되고 K1의 상시개방 접점 13과 14가 폐로되어 솔레노이드 코일 Y1이 여자된다. 밸브의 제어위치가 전환되고 실린더가 전진운동을 한다. 전진운동된 상태에서 리밋 스위치 S2가 작동되면 시간지연 릴레이 K2가 10초 후에 여자되어 상시개방 접점 15와 16을 개로시킨다. 밸브의 제어위치가 원위치 되고 실린더는 후진운동을 한다. 실린더가 후진운동을 시작하면 리밋 스위치 S2의 접점이 원위치 되고 시간지연 릴레이 K2는 소자되어 접점 K2는 원위치 된다.

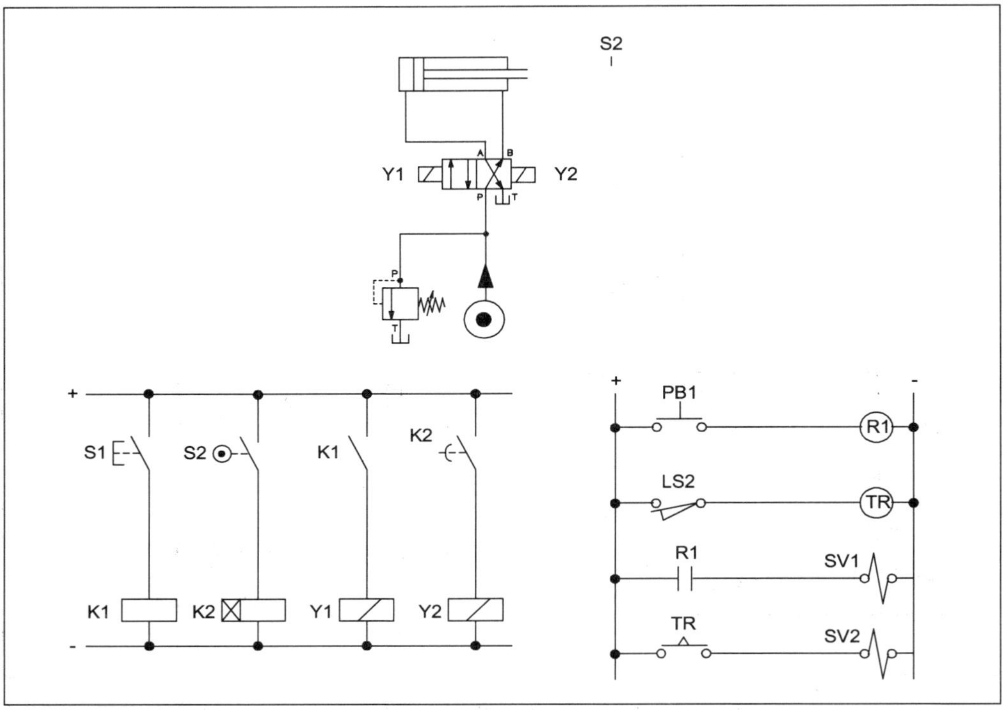

그림 20.26 시간지연회로

20.6.5 인터록 회로

우선되는 회로가 닫혔을 때 상대 회로가 동작되지 않도록 하는 회로를 인터록(interlock)회로라고 하고 다접점 스위치나 릴레이의 b접점을 이용하여 상대회로에 직렬로 연결하여 회로를 구성한다. 그림 20.27에서 전진스위치와 후진스위치가 각각 있을 때 그 중 어느 한 스위치가 동작되면 다른 스위치는 무력화된다. 이 회로에서는 다접점 푸시버튼과 릴레이의 접점을 직렬로 연결하여 이중으로 인터록을 구성하였다.

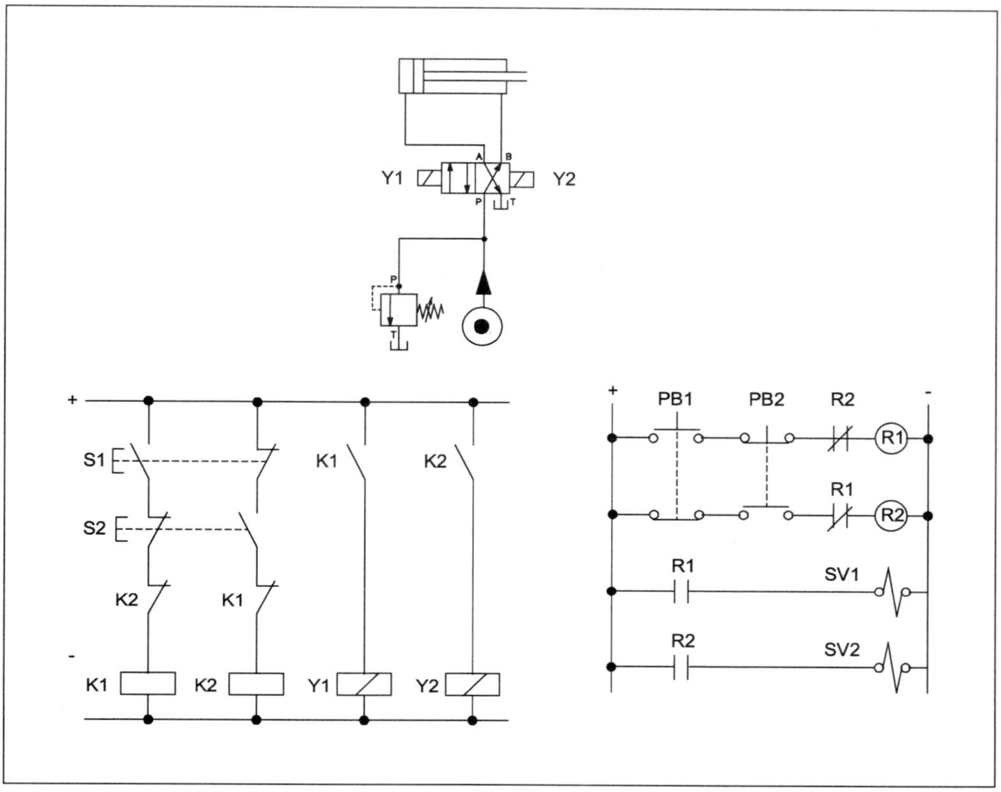

그림 20.27 인터록 회로

저자와의
협의에 의해
인지 생략

공유압제어

2판 3쇄 2025년 2월 10일

저 자 신홍열
발행인 송광헌
발행처 도서출판 복두(더)
주 소 서울특별시 영등포구 경인로82길 3-4
센터플러스 807호 (우) 07371
전 화 02-2164-2580
FAX 02-2164-2584
등 록 1993. 11. 22. 제 10-902 호

정가 : **24,000** 원

ISBN : 979-11-6675-292-6 93550

한국과학기술출판협회 회원사